U0387482

教育部高等学校电子信息类专业教学指导委员会规划教材

高等学校电子信息类专业系列教材

单片机原理及其应用

（第2版）

袁涛 任佳丽 蔚晨月 郑淑军 李月香 编著

清华大学出版社

北京

内 容 简 介

本书选用 80C51 单片机作为样本,介绍了单片机的电路和功能结构、工作原理,以及单片机的应用开发。80C51 单片机功能强价格低、应用广泛、资料丰富、易于使用,是初学单片机的读者从入门到提高极为适合的一款芯片。

本书共分为 17 章,内容包括对单片机的初步认识、单片机电路结构和功能、C51 语言及开发工具的使用、各端口功能及其应用举例等。书中提供的很多应用实例,如人机交互、中断、定时器、串行通信、A/D 转换与 D/A 转换、电机控制等,对于应用项目开发有一定的参考价值。本书第 16 章与第 17 章对于有一定基础的读者进行实际应用项目开发具有很好的引导作用。

本书采用任务驱动式编程思路,除介绍通常的硬件仿真工具之外,还介绍了在 Proteus 虚拟仿真环境下搭建硬件电路和运行调试程序的方法,为读者快速掌握单片机应用技术提供了很好的帮助。

本书可作为大学本科、专科和中等专业学校单片机课程的教材,也可作为从事嵌入式产品开发的工程技术人员的自学用书。

图书在版编目(CIP)数据

单片机原理及其应用/袁涛等编著. —2 版. —北京:清华大学出版社,2023.4
高等学校电子信息类专业系列教材
ISBN 978-7-302-63031-9

Ⅰ. ①单… Ⅱ. ①袁… Ⅲ. ①单片微型计算机-高等学校-教材 Ⅳ. ①TP368.1

中国国家版本馆 CIP 数据核字(2023)第 043825 号

责任编辑:赵 凯 李 晔
封面设计:李召霞
责任校对:胡伟民
责任印制:丛怀宇

出版发行:清华大学出版社
    网　　　址:http://www.tup.com.cn,http://www.wqbook.com
    地　　　址:北京清华大学学研大厦 A 座　　邮　　编:100084
    社 总 机:010-83470000　　邮　　购:010-62786544
    投稿与读者服务:010-62776969,c-service@tup.tsinghua.edu.cn
    质量反馈:010-62772015,zhiliang@tup.tsinghua.edu.cn
    课件下载:http://www.tup.com.cn,010-83470236
印 装 者:三河市君旺印务有限公司
经　　销:全国新华书店
开　　本:185mm×260mm　　印　　张:19.75　　字　　数:496 千字
版　　次:2012 年 3 月第 1 版　　2023 年 5 月第 2 版　　印　　次:2023 年 5 月第 1 次印刷
印　　数:1~1500
定　　价:69.00 元

产品编号:099081-01

高等学校电子信息类专业系列教材

序
FOREWORD

我国电子信息产业占工业总体比重已经超过 10%。电子信息产业在工业经济中的支撑作用凸显,更加促进了信息化和工业化的高层次深度融合。随着移动互联网、云计算、物联网、大数据和石墨烯等新兴产业的爆发式增长,电子信息产业的发展呈现了新的特点,电子信息产业的人才培养面临着新的挑战。

(1)随着控制、通信、人机交互和网络互联等新兴电子信息技术的不断发展,传统工业设备融合了大量最新的电子信息技术,它们一起构成了庞大而复杂的系统,派生出大量新兴的电子信息技术应用需求。这些"系统级"的应用需求,迫切要求具有系统级设计能力的电子信息技术人才。

(2)电子信息系统设备的功能越来越复杂,系统的集成度越来越高。因此,要求未来的设计者应该具备更扎实的理论基础知识和更宽广的专业视野。未来电子信息系统的设计越来越要求软件和硬件的协同规划、协同设计和协同调试。

(3)新兴电子信息技术的发展依赖于半导体产业的不断推动,半导体厂商为设计者提供了越来越丰富的生态资源,系统集成厂商的全方位配合又加速了这种生态资源的进一步完善。半导体厂商和系统集成厂商所建立的这种生态系统,为未来的设计者提供了更加便捷却又必须依赖的设计资源。

教育部 2020 年颁布了新版《高等学校本科专业目录》,将电子信息类专业进行了整合,为各高校建立系统化的人才培养体系,培养具有扎实理论基础和宽广专业技能的、兼顾"基础"和"系统"的高层次电子信息人才给出了指引。

传统的电子信息学科专业课程体系呈现"自底向上"的特点,这种课程体系偏重对底层元器件的分析与设计,较少涉及系统级的集成与设计。近年来,国内很多高校对电子信息类专业课程体系进行了大力度的改革,这些改革顺应时代潮流,从系统集成的角度,更加科学合理地构建了课程体系。

为了进一步提高普通高校电子信息类专业教育与教学质量,推动教育与教学高质量发展,教育部高等学校电子信息类专业教学指导委员会开展了"高等学校电子信息类专业课程体系"的立项研究工作,并启动了《高等学校电子信息类专业系列教材》(教育部高等学校电子信息类专业教学指导委员会规划教材)的建设工作。其目的是推进高等教育内涵式发展,提高教学水平,满足高等学校对电子信息类专业人才培养、教学改革与课程改革的需要。

本系列教材定位于高等学校电子信息类专业的专业课程,适用于电子信息类的电子信息工程、电子科学与技术、通信工程、微电子科学与工程、光电信息科学与工程、信息工程及其相近专业。经过编审委员会与众多高校多次沟通,初步拟定分批次建设约 100 门核心课程教材。本系列教材将力求在保证基础的前提下,突出技术的先进性和科学的前沿性,体现创新教学和工程实践教学；将重视系统集成思想在教学中的体现，鼓励推陈出新，采用"自顶向下"的方法编写教材；将注重反映优秀的教学改革成果，推广优秀的教学经验与理念。

为了保证本系列教材的科学性、系统性及编写质量，本系列教材设立顾问委员会及编审委员会。顾问委员会由教指委高级顾问、特约高级顾问和国家级教学名师担任，编审委员会由教育部高等学校电子信息类专业教学指导委员会委员和一线教学名师组成。同时，清华大学出版社为本系列教材配置优秀的编辑团队，力求高水准出版。本系列教材的建设，不仅有众多高校教师参与，也有大量知名的电子信息类企业支持。在此，谨向参与本系列教材策划、组织、编写与出版的广大教师、企业代表及出版人员致以诚挚的感谢，并殷切希望本系列教材在我国高等学校电子信息类专业人才培养与课程体系建设中发挥切实的作用。

吕志伟 教授

第2版前言

PREFACE

《单片机原理及其应用》第 1 版自出版以来广受读者好评。但由于第 1 版书中讲解的 μPD78F0485 单片机即将停产,为了更好地适应教学的需要,更好地引导读者入门学习单片机技术,对部分内容进行了改写,作为第 2 版教材出版。

随着电子技术、计算机技术、通信技术的发展,我们已经进入人工智能时代,像单片机这样的智能芯片的应用也越来越普遍。但是要掌握单片机技术还是有一定的门槛,本书再版的目的就是为了让更多的读者比较容易地了解单片机的结构原理,以及通过一些实例学习如何将单片机应用于解决实际问题。

单片机虽然型号繁多,电路结构和功能差别较大,但是从一款结构和功能相对简单的单片机入手去学习单片机技术,打下一定的基础,对于激发学习兴趣,提高自学能力,并进一步掌握嵌入式系统的设计与开发都将大有裨益。本书选用 51 单片机作为样本,对单片机的电路和功能结构、工作原理及应用开发进行讲解。

本书所有编写人员都是多年从事单片机教学的大专院校教师,有丰富的教学经验,懂得如何引导初学者入门并一步步打好基础。

本书主要由袁涛、任佳丽、蔚晨月、郑淑军、李月香等共同编写完成。其中,清华大学袁涛、山西大学李月香负责全书的规划,山西大学李雪莲编写了第 6 章和第 7 章;晋中信息学院蔚晨月编写了第 9 章和第 12 章,晋中信息学院李青云编写了第 10 章和第 11 章,晋中信息学院吕淑芳编写了第 4 章和第 5 章,晋中信息学院杨璐编写了第 1 章和第 2 章;山西工程科技职业大学任佳丽编写了第 13 章和第 14 章,山西工程科技职业大学关志艳编写了第 8 章;山东职业学院郑淑军编写了第 3 章和第 15 章,山西大学李月香编写了第 16 章,清华大学袁涛编写了第 17 章。

本书在编写过程中查阅和参考了大量 51 单片机相关书籍及网上资料,在此对所有资料的作者表示衷心的感谢!

由于编者水平所限,对于书中存在的问题和疏漏,敬请广大读者和各位专家批评指正。

编 者

2022 年 5 月

课件

实操演示讲解

(以 10-5 为例讲解)

第1版前言
PREFACE

嵌入式系统是硬件、软件组成的综合系统,其应用覆盖领域极为广泛,从天空到地面,从军工到民用,几乎随处可见,一个家庭中拥有几十片单片机已经不足为奇。

单片机(或称为微控制器)是集成了 CPU、存储器、定时器、中断控制器、UART 和 SPI 串行通信接口、并行 I/O 等多种所需功能电路的一块芯片。它具有体积小、功能强大、抗干扰能力强、功耗低、允许工作电压在宽范围内波动等特点,是嵌入式系统中最为核心的部件。学习和掌握单片机的原理与应用,是设计开发嵌入式系统的技术关键。

单片机的功能配置极具灵活性,绝大多数引脚为多功能复用,可以根据应用需要选择定义,用同一型号的单片机定义出成百上千种引脚功能各异的单片机并非夸张。因此,不用花费 ASIC(Application Specific Integrated Circuit)的价格,也能配置出专用的单片机。单片机的单芯片化使得嵌入式系统的电路设计越来越简洁和可靠,但同时必然使得单片机型号明显增多。对开发应用人员来讲,应该针对不同情况选用不同型号的单片机。

单片机虽然型号繁多,但其组成和应用原理是相通的。深入学习和掌握一款功能丰富的 8 位单片机的使用,就能够为应用各种单片机打下一个坚实的基础。本书以 μPD78F0485 单片机为例介绍了嵌入式系统的基本原理与应用设计。μPD78F0485 单片机是瑞萨(Renesas)公司 78K0(8 位)系列单片机中的一个芯片型号,其内部电路功能非常丰富,功耗低(休眠电流仅为 2.5μA 左右),工作电压范围宽(在 1.8~5.5V 电压下可以正常工作),是一款性价比很高的 8 位高端单片机芯片,对于读者从入门到提高具有很好的示范作用。它提供的默认设置使得许多应用变得简单;功能强大、灵活的 C 编译器更是为它的开发应用提供了方便,甚至只熟悉 8051 单片机、PIC 单片机的使用者也不会感到上手困难。书中第 2~17 章分别介绍了 μPD78F0485 单片机中各部分电路的原理、功能及使用,并提供了丰富的应用实例,实例中的程序都是用 C 语言编写的,并且大部分程序可以在附录 B 中的实验装置上实际运行。

78K0 系列中的单片机型号很多,但是 C 编译器是相同的,只是器件文件不同而已。编者用 μPD78F0485、pPD78F0495、μPD78F9116 等不同型号单片机开发完成了多个重要项目,从中切实体验了 C 语言可移植性好、可维护性好、开发效率高的特点。甚至仅使用 C 编译器和程序固化器就完成了某些项目的开发,更说明了 C 语言的良好特性。

C 语言是目前流行的一种计算机高级语言,它主要用于单片机和一般微型计算机的软件开发。不同厂家单片机的 C 语言的区别主要是编译、连接程序不同,从而生成不同的机器代码。目前从事嵌入式系统技术开发的人员众多、分布领域广、技术基础差异大,推广使用 C 高级语言开发单片机是非常必要的。C 高级语言程序设计速度快、可读性好、可靠性高、可维护性好、可移植性好、代码转换质量高。一般情况下,完成同样的任务,用 C 高级语言比用汇编语言工作效率可提高 5～10 倍,在调试阶段更容易体会到这一点。毋庸置疑,C 高级语言程序设计能力是从事嵌入式系统开发工作必备的技术。

单片机 C 高级语言的特点是同时兼有高级语言和汇编语言的优点,可以像汇编语言那样直接利用单片机的硬件特性进行程序设计,即直接操作单片机的硬件接口。因此,目前在嵌入式系统的应用领域,C 高级语言越来越受到人们的重视。C 高级语言使单片机的开发变得简单易行。C 高级语言可移植性好,书中以哪款单片机为例并不重要,在满足应用要求的前提下,将嵌入式系统中的一款单片机更换为其他型号的单片机并不困难。为了避免重复,书中第 21 章"C 高级语言基础"中主要介绍了 μPD78F0485 单片机所用的 C 编译器 CC78K0 中相对于标准 C 所增加的内容,而且还详细叙述了如何进行编译、连接,以及编译、连接控制选项的使用等,这部分对于如何用好 C 高级语言进行单片机开发是不可忽视的内容。

第 20 章以实例的方式介绍了基于模型的设计方法,这是嵌入式系统开发方法的进一步发展,能有效解决当前软件故障越来越多发的难题。

附录 A 中所述的开发工具 EZ/EM-1 是单片机学习和开发的重要工具。它实现了表面封装单片机的片上调试功能(on-chips debug),瑞萨电子公司 78K0(8 位)、78KOR(16 位)和 V850(32 位)系列的单片机都可以使用此开发工具。

本书具有如下突出特点:

(1) 软件设计采用 C 高级语言,程序可以很容易地移植到其他型号或其他厂家单片机中。

(2) 设计实例具体而丰富,实用性强,即使基础薄弱的读者,结合附录 A～附录 D 的实验指导也能容易地入门。书中 GSM 无线数据通信实例还为学有余力的读者学习提高提供了指导。

(3) 对低功耗设计进行了专门的叙述。

(4) 附录中介绍的实验装置便于携带,学生可以放入书包随时使用。这点类似发达国家名校的做法,以利于鼓励学习积极性,培养兴趣,提高能力。实验装置不仅能配合书中内容学习,其本身也是个综合设计的范例,书中给出它的电路设计,便于读者分析和制作实验装置。

本书既适用于工程技术人员自学使用,也适用于各工科大专院校和中等专科学校作为教材,以及作为技术培训教材。对于有一定单片机基础的读者,可以先阅读附录和第 5 章,然后再根据需要选择阅读有关章节的内容。

本书主要由清华大学自动化系袁涛、山西大学计算机系李月香、清华大学杨胜利执笔,太原工业学院张麟华完成了第 9 章的编写工作。在成书过程中,得到了瑞萨电子公司、瑞萨电子(中国)有限公司、瑞萨电子(香港)有限公司、清华大学-瑞萨单片机及嵌入式系统研究与培训中心、山西大学-瑞萨电子联合实验室的大力支持,在此表示衷心感谢。对参与本书部分工作的任佳丽、牛鹏飞、王晓波、李青云、李美俊、单绍明表示感谢!

由于编者水平有限,且时间仓促,书中难免存在缺点和错误,恳请读者批评指正。

编　者
2011 年 7 月
于清华大学自动化系

目 录
CONTENTS

单片机概述

单片型微型计算机(简称单片机)已经发展成为计算机领域一个非常重要的分支,它将CPU、ROM、RAM、I/O接口、定时器/计数器等计算机的主要部件集成在一块集成电路芯片中,具有体积小、价格低、性能高、功耗低等优点,广泛应用于工业控制、智能仪器仪表、汽车电子、信息家电等各个领域。近年来,随着物联网等技术的发展,人们已经进入了智慧社会,对单片机的需求也呈现爆发式的增长,单片机已经渗透到国民生产生活的各个领域,从导弹制导控制、飞机各个部位的信息检测和各种仪表、网络通信设备、工业过程自动化控制和数据处理,到人们生活中的 IC 卡、各种家用电器等,单片机的应用无处不在。单片机技术的发展和应用,对社会的发展起到了非常大的促进作用,给人们的日常生活带来了极大的便利。

本章主要介绍单片机的基础知识,首先介绍单片机在各个领域的广泛应用,明确单片机技术在计算机技术发展中的重要作用,然后介绍单片机的基本概念、性能指标及分类,并在此基础上介绍单片机技术的发展历程以及发展趋势,最后介绍单片机应用系统的开发过程。

1.1 初识单片机

20 世纪 70 年代以来,单片机诞生并快速发展,标志着计算机正式形成了通用计算机系统和嵌入式计算机系统两大分支。单片机因其体积小,容易嵌入到各种应用系统中而广泛应用于各个领域,基于单片机的嵌入式计算机系统让人们的生活变得越来越智能。

和通用计算机相比,大多数人对单片机还是比较陌生,其实在我们经常使用的手机、电子表、电子温度计等设备中都使用了单片机,而且单片机都是其中最为核心的部件。下面就先列举一些单片机在各个领域中的应用。

1. 单片机在智能家居中的应用

在日常生活中,单片机发挥着非常重要的作用。例如,全自动洗衣机、电冰箱、空调、微波炉、消毒柜等日常家用电器中都嵌入了单片机,单片机使这些电器的功能和性能大大提高,有些还可以通过联网实现智能化、最优化控制。

2. 单片机在智慧农业中的应用

随着物联网技术的发展和成熟,智慧农业系统得到了推广应用,大量由单片机和传感器组成的智能信息探测端点为智慧农业系统实时获取各种数据(如农场每个地块的温度、湿度、风力、土壤酸碱度等)提供了方便,这些数据通过网络上传至云端数据中心,通过大数据分析后系统及时发出一些控制信息,实现如自动浇灌、喷药等操作,如图 1-1 所示。单片机在智慧农业中扮演着非常重要的角色。

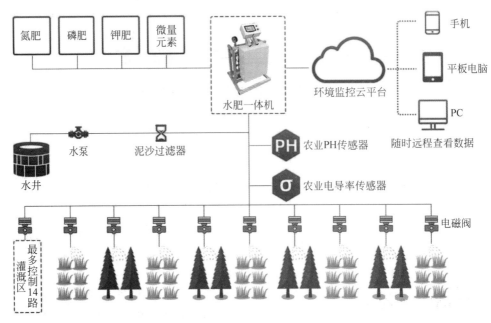

图 1-1　智慧农业远程监控系统示意图

3. 单片机在汽车电子设备中的应用

近年来汽车工业的发展非常迅猛,汽车的智能化水平在不断提高。例如,中高端汽车一般都配置了安全气囊、自动导航、轮胎防抱死、防撞监控、音响、车窗/车门控制、自动故障诊断等系统。这些系统的内部电路中都使用了一个或多个单片机,人们已经开始用一台车中使用了多少单片机来衡量车的智能化程度。分布在汽车驾驶室内的各种智能电子设备如图 1-2 所示。

图 1-2　分布在汽车驾驶室内的各种智能电子设备

4. 单片机在医疗设备中的应用

在计算机技术、电子技术、通信技术的共同加持下,新型智能化医疗设备的问世和传统医疗设备的升级换代速度越来越快,极大地提升了医生的诊断水平,为患者提供了更为快速、更人性化的诊疗服务。这些智能化医疗设备包括医用核磁共振设备、X 射线计算机体层摄影设备（CT机）等大型医疗设备,还有像便携式心率检测仪、电子血压计这样家用微型仪器仪表。这些智能化的医疗设备都离不开智能检测和控制电路,而单片机就是这些电路中的核心部件。图1-3展示的是有各种智能设备的现代化手术室场景图。

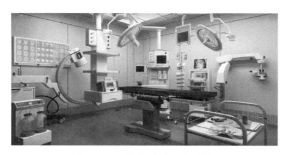

图1-3 现代化手术室场景图

5. 单片机在智能仪器仪表中的应用

使用了单片机芯片的仪器仪表和传统的仪器仪表相比,其电路结构更简单,体积更小,功能更强大,用户使用更方便;实现了仪器仪表的数字化、智能化、微型化;提高了仪器仪表的精度和准确度,大大降低了生产成本,市场应用非常普遍。图1-4给出了几种智能仪器仪表。

智能PID调节仪　　　　　定量控制仪　　　　　智能数字显示调节仪　　　　JY-50流量积算仪

图1-4 几种智能仪器仪表

6. 单片机在网络通信设备中的应用

现在大部分的通信设备中都使用了单片机芯片,如手机、电话机、传真机、小型程控交换机、调制解调器、楼宇自动通信呼叫系统、列车无线通信、集群移动通信、无线电对讲机等。

7. 单片机在工业控制中的应用

在工业控制领域,工业过程控制、智能控制、设备控制、数据采集和传输、测试、测量、监控等都离不开单片机。如图1-5所示的工业生产用的智能机械臂中就用到了功能及大小不一的多个单片机。

图1-5 工业生产用的智能机械臂

此外,单片机在国防军事、工商、金融、科研、教育等各个领域都有着非常广泛的应用,可以说单片机的应用是"无处不在"的。

1.2 单片机介绍

本节介绍单片机的基本概念、性能指标和分类。

1.2.1 单片机的基本概念

单片机全称单片微型计算机,又称为微控制器(Micro Controller Unit,MCU),是把中央处理器(Central Processing Unit,CPU)、存储器、输入/输出(I/O)接口、定时器/计数器等各种外围接口电路集成在一个集成电路芯片上的微型计算机。其功能结构如图1-6所示。

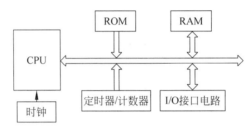

图 1-6   单片机功能结构图

单片机体积小、内部电路功能丰富、价格低,应用面非常广泛。其特点主要体现在以下几个方面。

1. 优异的性价比

首先,相比逻辑门电路等普通数字逻辑电路及低端模拟芯片分立元件组合电路,单片机具有较高的性能;其次,与可编程逻辑控制器(Programmable Logic Controller,PLC)等成熟自动化控制单元相比较,单片机又具有价格低廉的优势。因此,单片机具有优异的性能价格比。

2. 集成度高、体积小、有很高的可靠性

单片机把各功能部件集成在一块芯片上,内部采用总线结构,大大提高了单片机的可靠性与抗干扰能力。例如,有些单片机内集成了 I^2C(Inter-Integrated Circuit)、SPI(Serial Peripheral Interface)等总线接口,从而减少了外接器件的数量和连线,提高了单片机应用系统的集成度。此外,由于其体积小,对于强磁场环境易于采取屏蔽措施,使其较适合在恶劣环境下工作。

3. 控制功能强

单片机具有很强的逻辑操作、位处理、I/O控制和判断转移功能,运行速度快,特别适合进行工业系统实时控制。

4. 低功耗、低电压

采用单片机技术设计的各种智能电子设备会在各种环境下应用,很多应用场所无法随时充电或更换电池,因此对功耗要求比较高。现在新型单片机的功耗越来越小,供电电压从 5V 降低到了 3.2V,甚至 1.5V,工作电流从毫安降到微安级,而且很多单片机都设置了多种工作方式,如等待、睡眠、空闲、节电等来降低功耗,从而提高智能电子设备的待机时长。

5. 易扩展

由于单片机片内具有计算机正常运行所必需的部件,片外有供扩展用的总线及并行、串行输入/输出引脚等,因此根据不同的需求比较容易构成各种规模的、适合不同应用场景的应用系统。

1.2.2　单片机的性能指标

一个单片机的性能通常用以下几个重要指标进行衡量。

1. 位数

位数是指单片机一次能够处理的数据宽度。比如有 1 位机(如 PD7502)、4 位机(如 MSM64155A)、8 位机(如 μPD78F0485、MCS-51)、16 位机(如 MSP430)、32 位机(如 STM32)等多种类型。

2. 存储器

单片机内部的存储器主要包括数据存储器和程序存储器。数据存储器的空间相对较小,通常为几十字节到几百字节。程序存储器空间相对较大,字节数一般从几 KB(千字节)到几百 KB,且类型也比较多,例如 ROM、EPROM、E^2PROM、Flash ROM 和 OTP ROM 型等。除了存储器大小,程序存储器的编程方式也是用户考虑的一个重要因素,有的是串行编程,有的是并行编程,新一代的单片机有的还具有在系统(在线)可编程(In-System-Programmable,ISP)或在应用可编程(In-Application Programmable,IAP)功能,有的还有专用的 ISP 编程接口(JTAG 口)。

3. I/O 接口

CPU 与外部设备进行数据交换需要通过接口来实现,即 I/O 接口,每个设备都有一个专用的 I/O 地址,用来处理自己的输入/输出信息。单片机一般有几个到几十个 I/O 接口,用户可以根据需要进行选择。

4. 运行速度

指的是单片机内 CPU 的处理速度,以每秒执行多少条指令来衡量,常用单位是 MIPS(百万条指令每秒)。单片机的运行速度通常是和系统时钟(相当于 PC 的主频)相关的,但要注意,并不是频率高的运行速度就一定快,但是对于同一种型号的单片机,系统时钟频率越高,单片机的运行速度就越快。

5. 工作电压

不同类型的单片机的工作电压也不相同。通常 51 系列单片机的工作电压是 5V,范围是 $\pm 5\%$ 或 $\pm 10\%$;也有 3V/3.3V 工作电压的单片机,更低的还可在 1.5V/1.25V 工作。现代单片机又出现了宽电压范围型,在 2.5～6.5V 范围内均可正常工作。

6. 功耗

准确地说,单片机的功耗是非常难计算的。根据不同的工作环境,单片机的功耗也不相同,而且它与时钟频率,ADC(模数转换器)、DAC(数模转换器)外设是否工作,PWM、定时器外设是否工作,I/O 端口配置等多种因素相关。总的来说,低功耗是现代单片机设计追求的一个重要目标,目前低功耗单片机的静态电流可以低至微安或纳安级。有的单片机还具有等待、关断、睡眠等多种工作模式,以此来进一步降低功耗。

7.工作温度

单片机根据工作温度可分为民用级(商业级)、工业级和军用级 3 种。民用级的温度范围是 0～70℃,工业级是 -40～85℃,军用级是 -55～125℃(注:不同厂家的划分标准可能不同)。

8.附加功能

根据应用领域的不同,有些单片机也会有很多其他的附加功能,用户可根据需要选择适合自己的产品。例如,有的单片机内部有 A/D、D/A、串口、LCD 驱动等,使用这种单片机可减少外部器件,提高系统的可靠性。

1.2.3　单片机分类

当前市面上的单片机种类繁多,生产厂商也很多,产品各有优势。可按照用途、字长、指令系统、存储器结构 4 个方面进行分类。

1.按照用途分类

按照用途可分为通用型和专用型两类。通用型单片机能够向用户提供所有可开发的资源(ROM、RAM、I/O、EPROM 等);专用型单片机的硬件和指令都是根据某些特殊用途设计的,如录音机的核心控制器、打印机控制器、电机控制器等。

2.按照字长分类

按照字长可分为 4 位单片机、8 位单片机、16 位单片机和 32 位单片机甚至 64 位单片机。其中,8 位单片机可以执行逻辑和算术运算,比如 MCS-51;与 8 位单片机相比,16 位单片机的执行精度和性能更高,比如 MSP430;32 位单片机需要 32 位指令来执行任何逻辑或算术运算,具有极高的运算速度,这类单片机主要应用于汽车、航空航天、高级机器人、军事装备等方面。它代表着单片机发展中的高、新技术水平。

3.按照指令系统分类

按照指令系统可分为 CISC 型单片机和 RISC 单片机。CISC 表示复杂指令集计算机,它允许用户应用一条指令作为许多简单指令的替代,可以减少编程所需要的代码行数,但不同的指令需要不同的时钟周期来完成,执行速度较慢的指令,将影响总体执行效率;RISC 表示精简指令集计算机,在使用相同的晶片技术和相同运行时钟下,RISC 系统的运行速度是 CISC 的 2～4 倍,但由于需要通过简单、基本的指令组合成复杂指令,因此编写的代码量非常大。

4.按照内部存储器结构分类

按照单片机的内部存储器的结构可分为哈佛结构和冯·诺依曼结构。哈佛结构如图 1-7(a)所示,是一种将程序指令存储和数据存储分开的存储器结构,它的主要特点是将程序和数据存储在不同的存储空间中,每个存储器独立编址、独立访问,访问速度快,但总线占用资源太多;冯·诺依曼结构如图 1-7(b)所示,是将数据和代码放在一起,通过 BIOS 将硬盘中的程序(数据和代码)全部复制到 RAM,所以此时 RAM 内部会分为多个段,如代码段、数据段等,相比哈佛结构,节省了一套外部的数据总线和地址总线,但是由于代码和数据共用一条总线通道,因此访问速度更慢。

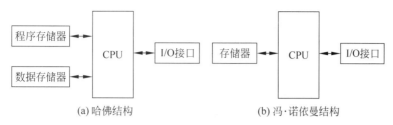

(a) 哈佛结构　　　　　　　　(b) 冯·诺依曼结构

图 1-7　单片机内部存储器结构框图

1.3　单片机发展历程和发展趋势

1.3.1　单片机发展历程

单片机自 20 世纪 70 年代诞生发展至今,从产品角度看,先后经历了 SCM、MCU、SoC 三个阶段。其中 SCM 为嵌入式系统的独立发展奠定了坚实的基础,MCU 在 SCM 的基础上设计了满足对象系统的各种外围电路和接口,主要体现在智能控制能力上。SoC 又被称为片上系统,代表了专用单片机的发展趋势。

1. SCM 即单片微型计算机(Single Chip Microcomputer,SCM)阶段

该阶段主要是寻求适合嵌入式系统的单片形态的最佳体系结构,技术上属于探索创新阶段。1976 年,Intel 公司推出的 MCS-48 系列单片机,是工业控制领域的一项探索,它在单个芯片内集成了 CPU、存储器、I/O 接口、定时/计数器、中断系统、时钟等部件,虽然存储器容量及寻址范围均较小,也无串行接口,指令功能不够强,制造工艺落后,集成度低,且采用双片形式,但是其奠定了 SCM 与通用计算机完全不同的发展道路。因此,在开创嵌入式系统独立发展道路上,Intel 公司功不可没。

2. MCU 即微控制器(Micro Controller Unit,MCU)阶段

该阶段的主要特点是:不断扩展满足嵌入式应用中对象系统要求的各种外围电路与接口电路,以突显对象系统的智能化控制能力。Intel 公司于 1980 年、1982 年相继推出 MCS-51 系列单片机和 MCS-96 系列单片机。

MCS-51 系列单片机是 Intel 公司在 MCS-48 基础上推出的完善而典型的单片机系列。MCS-51 系列单片机具有完善的外部总线,设置经典的 8 位单片机的总线结构,包括 8 位数据总线、16 位地址总线、控制总线,具有很多通信功能的串行通信接口,采用 CPU 外围功能单元的集中管理模式,体系更加完善,性能大大提高,面向控制的特点比较突出,因此成为了典型的通用总线型单片机体系结构。

MCS-96 系列单片机将一些用于测控系统的模数转换器、程序运行监视器、脉宽调制器等纳入片中,使片内面向测控系统的外围电路增强,使得单片机可以方便灵活地应用于复杂的自动测控系统及设备,很好地体现了单片机的微控制器特征。

由于该阶段所涉及的领域都与嵌入式应用的对象系统相关,因此,相关的电气、电子技术厂家也参与该阶段 MCU 的发展。例如,Philips 公司以其在嵌入式应用方面的巨大优势,将 MCS-51 从单片微型计算机迅速发展到微控制器。

3. SoC 即片上系统(System on Chip,SoC)阶段

该阶段的特点是面向系统级的应用,片上集成了各种各样的功能模块,以满足不同应用领域的需求。例如,近年来,许多半导体厂商以 MCS-51 系列单片机的 8051 为内核,将许多应用系统中的标准外围电路(如 A/D 转换器、D/A 转换器、实时时钟)或接口(SPI、I^2C、CAN、Ethernet 等)集成到单片机中,在单个芯片上集成一个完整的系统,从而生成多种功能强大、使用灵活的新一代 80C51 系列单片机。不但提高了系统的可靠性,而且减少了印制电路板(PCB)的尺寸,降低了系统设计的成本。随着微电子技术、IC 设计、EDA 工具的发展,基于 SoC 的单片机应用系统设计会进一步发展。

1.3.2　单片机发展趋势

近几年来,随着物联网、人工智能以及其他领域的兴起,市场对各种智能设备技术水平的要求逐步提高,因此单片机的发展正处在技术不断突破的阶段。为使单片机能够提供足够的性能支持,单片机产品的设计也变得更为复杂以及多元化。在未来,单片机的设计将朝着智能化、高性能、低功耗、无线连接、小体积等几个方面发展。

1. 智能化方向

从 2017 年起,一些主要的单片机厂商就开始尝试在单片机中增加 AI 功能。比如 ST 公司的 Project Orlando 项目——MCU 超低功耗 AI 加速器单元的实验,又如瑞萨公司在 2018 年发布的单片机可编程协处理器 DRP。目前,想要进一步提高单片机在 AI 方向上的运算能力,通常使用专用的 AI 加速器,比提升处理器性能更有效率。所以,将 AI 加速器引入单片机已成为主流。可以预见,随着未来人工智能等领域的蓬勃发展,单片机的发展也将越来越智能化。

2. 高性能方向

长期以来,不断提高计算和处理性能一直是单片机设计工程师和开发商的重要目标。从最初的 4 位单片机、8 位单片机到 32 位单片机和 64 位单片机,不断增加单片机位数也是为了提高单片机的计算和处理性能。现在,各大单片机制造商开始专注于探索如何通过改变单片机核心来提高单片机处理器的性能,并在研发制造过程中取得升级和突破。总之,无论采用何种方法,提高计算和处理性能始终是单片机设计的未来方向。

3. 低功耗方向

消费性电子产品、可穿戴设备以及其他以电池为动力的物联网终端对低功耗有着严格的要求。在 IoT 设备中,系统功耗是需要考虑的重要因素,在许多应用场景中,IoT 设备需要电池供电,并且需要长时间持续使用,这对单片机有着非常严格的低功耗要求。为了满足用户的低功耗要求,各大单片机厂商已陆续推出低功耗单片机,以不断满足用户对低功耗的要求。

4. 支持无线连接

近年来,无线传感器、智能电表、智能家居、可穿戴设备等物联网设备和无线连接产品飞速增长,传感器和处理器等电子设备的成本逐渐降低。同时,无线连接功能和人工智能性能的支持使许多产品更加智能,无须人工干预即可相互通信。在这个物物相连的时代,无线单片机将成为未来时代的标准处理器芯片。

5. 更小尺寸

为了满足物联网设备及应用程序的需求,单片机开发人员需要平衡性能、功耗和尺寸。与许多可穿戴设备的设计一样,体积小、重量轻是产品获得青睐的关键因素之一。比如在小型单片机的发展历史上,2004 年 Microchip 公司推出当时世界上最小的单片机,产品采用 6 引脚封装,把 PIC 单片机架构的卓越性能融入超小体积的 SOT-23 封装,适合空间极为有限和成本极低的应用。到目前为止,该芯片仍处于生产和供应状态,这表明市场对小型微型单片机一直是有需求的。

6. 主流与多品种共存

如今,单片机种类繁多,型号丰富,且各有所长,因此目前仍是主流单片机与多品种单片机相结合、共同发展的趋势,并不存在某种类型的单片机垄断的情况。各大单片机公司、厂商各自拥有自己独特的品牌和优势,满足不同用户群体的不同需求。因此,主流和多品种共存仍然是未来单片机产品的发展趋势。

1.4　单片机应用系统开发过程

由于单片机是一片集成了微型计算机基本功能部件的集成电路芯片,因此与通用微型计算机相比,它自身不具备开发功能,必须借助相应的开发装置来完成相应任务。一般来说,单片机应用系统的开发过程主要包含以下步骤。

1. 明确任务

前期应进行项目调查研究,了解项目的总体需求,接着进行具体的系统需求分析及可行性分析,综合考虑系统使用环境、可靠性要求、可维护性及产品的成本等因素,制定出满足应用系统需求且技术上可行的总体功能框架结构。

2. 划分软、硬件功能

单片机应用系统由硬件和软件两部分组成。在应用系统中,有些功能既可由硬件来实现,也可以用软件来完成。使用硬件实现可以提高系统的实时性和可靠性,但成本略高;使用软件实现可以降低系统成本,简化硬件结构。因此在划分系统软、硬件功能时,应总体考虑,综合分析以上因素,合理地制定硬件和软件任务的比例,从而进行总体设计。

3. 确定要使用的单片机及其他关键部件

根据硬件设计任务,选择能够满足系统硬件需求并且性价比高的单片机及其他关键器件,如 A/D 转换器、D/A 转换器、传感器、放大器等,这些器件需要满足系统在精度、速度以及可靠性等方面的要求。

4. 硬件设计

根据总体设计要求,以及选定的单片机及关键器件,利用 Proteus 等软件设计出单片机应用系统的电路原理图。

5. 软件设计

在系统总体设计和硬件设计的基础上,确定软件系统的程序结构并划分功能模块,然后进行各模块的程序设计。

6. 仿真调试

软件和硬件设计结束后,需要进行二者的整合调试。为避免资源浪费,在生成实际电路板之前,可以利用 Keil C51 和 Proteus 软件进行系统仿真,出现问题及时修改。

7. 系统调试

完成系统仿真后,利用 Protel 等绘图软件,根据电路原理图绘制 PCB(Printed Circuit

Board)图,然后将 PCB 图交给相关厂商生产电路板。拿到电路板后,为便于更换器件和修改电路,可首先在电路板上焊接所需的芯片插座,并利用编程器将程序写入单片机,接下来将单片机及其他芯片插到相应的芯片插座中,接通电源及其他输入/输出设备,进行系统联调,直至调试成功。

8. 测试修改

进行系统测试,经测试检验符合要求后,将系统交付给用户试用,对于出现的实际问题进行修改完善,单片机应用系统开发完成。

## 第 2 章

几种常用单片机介绍

20 世纪 80 年代以来,单片机的发展非常迅速,从最初的 4 位发展到 8 位、16 位、32 位,甚至更高,到现在单片机不仅种类齐全、繁多,而且数量庞大,在不同的应用领域主流的单片机也有所不同,设计开发不同领域的应用系统时会有不同的选择。下面一起了解几种典型的、常用的单片机系列。

2.1 51 系列单片机

在众多类型单片机中,51 系列单片机是应用最早、最广泛的单片机,也是初学者比较容易上手学习的单片机。它最早由 Intel 公司推出,由于其结构典型,完善的总线专用寄存器的集中管理,众多的逻辑位操作功能以及面向控制的丰富的指令系统,堪称为一代经典,并为以后的其他系列单片机的发展奠定了基础。

目前 51 系列单片机已有多种型号,MCS-51 系列的 8031/8051/8751 是 Intel 公司早期的产品,后其他公司在 8051 内核的基础上推出兼容扩展型单片机产品,比如 ATMEL 公司的 AT89C5x、AT89S5x 系列单片机产品,后续 ATMEL 公司又在 AT89C51 的基础上将一些功能精简形成了精简版的 AT89C2051、AT89C1051 等品种。除国外公司生产的 51 系列单片机外,近年来,我国国内也有公司自主研发生产单片机,例如宏晶公司自主研发生产的 STC 系列单片机。

2.1.1 MCS-51 系列

MCS-51 单片机是指由美国 Intel 公司生产的一系列单片机的总称,这一系列单片机包括许多品种,例如,基本型系列产品的 8031、8051、8751,以及增强型系列产品的 8032、8052、8752 等,其中 8051 可以说是最典型的产品,该系列其他单片机都是在 8051 的基础上衍生而来,所以人们又习惯称 MCS-51 系列单片机为 8051。

1. 8031 单片机

8031 单片机内部包括 1 个 8 位 CPU、128B 的 RAM、21 个特殊功能寄存器(SFR)、4 个 8 位并行 I/O 接口、1 个全双工串行口、2 个 16 位定时/计数器、5 个中断源,片内没有程序存储器 ROM,使用时用户需外接程序存储器,外接的程序存储器多为 EPROM 的 2764 系列,此时,写入到外接程序存储器的程序代码基本没有保密性。

2. 8051 单片机

8051 单片机是在 8031 的基础上,片内集成了 4KB 的 ROM 作为程序存储器,因此无须外接外部存储器,体现出"单片"的自供应特点。但是用户无法将编写的程序自己烧写到其程序存储器 ROM 中,只能将编好的程序交给芯片厂商,由厂商代用户烧写,并且烧写是一次性的,一旦烧写完成,以后无论是用户或是芯片厂商都不能改写其内容。且由于集成的 ROM 空间有限,要求烧写程序大小不得超过 4KB。

3. 8751 单片机

8751 单片机与 8051 单片机基本一样,只是 8751 单片机在片内集成的程序存储器是 4KB 的 EPROM 而非 ROM,与 ROM 的一次性烧入不可改写不同,EPROM 中的内容可以通过紫外线灯照射实现擦除后再烧写、修改,因此用户可以将自己编写的程序写入单片机的 EPROM 中进行现场实验、调试与应用,从而更加方便用户的使用。

上述 3 种单片机应用较早,影响较大,基本上已成为事实上的工业标准。为了满足实际应用需求,Intel 公司在 MCS-51 系列 3 种基本型产品基础上,又推出了增强型系列产品:8032、8052、8752,即 52 子系列。相比基本型的 8031、8051、8751,它们内部的 RAM 由 128B 增至 256B,8052 和 8752 的片内程序存储器也由 4KB 扩展到 8KB,16 位定时/计数器增加至 3 个,共有 6 个中断源。如表 2-1 所示,为 MCS-51 系列单片机基本型和增强型的片内基本硬件资源比较。

表 2-1 MCS-51 系列单片机片内硬件资源比较

类型	型号	片内程序存储器	片内数据存储器	I/O 口线（位）	定时/计数器	中断源
基本型	8031	无	128B	32	2	5
	8051	4KB ROM	128B	32	2	5
	8751	4KB EPROM	128B	32	2	5
增强型	8032	无	256B	32	3	6
	8052	8KB ROM	256B	32	3	6
	8752	8KB EPROM	256B	32	3	6

MCS-51 单片机由于其设计上的成功以及较高的市场占有率,得到众多公司的青睐,很多芯片厂商以各种方式与 Intel 公司合作,推出了同类型的单片机产品。例如,ATMEL 公司、Philips 公司、Cygnal 公司、ANALOG 公司等,这些厂商生产的兼容机型均采用 MCS-51 内核结构,采用 CMOS 工艺,如同一种单片机的多个版本一样,虽然制造工艺在不断改变,但内核却没有变化,也就是说,这类单片机指令系统完全兼容,绝大多数引脚也兼容,同样一段程序,在各个单片机厂家的硬件上运行的结果都是一样的,因此在使用上基本可以直接互换。

人们常用 8051(80C51,"C"表示采用 CMOS 工艺)来称呼所有具有 8051 内核且使用 8051 指令系统的单片机,将这些与 8051 内核相同的单片机统称为"51 系列单片机"。对于读者来说,学习了其中的一种,便掌握了所有的 51 系列单片机。

2.1.2 AT89C5x 和 AT89S5x 单片机

在后续众多的兼容扩展 51 系列单片机中,美国 ATMEL 公司的 AT89 系列,尤其是该系列中的 AT89C5x 和 AT89S5x 是比较实用的两款单片机系列产品,在世界 8 位单片机市场中占有较大份额。1994 年,ATMEL 公司以 E^2 PROM 技术与 Intel 公司的 80C51 内核使用权进行交换,通过这种方式与 Intel 公司进行合作,将 Flash 技术与 80C51 内核相结合,形成了片内带有 Flash 存储器的 AT89C5x 和 AT89S5x 系列单片机。它们不但和 8051 指令、引脚完全兼容,系列中某些产品还增加了一些新功能,例如,看门狗定时器 WDT、ISP 及 SPI 串行接口等。其片内的 4KB 程序存储器是采用 FLASH 工艺制作的,这种工艺使得程序存储器可以用电的方式瞬间擦除或改写,极大地方便用户调试、应用,而且此时用户写入单片机内的程序可以进行加密,从而能够很好地保护用户的劳动成果。此外,AT89C5x 和 AT89S5x 还支持两种节电工作方式,非常适合于电池供电或其他低功耗场合。

1. AT89C5x

AT89C51 是一种带 4KB Flash 存储器的低电压、高性能 CMOS 工艺的 8 位单片机。由于将多功能 8 位 CPU 和 Flash 存储器集成在单个芯片中,ATMEL 公司的 AT89C51 是一种比较高效的微控制器。

ATMEL 公司为满足实际应用需要,在 AT89C51 的基础上进行精简,形成精简版的 AT89C2051、AT89C1051 等品种。其中 AT89C2051 一款带 2KB Flash 存储器的单片机,单片机内的 Flash 存储器可以反复擦除 100 余次。内部元器件采用 ATMEL 公司的高密度、非易失性存储技术制造,与事实工业标准的 MCS-51 指令集、输出引脚相兼容。AT89C2051 在 AT89C51 的基础去掉了 P0 和 P2 口,内部的 Flash 程序存储器缩小到 2KB,封装形式由 AT89C51 的 40 脚改为 20 脚,价格相应更低,比较适合在一些手持仪器等程序不大的电路环境下应用。AT89C1051 在 AT89C2051 的基础上,精简掉串口等功能,程序存储器缩小到 1KB,价格也更低。

对于 AT89C2051 和 AT89C1051 来说,虽然在 AT89C51 的基础上进行了精简,功能相对没有那么强大、完善,但它们片内都集成了一个精密比较器,为测量一些模拟信号提供了极大的方便,通过外接电阻和电容,就可以测量电压、温度等人们日常生活中需要的数据变量,从而为很多日常家用电器的设计提供宝贵的资源。

2. AT89S5x

AT89S5x 系列是 ATMEL 公司继 AT89C5x 系列之后推出的新型单片机产品,代表产品有 AT89S51 和 AT89S52。AT89S51 是一个低功耗、高性能 CMOS 工艺的 8 位单片机,片内集成 4KB 的 Flash 程序存储器,可以在线编程或使用编程器重复编程,内部器件亦是采用 ATMEL 公司的高密度、非易失性存储技术制造,且兼容标准 MCS-51 指令系统及 80C51 引脚结构,价格较低,是目前 8051 单片机的典型芯片之一。目前,AT89C51 单片机已经停产,可以直接用 AT89S51 代替。与 AT89C5x 系列相比,AT89S5x 系列的时钟频率以及运算速度都有较大提高。

具体来说,AT89S51 单片机在 AT89C51 的基础上针对以下几方面进行了改进:

1) 引脚功能

引脚几乎相同,不同之处在于 AT89S51 中 P1.5、P1.6、P1.7 这 3 个引脚具有第二功能,这 3 个引脚的第二功能构成一个串行 ISP 在线编程接口。

2) 编程功能

AT89C51 仅支持并行编程,而 AT89S51 不仅支持并行编程,还支持 ISP 在线编程。这个功能的优势在于改写单片机存储器内的程序时不需要把芯片从工作环境中剥离,消除了传统的使用专用的编程器编程的诸多不便,可串行写入、速度更快、稳定性更好。

3) 烧写电压

AT89S51的烧写电压仅需要4~5V即可,而AT89C51除5V烧写电压外,同时还需要12V Vpp(峰峰值)烧写高压才能正常工作。

4) 烧写次数

AT89C51烧写次数一般只有100次,而AT89S51产品上标明烧写次数为1000次,实际为1000~10 000次,因此更加有利于学习者反复烧写,从而降低学习、实践成本。

5) 工作频率

AT89C51的最高工作频率为24MHz,而AT89S51的最高工作频率为33MHz(注:AT89S51有两种型号,分别支持24MHz和33MHz的最大工作频率)。因此AT89S51具有更快的计算速度。

6) 加密算法

相比AT89C51,AT89S51具有全新的加密算法,这使得AT89S51中用户程序的保密性大大加强,这样就可以有效地保护知识产权不被侵犯。

7) 更强的抗干扰性

AT89C51需要外部看门狗定时器电路,或使用单片机内部定时器组成软件看门狗,实现软件抗干扰。而AT89S51内部集成看门狗定时器,具有更强的抗干扰性。

ATMEL公司的AT89C51单片机,在原8051基础上增强了许多功能特性,如时钟、Flash存储器(取代原来的一次性写入ROM),AT89C51的性能相对于原8051已经比较优越了。而AT89C51之所以停产被AT89S51代替,其最致命的缺陷在于不支持ISP(在线编程),因此,在市场化方面,AT89C51受到了后继兴起的PIC单片机等产品的挑战。ATMEL也正是在这样的背景下,在AT89S51上增加ISP在线编程等新功能,取代了AT89C51。AT89S51在工艺上进行了改进,成本降低,而且将功能进行提升,增强了市场竞争力。而且AT89Sxx可以向下兼容AT89Cxx等51系列芯片。

2.1.3 STC系列单片机

不仅国外很多公司生产兼容MCS-51内核的各种型号单片机产品,我国国内公司也有制造生产。STC系列单片机就是我国具有独立自主知识产权的单片机系列产品,与后续各国厂商在8051内核基础上兼容扩展的51系列单片机一样,其功能、抗干扰性等都非常强。

STC系列单片机中有多种子系列、几百个品种,以满足不同应用的需要。其中STC89C52系列单片机的主要性能及特点如下:

STC89C52系列单片机是STC推出的新一代高速/低功耗/超强抗干扰/超低价的单片机,指令代码完全兼容传统8051单片机,属于衍生增强型8051单片机,12时钟每机器周期和6时钟每机器周期可以任意选择。

STC89C52系列单片机中包含中央处理器CPU、程序存储器ROM、数据存储器RAM、定时/计数器、UART串口、I/O接口、E^2PROM、看门狗等模块,STC89C52系列单片机几乎包含了数据采集和控制中所需的所有单元模块,可称得上一个片上系统。

下面列举STC89C52系列单片机的主要性能指标。

(1) 工作电压:STC89C52系列工作电压:5.5~3.8V(5V单片机)。

（2）工作频率范围：0～35MHz，相当于普通 8051 的 0～70MHz，实际工作频率可达 42MHz。

（3）存储器：片内 Flash 程序存储器为 4KB/8KB/12KB/14KB/16KB/32KB/40KB/48KB/56KB/62KB；片内 RAM 为 128B/512B。

（4）编程：ISP（在系统可编程）/IAP（在应用可编程），无需专用编程器，无需专用仿真器，可通过串口（RXD/P3.0，TXD/P3.1）直接下载用户程序，数秒即可完成一片。

（5）共 3 个 16 位定时/计数器，其中定时器 0 还可以当成 2 个 8 位定时器使用。

（6）工作温度范围：−40～+85℃（工业级）/0～75℃（商业级）。

2.2　AVR 系列单片机

1997 年，ATMEL 公司研发出精简指令集的高速 8 位 AVR 系列单片机。AVR 单片机取消了机器周期，以时钟周期为指令周期，抛弃复杂指令计算机（CISC）追求指令完备的做法，采用精简指令集，以字作为指令长度单位，绝大部分指令都为单周期指令，取值周期短，又可预取指令，从而实现流水作业，因而可以高速执行指令。

AVR 系列 8 位单片机具有以下特点：

（1）超功能精简指令集（RISC），具有 32 个通用工作寄存器，克服了如 8051 单片机采用单一累加器 ACC 进行处理造成的瓶颈现象，采用局部寄存器存堆（32 个寄存器文件）和单体高速输入/输出的方案（即输入捕获寄存器、输出比较匹配寄存器及相应控制逻辑）。快速的存取寄存器组、单周期指令系统，大大优化了目标代码的大小、执行效率，提高了指令执行速度（1MIPS/MHz）。

（2）新工艺 AVR 单片机的 Flash 程序存储器擦写可达 10 000 次以上。片内 RAM 容量也比较大，不仅能满足一般场合的使用，还能有效支持使用高级语言进行系统程序开发，并且如同 8051 单片机一样，可以很容易地扩展外部 RAM。

（3）I/O 口功能强、驱动能力强。I/O 口作输入时可设置为三态高阻抗输入或带上拉电阻输入，可输出 40mA（单一输出），具备 10～20mA 灌电流的能力。

（4）片上资源丰富：AVR 单片机片内集成多种频率的 RC 振荡器、定时/计数器、看门狗电路、低电压检测电路 BOD，并有多个复位源（自动上下电复位、外部复位、看门狗复位、BOD 复位），并具备启动延时功能，增强了单片机系统的可靠性。片内有通用的异步串行口（UART），面向字节的高速硬件串口 TWI（与 I^2C 兼容）、SPI 串口。此外还有 ADC、PWM 等片内外设。

（5）编程功能强大，调试方便。AVR 单片机支持程序在线编程，只需要一条 ISP 下载线，就可把程序写入 AVR 单片机中，无须使用编程器。除了有 ISP 在线编程功能外，有些 AVR 单片机还有 IAP 在线应用编程功能，方便升级或销毁应用程序，从而省去了使用仿真器。

AVR 系列单片机品种丰富、齐全，可适用于不同场合的要求，广泛应用于计算机外部设备、工业实时控制、仪器仪表、通信设备、家用电器等各个领域。AVR 单片机可分为如下 3 个档次：

• 低档 Tiny 系列 AVR 单片机，主要有 Tiny11/Tiny12/Tiny13/Tiny15/Tiny26/

Tiny28 等；

- 中档 AT90S 系列 AVR 单片机，主要有 AT90S1200/AT90S2313/AT90S8515/AT90S8535 等；
- 高档 ATMega 系列 AVR 单片机，主要有 ATMega8/ATMega16/ATMega32/ATMega64/ATMega128（存储容量为 8KB/16KB/32KB/64KB/128KB）以及 ATMega8515/ATMega8535 等。

总的来说，AVR 单片机在软/硬件开销、速度、性能和成本诸多方面取得了优化平衡，是一款高性价比的单片机。但是，AVR 单片机开发所用的 C 语言与 51 系列单片机所用的 C 语言在写法上存在很大的差异，因此对于学习 51 系列单片机入门的学习者可能会感到有些不习惯。

2.3　PIC 系列单片机

PIC 系列单片机是美国微芯公司(Microchip)生产的单片机产品，其 CPU 采用 RISC 结构，分别有 33、35、58 条指令，属精简指令集，采用哈佛双总线结构，运行速度快，它可以并行处理程序存储器的访问以及数据存储器的访问，指令流水线结构，在一个周期内可完成两部分工作：一是执行指令，二是从程序存储器中取出下一条指令。因此总的看来每条指令只需一个周期，这也是 PIC 系列单片机高效率运行的原因之一。

PIC 系列单片机具有以下特点：

（1）产品种类多，型号齐全、丰富。PIC 系列单片机从低到高有几十个型号，可以满足各种不同应用需要。其最大特点就是不做单纯的功能堆积，而是从实际出发，重视产品的性价比，发展多种型号的单片机产品来满足不同层次的应用需求，因为不同的应用对单片机的功能和资源的需求也是不同的。例如，摩托车上的点火器只需要一个 I/O 较少、RAM 及程序存储空间不大、可靠性较高的小型单片机即可，若采用 40 引脚且功能强大的单片机，不仅价格高，使用起来也不方便。

（2）具有优越的开发环境。单片机开发系统的实时性也是衡量单片机性能的一个重要的指标。普通 8051 单片机的开发系统大都采用高档型号仿真低档型号，其实时性不够理想。而 PIC 系列单片机在推出每一款新型号单片机产品的同时都会推出对应的仿真芯片，所有的开发系统均由专用的仿真芯片支持，因此实时性非常好，基本不会出现仿真结果与实际运行结果不一致的情况。

（3）引脚具有防瞬态能力。引脚通过限流电阻可以接至 220V 交流电源，可直接与继电器控制电路相连，不需要光电耦合器隔离，给应用带来极大的方便。

（4）彻底的保密性。PIC 系列单片机以熔丝来保护代码，用户在烧入代码后熔断熔丝，别人再无法读出，除非恢复熔丝。目前，PIC 采用熔丝深埋工艺，恢复熔丝的可能性极小。

（5）功耗较低。PIC 单片机的 CMOS 设计结合了诸多的节电特性，具有睡眠和低功耗模式，因此功耗较低。虽然 PIC 单片机在低功耗方面不能与新型的 TI-MSP430 相比，但在大多数应用场合均能满足需要。

（6）PIC 单片机增加了掉电复位锁定、上电复位(POR)，自带看门狗定时器，从而提高了程序运行的可靠性。

PIC 系列单片机的 8 位型号繁多,分为基本级、中级、高级 3 个级别。

- 基本级系列:价格较低,适用于各种对成本要求严格的家电产品选用,如 PIC16C5X。
- 中级系列:PIC 中级系列产品是 Microchip 公司重点发展的系列产品,因此品种最为丰富。该级产品性能比低档产品有所提高,增加了中断功能,指令周期可达到 200ns。性能高,价格适中,广泛应用于各种高、中和低档的电子产品的设计中。例如,PIC12C6xx,内部带有 A/D 变换器、E^2PROM 数据存储器、比较器输出、PWM 输出、I^2C 和 SPI 等接口。
- 高级系列:一般可用于电机控制等高、中档的电子设备中使用。如 PIC17Cxx 是适合高级复杂系统开发的单片机系列产品,它在中级系列产品的基础上增加了硬件乘法器,指令周期可达 160ns,具有丰富的 I/O 控制功能,并可外接扩展 EPROM 和 RAM。

此外,Microchip 公司还推出了高性能的 16 位的 PIC24xx 系列和 32 位的 PIC33xx 系列单片机,并得到了比较广泛的应用。

2.4 MSP430 系列单片机

MSP430 系列单片机是美国德州仪器公司生产的 16 位超低功耗的混合信号处理器。
其主要特点如下:

(1) 强大的处理能力。MSP430 系列单片机采用精简指令集(RISC)结构,具有丰富的寻址方式(7 种源操作数寻址、4 种目的操作数寻址)、简洁的 27 条内核指令以及大量的模拟指令,大量的寄存器以及片内数据存储器可参加多种运算,还有高效的查表处理指令,这些特点保证其可编制出高效率的源程序。

(2) 运算速度快。在运算速度方面,能在 25MHz 晶体的驱动下,实现 40ns 的指令周期。16 位的数据宽度、40ns 的指令周期以及多功能的硬件乘法器(能实现乘加运算)相配合,能快速实现数字信号处理的一些算法(如快速傅里叶变换等)。

(3) 超低功耗。MSP430 单片机之所以有超低的功耗,是由于其在降低芯片的电源电压和灵活、可控的运行时钟方面都有其设计独到之处。MSP430 系列单片机的电源电压采用 1.8～3.6V 电压,因而可使其在 1MHz 的时钟条件下运行;芯片的耗电电流为 0.1～400μA,因不同的工作模式而不同,RAM 保持模式下的最低功耗只有 0.1μA。独特的时钟系统设计,在 MSP430 系列单片机中有两个不同的时钟系统:基本时钟系统、锁频环(FLL 和 FLL＋)时钟系统和 DCO 数字振荡器时钟系统,运行时由系统时钟系统产生 CPU 和各功能所需的时钟。并且这些时钟可以在指令的控制下打开和关闭,从而实现对总体功耗的控制。

(4) 片上资源丰富。MSP430 系列单片机的各系列都集成了较丰富的片上资源,主要有看门狗(WDT)、模拟比较器 A、定时器 A0(Timer_A0)、定时器 A1(Timer_A1)、定时器 B0(Timer_B0)、UART、SPI、I^2C、硬件乘法器、液晶驱动器、10 位/12 位 ADC、16 位 Σ-ΔADC、DMA、I/O 端口、基本定时器、实时时钟(RTC)和 USB 控制器等。MSP430 系列单片机的这些片上资源为系统的单片解决方案提供了极大的方便。

(5) 方便高效的开发环境。MSP430 系列单片机有 OTP 型、Flash 型和 ROM 型 3 种类型的器件,不同的器件对应的开发手段也不同。对于 OTP 型和 ROM 型的器件是使用仿真器开发成功之后烧写或掩膜芯片;对于 Flash 型则有十分方便的开发调试环境,因为片内有 JTAG 调试接口,在进行开发时,先下载程序到 Flash 程序存储器内,然后在器件内通过软件控制程序的运行,由 JTAG 接口读取片内信息供设计者调试使用。因此,这种类型的开发只需要一台 PC 和一个 JTAG 调试器,而不需要仿真器和编程器。

MSP430 系列单片机的最大特点就是低功耗,正是由于其超低功耗的显著特点,MSP430 系列单片机的应用范围不断扩大,尤其是在低功耗及超低功耗的工业场合得到广泛的应用。

2.5 其他类型微控制器

近年来,嵌入式系统广泛应用于人们生产生活的各个领域,嵌入式系统技术因此具有非常广阔的应用前景,以各类嵌入式处理器为核心的嵌入式系统的应用,已经成为当今电子信息技术应用的一大热点。具有不同体系结构的嵌入式处理器是嵌入式系统的核心部件,除了单片机,还有数字信号处理器(Digital Signal Process,DSP)以及嵌入式微处理器(EMPU)。

2.5.1 数字信号处理器

数字信号处理器是一种特别适合进行数字信号处理运算的嵌入式微处理器,其主要应用于实时快速地实现各种数字信号处理算法,如数字滤波、FFT、频谱分析等。由于 DSP 的硬件结构和指令进行了特殊设计,可以有效提高数字信号处理的运算速度,因而能够高速完成各种数字信号处理算法。

根据数字信号处理的要求,DSP 芯片一般具备以下特点:

(1) DSP 采用改进的哈佛总线结构,内部有两条总线,即数据总线和程序总线。采用程序与数据空间分开结构,分别有各自的地址总线和数据总线,可以同时完成获取指令和读取数据操作,因此运行速度快。

(2) 采用流水操作,每条指令的执行划分为取指令、译码、取数、执行等若干步骤,由片内多个功能单元分别完成,相当于多条指令并行执行,支持任务的并行处理,大大提高运算速度。

(3) DSP 具有独立的硬件乘法器,乘法指令可在单周期内完成,使卷积、数字滤波、FFT、矩阵运算等算法中的大量乘法运算速度加快。

(4) DSP 中包含专门的地址产生器,它能产生信号处理算法需要的特殊寻址,如循环寻址和位翻转寻址等特殊指令,使 FFT、卷积等运算中的寻址、排序等计算速度大大提高。

(5) DSP 有一组或多组独立的 DMA 控制逻辑,提高了数据的吞吐带宽,为高速数据交换和数字信号处理提供了保障。

(6) 快速的中断处理和硬件 I/O 支持。DSP 提供多个串行或并行 I/O 接口以及特殊 I/O 接口,来完成特殊的数据处理或控制,从而提高了系统的性能并且降低了成本。

随着 DSP 芯片性价比的提高和新的实用 DSP 算法不断出现,DSP 的应用领域会不断扩大,DSP 系统的应用在深度和广度上也会有更大的发展。

2.5.2 ARM 系列微控制器

ARM(Advanced RISC Machines)是一家微处理行业的知名企业,该企业设计了大量高性能、廉价、低功耗的 RISC 处理器。ARM 公司本身只设计芯片,不进行芯片的生产,它将技术授权给世界上许多著名的半导体、软件和 OEM 厂商,并提供服务。通常所说的 ARM 微处理器,其实是采用 ARM 知识产权(IP)核的微处理器。ARM 公司之前的处理器命名从 ARM 1 开始一直延续到 ARM 11。在 ARM 11 系列之后,Cortex 系列是 ARM 公司目前最新内核系列。目前 Cortex 的处理器主要分为三大系列。

Cortex-A 系列:针对终端应用,手机与 PC 等,比如 A 应用于 iPhone4。Cortex-A 系列面向尖端的基于虚拟内存的操作系统和用户应用。

Cortex-R 系列:应用在实时控制领域,比如硬盘控制、引擎管理、基频的实时处理器核心 Cortex-R 系列。

Cortex-M 系列:针对成本和功耗敏感的 MCU 和终端应用,如人机接口设备、工业控制系统和医疗器械。Cortex-M 系列可以运行操作系统,但只能是最简单的不带虚拟内存的操作系统。

ARM Cortex-M 系列主要面向单片机领域,是一系列可向上兼容的高能效、易于使用的处理器,旨在帮助开发人员满足将来的嵌入式应用的需要,目前 ARM Cortex-M 处理器系列拥有 M0、M1、M3、M4、M7 等多款。其中,Cortex-M3 的速度比 ARM7 提高了约 33%,功耗降低了 75%,适用于具有较高确定性的实时应用,具有出色的计算性能以及对事件的优异系统响应能力,同时可应对实际应用中对低动态和静态功率需求的挑战;Cortex-M4 是由 ARM 专门开发的用以满足需要有效且易于使用的控制和信号处理功能混合的数字信号控制市场,在 Cortex-M3 的基础上进一步加强了控制和数字信号处理性能;Cortex-M7 的性能最为出色。拥有六级超标量流水线、灵活的系统和内存接口(包括 AXI 和 AHB)、缓存以及高度耦合内存,为 MCU 提供出色的整数、浮点计算和 DSP 性能。

由于 ARM Cortex-M 系列面积小、低功耗、高性能的优势,国内外很多单片机厂商陆续采用 ARM Cortex-M 架构设计生产单片机。目前应用非常广泛的是意法半导体公司的 STM32 单片机。

STM32 单片机是一款性价比非常高的系列单片机,功能非常强大,采用 ARM 专门为要求高性能、实时性、低成本、低功耗的嵌入式应用设计的 Cortex-M 内核,能够实现最大程度的集成整合,易于开发。按内核架构分为主流产品(STM32F0、STM32F1、STM32F3)、超低功耗产品(STM32L0、STM32L1、STM32L4、STM32L4+)、高性能产品(STM32F2、STM32F4、STM32F7、STM32H7)。

STM32F0 系列产品是基于超低功耗的 ARM Cortex-M0 处理器内核,整合增强的技术和功能,瞄准超低成本预算的应用。该系列微控制器缩短了采用 8 位和 16 位微控制器的设备与采用 32 位微控制器的设备之间的性能差距,能够在经济型用户终端产品上实现先进且复杂的功能。

STM32L 系列产品基于超低功耗的 ARM Cortex-M4 处理器内核,采用意法半导体公司独有的两大节能技术:130nm 专用低泄漏电流制造工艺和优化的节能架构,提供业界领先的节能性能。该系列属于意法半导体公司阵容强大的 32 位 STM32 微控制器产品家族,该产品系列共有 200 余款产品,全系列产品共用大部分引脚、软件和外设,优异的兼容性为开发人员带来最大的设计灵活性。

意法半导体公司首先推出 STM32 基本型系列、增强型系列、USB 基本型系列、互补型系列微控制器。例如,STM32F103 是其推出的基于 ARM 公司的高性能 Cortex-M3 核的增强型系列单片机,其主要特性体现在:

(1) 内核——ARM32 位 Cortex-M3CPU,最高工作频率 72MHz,运行速度 1.25DMIPS/MHz,单周期乘法和硬件除法。

(2) 存储器——片上集成 32～512KB 的 Flash 存储器,6～64KB 的 SRAM 存储器。

(3) 时钟、复位和电源管理:2.0～3.6V 的电源供电和 I/O 接口的驱动电压,POR、PDR 和可编程的电压探测器(PVD),4～16MHz 的晶振,内嵌出厂前调校的 8MHz RC 振荡电路,内部 40kHz 的 RC 振荡电路。用于 CPU 时钟的 PLL。带校准用于 RTC 的 32kHz 的晶振。

(4) 调试模式:串行调试(SWD)和 JTAG 接口。最多高达 112 个快速 I/O 端口、多达 11 个定时器、最多多达 13 个通信接口、使用最多的器件。

(5) ECOPACK 封装:STM32F103xx 系列微控制器采用 ECOPACK 封装形式。

意法半导体公司推出 STM32 基本型系列、增强型系列、USB 基本型系列、互补型系列微控制器之后,又推出 STM32F105 和 STM32F107 互联型新系列微控制器,新系列产品沿用增强型系列的 72MHz 处理频率。内存包括 64～256KB 闪存和 20～64KB 嵌入式 SRAM。新系列采用 LQFP64、LQFP100 和 LFBGA100 三种封装,不同的封装保持引脚排列一致性,结合 STM32 平台的设计理念,开发人员通过选择产品可重新优化功能、存储器、性能和引脚数量,以最小的硬件变化来满足个性化的应用需求。

不仅国外厂商基于 ARM 的 Cortex-M 系列内核生产各种系列的单片机产品,国内很多公司也基于 Cortex-M 内核研发生产类型多样、型号丰富的单片机产品,例如中颖电子、北京兆易创新、华大半导体、华润微电子、复旦微电子等,说明我国芯片制造业正在快速发展进步。

由于嵌入式微处理器能运行实时多任务操作系统,能够处理复杂的系统管理任务,因此,在移动平台、多媒体手机、工业控制和商业领域(例如,智能工控设备、ATM 机等)、电子商务平台、信息家电(机顶盒、数字电视)等方面,甚至军事上的应用,它都具有巨大的吸引力。目前以嵌入式微处理器为核心的嵌入式系统的应用,已经成为继单片机、DSP 之后的电子信息技术应用的又一大热点。

本章主要介绍了 5 种常见的经典系列单片机,每种单片机都有其独特的优势,可以说是各有所长。在单片机的广泛应用中,不同的应用领域有不同的功能、特性的需求,要根据不同应用系统的具体需求,在丰富、齐全的单片机系列产品型号中选择能够满足其特定功能、特性需求且性价比较高的单片机产品。

## 第 3 章

80C51 单片机电路结构及功能

本章主要以 51 系列单片机中最基础的 80C51 单片机为例,详细介绍了单片机的片内硬件结构、引脚及端口,并在此基础上介绍了单片机的最小应用系统,最后介绍了单片机的低功耗模式。本章是学习单片机的一个重要基础,只有了解单片机片内硬件结构和硬件资源,熟悉单片机各引脚的功能特点,以及时钟电路、复位电路等,才能很好地将单片机应用到实际项目中。

初学者在学习本章内容时会有很多的困惑,对于一些暂时不能明白的地方先不要在此纠结,在后面涉及本章内容时再到此查阅,从而逐步掌握全部内容。

3.1 80C51 单片机的片内硬件结构

单片机是一块将 CPU、存储器和输入/输出单元集成在一块半导体硅片上的集成电路,片内包含中央处理器 CPU、程序存储器 ROM、数据存储器 RAM,并行 I/O 接口、串行 I/O 接口、定时/计数器、中断系统等几大单元电路,通过内部总线将各单元连接成一个完整的系统。51 系列单片机的基础芯片是 80C51,其结构框图如图 3-1 所示。

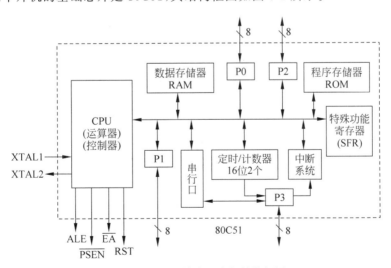

图 3-1 80C51 单片机内部结构框图

(1) 中央处理器(CPU): CPU 是单片机内的核心部件,由控制器和运算器组成,是一个 8 位数据宽度的处理器。

（2）数据存储器（RAM）：片内有 128B（地址范围为 00H～7FH）数据存储空间，片外还可以扩展最多 64KB 的数据存储器（地址范围为 0000H～FFFFH）。

（3）程序存储器（ROM）：片内 4KB（地址范围为 0000H～0FFFH）程序存储空间，片外还可以扩展最多 64KB 的程序存储器（地址范围为 0000H～FFFFH）。

（4）中断系统：有 5 个中断源，2 级中断优先级。

（5）定时/计数器：有 2 个 16 位的定时/计数器，具有 4 种工作方式。

（6）串行口：有 1 个全双工的异步串行口，具有 4 种工作方式。

（7）并行口：有 4 个 8 位的并行口，P0 口、P1 口、P2 口和 P3 口。

（8）特殊功能寄存器（SFR）：共有 21 个特殊功能寄存器，通过特殊功能寄存器可实现对单片机内部资源的管理、控制和监视。

3.2 80C51 单片机的引脚介绍

3.2.1 引脚的封装方式

单片机的内部电路和它的外部引脚由导线连接，内部电路被封装成一个芯片，我们只能看到芯片外部的引脚，通过它的引脚连接外部的其他电路，实现对芯片内部电路的操作。封装的作用是为了保护芯片内部电路及便于焊接安装。常见的 80C51 封装方式有 3 种。

1. PDIP 封装

塑料双列直插封装（PDIP）的 80C51 芯片如图 3-2 所示。在有字（印刷着芯片型号等信息）的一面某个角有一个标记，表示这个位置的引脚编号为 1，即引脚 1 或 Pin 1，然后按逆时针顺序依次为引脚 2，引脚 3，……，引脚 40。图 3-2 中引脚 1 对应的名称为 P1.0，表示这个引脚的功能是 P1.0（在后面的内容中具体介绍），引脚 40 对应的名称为 VCC，表示这个引脚要连接正电源。

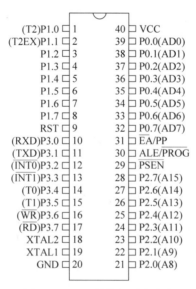

图 3-2　PDIP 封装的引脚分布

2. QFP 封装

PQFP 或 TQFP 封装的 80C51 芯片均为扁平的 44 引脚的贴片式封装,如图 3-3 所示,有标记位置的引脚编号为引脚 1,从这个位置开始逆时针排序依次是引脚 2,引脚 3,……,引脚 44,引脚名称为 NC 表示这个引脚是空引脚,没有和内部电路连接。这种封装方式体积小、成本低,在产品中普遍应用。

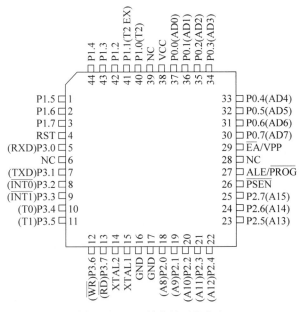

图 3-3　QFP 封装的引脚分布

3. PLCC 封装

PLCC 封装也是一种贴片式封装,如图 3-4 所示。其引脚标记位置在某一侧的中间,同样引脚的编号也是从这个位置开始,按照逆时针方向依次排序。

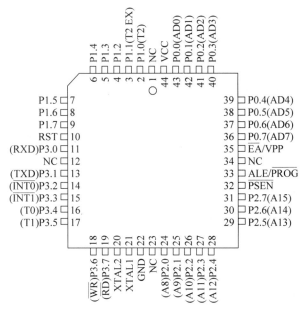

图 3-4　PLCC 封装的引脚分布

3.2.2 引脚的功能介绍

80C51 单片机有 40 个引脚,根据引脚的用途可将其分为四大类,分别是电源引脚、时钟引脚、控制引脚和 I/O 引脚。

1. 电源引脚

(1) VCC:接+5V 电源。

(2) VSS:接地。

2. 时钟引脚

(1) XTAL1:芯片内部振荡器的反相放大器和外部时钟发生器的输入端。当使用芯片内部振荡器时,该引脚外接石英晶体振荡器和微调电容。当使用外部的独立时钟源时,该引脚接外部时钟振荡器的信号。

(2) XTAL2:芯片内部振荡器反相放大器的输出端。当使用芯片内部振荡器时,该引脚外接石英晶体振荡器和微调电容。当使用外部时钟振荡器时,该引脚悬空。

3. 控制引脚

控制引脚包括 RST、$\overline{\text{PSEN}}$、ALE/$\overline{\text{PROG}}$ 以及 $\overline{\text{EA}}$/V_{PP}。

(1) RST(RESET):复位信号输入端,高电平有效。在此引脚加上持续时间大于 2 个机器周期的高电平,就可使单片机复位。在单片机正常工作时,此引脚应保持≤0.5V 的低电平。

(2) $\overline{\text{PSEN}}$(Program Strobe Enable):外部程序存储器的读选通信号,低电平有效。当单片机读取外部程序存储器时,该引脚输出一个负脉冲用于选通外部程序存储器,否则该引脚一直输出高电平。

(3) ALE/$\overline{\text{PROG}}$(Address Latch Enable/Programming):该引脚具有复用功能。

ALE 为该引脚的第一功能:当访问外部存储器时,ALE 输出脉冲信号用于控制外部电路将 P0 口输出的 8 位地址锁存起来。在访问外部存储器时,如果地址为 16 位,低 8 位地址由 P0 口输出,高 8 位地址由 P2 口输出,由于资源有限,P0 口要作为低 8 位地址和 8 位数据分时复用,因此必须将低 8 位地址锁存起来。

此外,单片机正常工作时,ALE 一直以时钟振荡频率的 1/6 输出固定的正脉冲信号,该信号可作为外部时钟源或定时计数脉冲。需要注意的是,每当单片机访问外部数据存储器时,要丢失一个 ALE 脉冲,因此在片外扩展有外部数据存储器时,ALE 引脚输出信号的频率并不是准确的时钟振荡频率的 1/6。

$\overline{\text{PROG}}$ 为该引脚的第二功能:在对片内程序存储器进行编程时,此引脚作为编程脉冲输入端。

(4) $\overline{\text{EA}}$/V_{PP}(Enable Address/Voltage Pulse of Programming):该引脚具有复用功能。

$\overline{\text{EA}}$ 为该引脚的第一功能:内部程序存储器和外部程序存储器的选择控制端。

当 $\overline{\text{EA}}$=1 时,在程序计数器 PC 值不超出 0FFFH(即不超出片内 4KB 程序存储器的最大地址范围)时,单片机读片内程序存储器(4KB)中的程序代码,当 PC 值超出 0FFFH(即超出片内 4KB 程序存储器地址范围时),将自动转向读取片外 60KB(1000H~FFFFH)程序存储器空间中的程序代码。

当 $\overline{\mathrm{EA}}=0$ 时,只读取片外程序存储器中的内容,读取的地址范围为 0000H～FFFFH,片内的 4KB 程序存储器不起作用。

V_{PP} 为该引脚的第二功能:在对片内程序存储器进行编程时,此引脚接入编程电压。

4. I/O 引脚

80C51 单片机一共有 32 个 I/O 引脚,由 4 个 8 位的并行口 P0、P1、P2、P3 组成。单片机内部设有对应的特殊功能寄存器 P0～P3 用于控制或读取这 4 个并行口的状态。本章只对这 4 个并行口进行简单的介绍,详细介绍见第 7 章。

1) P0 口

P0 口既可作为通用 I/O 口使用,也可作为地址/数据复用总线使用。当 P0 口作为通用 I/O 口使用时,是一个 8 位准双向口,上电复位后处于开漏模式。P0 口内部无上拉电阻,所以作通用 I/O 口使用时必须外接上拉电阻。当 P0 口作为地址/数据复用总线使用时,是低 8 位地址线(A0～A7)和数据线(D0～D7)共用,此时无须外接上拉电阻。

2) P1 口

P1 口是 8 位准双向 I/O 口,内置上拉电阻,可作为通用 I/O 口使用,能够驱动 4 个 TTL 负载。

3) P2 口

P2 口是 8 位准双向 I/O 口,内置上拉电阻,既可作为通用 I/O 口使用,也可作为高 8 位地址总线使用(A8～A15)。P2 口作为通用 I/O 口使用时,可驱动 4 个 TTL 负载。当单片机访问外部存储器及 I/O 接口时,P2 口输出 16 位地址中的高 8 位。

4) P3 口

P3 口是 8 位准双向 I/O 口,内置上拉电阻,可作为通用 I/O 口使用,能够驱动 4 个 TTL 负载。除此之外,P3 口每个引脚还有第二功能。

上述为 80C51 单片机的 40 个引脚,大家应熟记每一个引脚的功能,这对于掌握 80C51 单片机应用系统硬件电路的设计方法十分重要。

3.3 80C51 单片机的最小应用系统

80C51 单片机的最小系统电路由单片机芯片、电源、时钟电路和复位电路构成,如图 3-5 所示。单片机的最小系统电路是构成单片机应用系统的基本硬件单元。根据实际需要,在最小系统电路上的 I/O 接口可外接扩展电路,以便实现不同的功能。

3.3.1 时钟电路

时钟电路用于产生 80C51 单片机工作时所必需的控制信号,80C51 的内部电路正是在时钟信号的控制下,严格按时序执行指令进行工作的。各外围部件的运行都是以时钟控制信号为基准,有条不紊、一拍一拍地工作。时钟频率直接影响单片机的速度,时钟电路的质量也直接影响单片机系统的稳定性。常用的时钟电路有内部时钟和外部时钟两种方式。

1. 内部时钟方式

80C51 单片机内部有一个用于构成振荡器的高增益反相放大器,它的输入端为芯片引脚 XTAL1,输出端为芯片引脚 XTAL2。这两个引脚外部跨接石英晶体振荡器和微调电

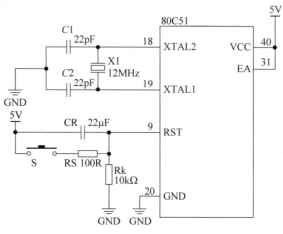

图 3-5 单片机最小系统电路

容,构成一个稳定的自激振荡器。80C51 单片机的内部时钟方式的电路如图 3-6 所示。

电路中电容的典型值通常选择为 15～30pF,石英晶体振荡器的频率通常选择 6MHz、12MHz(可得到准确的定时)或 11.0592MHz(可得到准确的串行通信波特率)。在实际电路设计中,应保证外接的石英晶体振荡器和电容尽可能靠近单片机的 XTAL1 引脚和 XTAL2 引脚,以减少寄生电容的影响,使振荡器能够稳定可靠地提供时钟信号。

2. 外部时钟方式

外部时钟方式是使用现成的外部振荡器产生时钟脉冲信号,将外部振荡器直接接到 XTAL1 引脚,XTAL2 引脚悬空,如图 3-7 所示。外部时钟方式常用于多片单片机同时工作,以便于多片单片机之间的同步。

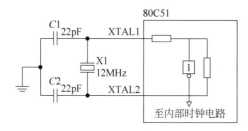

图 3-6 80C51 单片机内部时钟方式的电路

图 3-7 80C51 单片机外部时钟方式的电路

3.3.2 时序

单片机时序是指单片机执行指令时发出的控制信号的时间序列,是一系列具有时间顺序的脉冲信号。CPU 发出的时序有两类:一类用于片内各功能部件的控制,它们是芯片设计师关注的问题,对用户没有什么意义;另一类用于片外存储器或 I/O 端口的控制,需要通过器件的控制引脚送到片外,这部分时序对分析硬件电路的原理至关重要,也是软件编程遵循的原则,需要认真掌握。

单片机在时钟信号的控制下,严格按时序执行指令。由于指令的字节数不同,取这些指令所需要的时间也就不同,即使是字节数相同的指令,由于执行操作有较大的差别,不同的指令执行时间也不相同,即所需的节拍数不同。为了便于对 CPU 时序进行分析,一般按指令的执行过程规定了 3 种周期,即时钟周期、机器周期和指令周期。

1. 时钟周期

时钟周期也称为晶体的振荡周期,定义为时钟频率(f_osc)的倒数,是计算机中最基本的时间单位。在一个时钟周期内,CPU 仅完成一个最基本的动作。可以这么理解,时钟周期就是单片机外接晶振的倒数,例如,12MHz 的晶振的时钟周期就是 $1/12\mu s$。在单片机中把一个时钟周期定义为 1 个节拍(用 P 表示),2 个节拍定义为一个状态周期(用 S 表示)。

2. 机器周期

在单片机中,为了便于管理,常把一条指令的执行过程划分为若干个阶段,每一阶段完成一项工作。例如,取指令、存储器读、存储器写等,每一项工作称为一个基本操作。完成一个基本操作所需要的时间称为机器周期。

80C51 单片机的一个机器周期由 6 个状态周期(S1~S6)组成,而一个状态周期由 2 个时钟周期(P1、P2)组成,也就是说,1 个机器周期=6 个状态周期=12 个时钟周期,可以表示为 S1P1、S1P2、S2P1、S2P2、…、S6P1、S6P2,如图 3-8 所示。例如,12MHz 的晶振,它的机器周期就是 $1\mu s$。

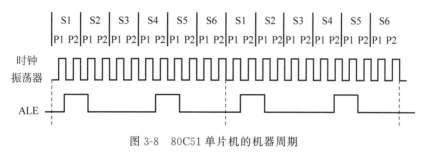

图 3-8 80C51 单片机的机器周期

3. 指令周期

指令周期是执行一条指令所需的时间,一般由若干个机器周期组成。80C51 单片机中指令按字节来分,可分为单字节指令、双字节指令与三字节指令。指令不同,所需的机器周期也不同。对于一些简单的单字节指令,取出指令立即执行,只需一个机器周期的时间。对于一些比较复杂的指令,例如转移指令、乘法指令,则需要两个或者两个以上的机器周期。

从指令的执行时间看,单字节指令和双字节指令一般为单机器周期和双机器周期,三字节指令为双机器周期,只有乘、除指令占用 4 个机器周期。

3.3.3 复位电路

复位是单片机的初始化操作。单片机启动运行时,都需要先复位,其作用是使 CPU 和系统中其他部件处于一个确定的初始状态,并从这个状态开始工作。因而,复位是一个很重要的操作方式。80C51 单片机无法自动进行复位,必须配合相应的外部电路才能实现。复位时只需给单片机的复位引脚 RST 加上大于 2 个机器周期(24 个时钟周期)的高电平即可。典型的复位电路如图 3-9 所示,该电路支持上电复位和手动复位。

上电时自动复位,是通过 VCC(+5V)电源给电容 C 充电,此时,电容 C 上没有电荷,相当于短路,RST 引脚上会有一个高电平信号,此信号随着 VCC 对电容 C 的充电过程而逐渐

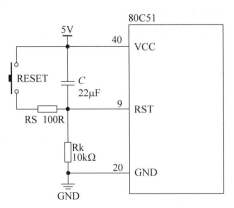

图 3-9　典型的复位电路

回落,当电容 C 充满时,电容相当于开路,RST 引脚上为低电平信号,即 RST 引脚上的高电平持续时间取决于电容 C 的充电时间。为保证系统能可靠复位,RST 引脚上的高电平持续时间必须大于复位所要求的高电平时间。

除了上电复位外,有时还需要人工按键复位。按键复位是通过 RST 端经两个电阻对电源 VCC 接通分压产生的高电平来实现。当单片机进行复位时,PC 初始化为 0000H,使程序从 0000H 地址单元开始执行程序。

系统发生失控时,如果操作人员在场,可按人工复位按键,强制系统复位。但操作人员不可能一直监视着系统,即使监视着系统,也往往是在引起不良后果之后才进行人工复位。能不能不需要人来监视,就能使系统摆脱失控的状态,重新执行正常的程序呢? 看门狗技术可以很好地解决这个问题。目前市面上的大多数单片机内部都自带看门狗功能。需要注意的是,80C51 单片机内部是不带看门狗功能的,但可以外接看门狗芯片来实现该功能。

看门狗技术就是利用一个定时器来不断计数,监视程序的运行。当看门狗定时器启动运行后,为防止看门狗定时器的不必要溢出而引起非正常的复位,在程序正常运行过程中,应定期把看门狗定时器清零,清零的过程称为“喂狗”。当程序“跑飞”或陷入“死循环”时,会导致程序无法定期喂狗,从而使定时器溢出,此时就会产生一个复位信号使单片机复位。

3.4　80C51 单片机的低功耗节电模式

80C51 单片机有两种低功耗节电模式:空闲模式和掉电模式,其目的是尽可能降低系统的功耗。空闲模式和掉电模式的进入由电源控制寄存器 PCON 的相应位控制。PCON 的字节地址是 87H,格式如图 3-10 所示。

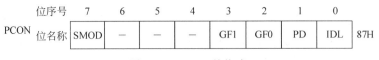

位序号	7	6	5	4	3	2	1	0	
PCON　位名称	SMOD	—	—	—	GF1	GF0	PD	IDL	87H

图 3-10　PCON 的格式

PCON 中各位功能如下。

(1) SMOD:串行通信的波特率倍增位。

（2）—：保留位，没有使用。

（3）GF1、GF0：通用工作标志位，用户可以随意使用。

（4）PD：掉电模式控制位，该位置 1 时，进入掉电模式。

（5）IDL：空闲模式控制位，该位置 1 时，进入空闲模式。

3.4.1 空闲模式

空闲模式是指只有单片机不工作的状态。单片机进入空闲模式后，振荡器仍然工作，但是不给 CPU 提供时钟信号，因而 CPU 无法执行指令，而外部中断、定时器、串行口等仍正常运行。在空闲模式下，RAM、堆栈指针（SP）、程序计数器（PC）、程序状态字（PSW）、累加器（A）等寄存器都保持原有数据，I/O 口保持着空闲模式被激活前那一刻的逻辑状态。

系统进入空闲模式后有两种方法退出：一种是响应中断方式，另一种是硬件复位方式。

（1）在空闲模式下，当任何一个中断产生时，它们都可以将单片机唤醒，单片机被唤醒后，CPU 将继续执行进入空闲模式语句的下一条指令。

（2）使用硬件复位方式退出空闲模式时，单片机复位，程序从 0000H 地址单元开始执行程序。需要注意的是，在复位逻辑电路发挥控制作用前，有长达两个机器周期的时间，在这两个机器周期时间内，单片机要从断点处（IDL 位置 1 指令的下一条指令）继续执行程序。在此期间，片内硬件阻止 CPU 对片内 RAM 的访问，但不阻止对外部端口（或外部 RAM）的访问。为避免在硬件复位退出空闲模式时出现对端口（或外部 RAM）不希望的写入，系统在进入空闲模式时，紧随 IDL 位置 1 指令后面的不应是写端口（或外部 RAM）的指令。

3.4.2 掉电模式

单片机进入掉电模式后，振荡器停止工作，由于没有时钟信号，CPU、定时器、串行口全部停止工作，只有外部中断继续工作。在掉电模式下，RAM、堆栈指针（SP）、程序计数器（PC）、程序状态字（PSW）、累加器（A）等寄存器都保持原有数据。I/O 口保持着空闲模式被激活前那一刻的逻辑状态。

系统进入掉电模式后有两种方法退出：一种是响应外部中断方式，另一种是硬件复位方式。使用外部中断唤醒单片机时，程序从原来停止处继续运行。使用硬件复位唤醒单片机时，程序将从头开始执行。

## 第 4 章

C 和 C51 语言基础

单片机的使用量越来越大,应用越来越普遍,因而对单片机程序的开发效率、程序的可读性、程序的升级维护等要求也越来越高,而且很多应用项目需要多个编程人员协同开发,用汇编语言进行编程就无法满足应用的需求,所以用高级语言对单片机进行编程开发也就成为了主流。

4.1 C51 语言简介

C51 编程语言是在标准 C 语言基础上针对 51 单片机硬件特点进行了扩展的语言,扩展部分和单片机的硬件功能直接相关。它既有 C 高级语言的特点,又能实现汇编语言的大部分功能,可以直接对 51 单片机硬件进行操作。与 51 单片机的汇编语言相比,C51 在功能、结构、可读性、可维护性上有明显优势,且易学易用。

4.1.1 不同单片机平台上 C 语言的差异

51 单片机功能相对简单,大多数人入门都选择学习 51 单片机,在 51 单片机上编写程序通常都使用 Keil C 编译器。但是由于不同单片机的硬件及功能结构不同,在不同的单片机平台上使用的 C 编译器也不同。

C 语言是独立于单片机指令系统的高级语言,在不同的单片机平台上用的 C 语言程序代码大部分是一致的,在它们之间进行移植很方便。它们的不同之处主要表现在以下几点。

(1) 不同单片机的头文件定义不同(即使同一种单片机使用不同的编译器也可能不完全相同),其对应的端口、寄存器名也不同。

(2) 不同的单片机其端口、寄存器功能不同,C 语言中使用这些端口和寄存器的代码也不同。

(3) 除了上述两点所述的因单片机硬件不同造成的差别外,还有编译器所支持的扩展 C 语言语法上的一些区别。例如,在 Keil C 中用 sbit 这个关键字定义端口的某个引脚,而在 IARAVR 中则用 PORTX_Bitr 定义;再比如,有些编译器 float 用 32 位二进制数存储,有些编译器 float 用 24 位二进制数存储。诸如此类,在此不一一列举。

4.1.2 C51 语言与 51 单片机汇编语言比较

51 单片机汇编语言是与它的硬件密切相关的低级语言,也称为符号语言。51 单片机的汇编语言语句和51单片机指令系统中的机器指令一一对应,用助记符表示机器指令的操作码,用地址符号或标号表示指令或操作数的地址,通过汇编编译器转换为机器指令代码。不同的单片机其指令集也不相同,因此,不同的单片机之间的汇编语言程序相互移植较为困难。而C51语言中除了少量和硬件有关的语句外,其余的和标准C语言是一样的,因此,只要掌握了一定的C语言基础,就能够较为容易地用C51编写51单片机程序,而且不同单片机平台上的C语言程序相互移植要比汇编语言程序容易得多。

51单片机的汇编语言和C51语言相比较,汇编程序的优点是程序执行效率高,占用资源少,方便对底层硬件进行操作。缺点是代码可读性差,编程效率低,对编程者的硬件知识要求高;C51语言的优点是程序可读性好,编程效率高,便于程序修改、维护和升级。

4.1.3　C51语言与标准C语言几点区别

C51是在标准C基础上根据51内核单片机硬件进行了扩展,用于51单片机编程的C语言,其基本语法和标准C相同,增加了与硬件相关的操作语句。C51和标准C的区别主要表现在以下几点:

(1) C51去除了标准C中一些不适合于51单片机的库函数,如字符屏幕和图形函数等,扩展了一些针对51单片机硬件的函数。

(2) C51在标准C的基础上扩展了几种适用于51单片机的数据类型,如bit、sfr等类型。

(3) C51与标准C中变量存储模式不同。

(4) C51与标准C的输入/输出处理不同。

(5) 标准C没有处理单片机中断的定义,C51中扩展了专门的中断函数。

(6) C51扩展了包含51单片机中各硬件接口(如定时器、中断、I/O等)对应的特殊功能寄存器的头文件,而标准C中则没有。

(7) 两者的程序结构也有些差异,如受51单片机硬件资源的限制,C51程序中允许的程序嵌套层数更少。

在实际应用中,一旦选定了单片机的型号,就要去阅读它对应的C编译手册,详细了解与芯片硬件有关的C语言扩展功能。

4.2　C语言程序设计基础

本节内容仅供C语言不熟练的读者查阅使用,主要介绍C语言的基本数据类型、常量、变量、运算符和表达式、程序结构、数组、函数、指针等内容。重点是循环结构、函数的应用。

4.2.1　C语言标识符与关键字

1. 基本符号

(1) 字母:大写字母A~Z、小写字母a~z。

(2) 数字:阿拉伯数字0~9。

(3) 下画线:_。

(4) 标点符号:","";"""等。

(5) 特殊字符：＋(加号)，－(减号)，＊(乘号)，/(除号)，％(百分号)，＝(等于号)，( )(圆括号)，[ ](方括号)，{ }(花括号)，>(大于号)，<(小于号)，!(感叹号)，\(反斜杠)，|(竖线)，Tab(制表符)，(空格)等。

字母、数字和下画线主要用来构成 C 语言的标识符和关键字,标点符号和特殊字符主要用来作分隔符或构成运算符。

2. 关键字

关键字又称保留字,是 C 语言中具有固定意义的符号。因此,关键字不能被重新定义,也不能把关键字定义为一般的标识符。C 语言的关键字如下:

(1) 类型关键字。

int,char,float,double,long,short,signed,unsigned,struct,union,enum,void,auto,extern,register,static,typedef

(2) 控制流关键字。

if,else,switch,case,default,for,while,do,break,continue,goto,return

(3) 其他关键字。

const,volatile,sizeof

另外,在不同版本单片机的 C 语言中,会有扩充的关键字。

3. 标识符

标识符用来标识各种对象的名称。如,标识程序中所使用的常量、变量、函数、数据类型等的名称,如变量名 valuel、value2、sum 和函数名 printf、max 等都是标识符。标识符的组成遵循如下规则:

(1) 标识符必须以字母或下画线开始。

(2) 可以使用的字符有 A~Z、a~z、0~9 及_(下画线)。

(3) 不能使用关键字作标识符。

(4) 标识符不能跨行书写。

例如,下面都是合法的 C 语言标识符:

abc ABC Abc buffer datal _abe filename

注意:

(1) 为了便于读、写和记忆,标识符最好选择能够代表一定含义的英语单词。如用 day 标识日期、sum 标识和等,做到见名知意。

(2) 为了增强程序的可读性,可适当使用下画线,如用 load_num 表示取数据等。

(3) 尽量使用约定俗成的标识符,如 temp 表示中间变量,x、y、z 表示未知变量等。

(4) 标识符的长度不要太长,以减少不必要的工作量。

(5) 标识符的大小写表示不同的含义。如,abc 和 Abc 是两个不同的标识符。因此,与下画线类似,适当使用大写字母也可以增加可读性,如 LoadNum。

4.2.2　C 语言数据类型

1. 基本数据类型

单片机操作的对象是数据,计算机通过数据类型描述不同种类的数据,数据类型决定了数据在计算机中的存储形式。C 语言中基本数据类型如表 4-1 所示。

表 4-1　基本数据类型

数 据 类 型	位数	字节数	值　　域
signed char	8	1	−128～+127,有符号字符变量
unsigned char	8	1	0～255,无符号字符变量
signed int	16	2	−32768～+32767,有符号整型数
unsigned int	16	2	0～65535,无符号整型数
signed long	32	4	−2147483648～+2147483647,有符号长整型数
unsigned long	32	4	0～+4294967295,无符号长整型数
float	32	4	−3.403E+38～3.403E+38
double	64	8	−1.798E+308～1.798E+308
*	8～24	1～3	对象指针

2. 常量与变量

按照其值在程序运行过程中能否变化,可将数据分为两种:常量和变量。其值在源程序中明确指定,在程序运行之前已经设定,且在程序运行过程中不再变化的量称为常量。

在程序运行过程中,其值可在一定范围内变化的量称为变量。实际上,变量代表了存储器中指定的一块存储区域,当存储区域中的内容发生变化时,变量的值就随之改变了。

对于常量,其取值形式就表明它的类型,而变量必须在使用前明确定义或说明,以便为其分配相应字节的存储空间。任何变量都必须先定义(说明类型),后使用。

1) 常量

在 C 语言中,有 5 种常量:整型常量、实型常量、字符常量、字符串常量、符号常量。

常量在表达方式上既可以直接表示,如常量 12、3.14、'A'、"Hell";也可以用符号表示,如用 PI 代表圆周率 3.14159。直接表示的常量称为直接常量,用符号表示的常量称为符号常量。

(1) 整型常量。

C 语言中的整型常量有以下 3 种表示形式。

十进制整数:如 1234、−98、0 等。

八进制整数:以数字 0 开头,如 0125 表示八进制数 125,等于十进制数 85。

十六进制数:以 0x 开头,如 0x1C 表示十六进制数 1C,等于十进制数 28。

长整型数的表示形式:在整数后面加字母 L 或 l。例如,87L 是一个长整数。

(2) 实型常量。

实数又称为浮点数,在 C 语言中实型常量有如下两种表示形式。

十进制实数形式:由数字和小数点组成。如 1.23、123.0、−0.123。

指数形式:由整数、小数、指数 3 部分组成。如 1.2345e3 或 1.2345E-3,需要注意字母 e(或 E)之前必须有数字,且 e 后面指数必须为整数。

例如,123 实数,根据指数部分的整数不同导致小数点位置可以随意变动,因此称为浮点数;而不带指数部分,小数点位置固定不变的数称为定点数。在 C 语言中,实型数据都是以指数形式存储的。

单精度实型常量的取值范围:$-3.403 \times E+38 \sim 3.403 \times E+38$,有 7 位有效数字。

双精度实型常量的取值范围：$-1.798\times E+308\sim1.798\times E+308$,有 16 位有效数字。

（3）字符常量。

字符常量是用单引号括起来的一个字符,如'A'、'g'、'?'、'6'等；单引号是定界符。

C 语言还有一种特殊形式的字符常量,称为转义字符。转义字符由一个反斜杠后跟一个字母或若干个数字组成,用来将反斜杠后面的字符转变成另外一个字符。

（4）字符串常量。

字符串常量是用双引号括起来的字符序列,如"I am a student"、"China"、"123.45" 等。

（5）符号常量。

程序中用 ♯define 命令定义符号常量,符号常量一般使用大写,用一个标识符代表一个常量,符号常量与直接常量之间至少空一格,且末尾不加分号。在程序进行编译时,系统首先用直接常量代替程序中的所有对应的符号常量,然后再编译,这就是预处理的过程。

```
♯define PI 3.14                /* 定义符号常量 PI */
```

2）变量

（1）变量的定义。

```
数据类型 变量名表;
```

变量名表是相同数据类型的一个或多个变量名；若有多个变量名,则用逗号隔开。

```
int x,y;                       /* 定义整型变量 x,y   */
char ch;                       /* 定义字符型变量 ch   */
float a,b;                     /* 定义浮点型变量 a,b   */
```

变量定义后,系统才可为其分配存储单元,但未赋值,存储单元中的数据是不确定的。

（2）变量初始化。

定义变量的同时为变量指定一个初值,称为变量的初始化。

变量必须先定义后使用。

```
int a = 10;                    /* 定义整型变量 a,且赋值为 10 */
float b = 10.23;               /* 定义浮点型变量 b,且赋值为 10.23 */
char ch = 'A';                 /* 定义字符型变量 ch,且赋值为'A' */
```

也可以对一部分变量初始化,例如：

```
int a,b,c = 6;                 /* 定义整型变量 a,b,c,只给 c 赋值为 6 */
```

等同于：

```
int a,b,c;
c = 6;
```

对几个变量赋同一个值,正确写法如下：

```
int a = 6,b = 6,c = 6;
```

而不能等同于

int a = b = c = 6;

3. 不同类型数据间的混合运算

每种数据类型的数据表示范围都不一样,在一个表达式中参与运算的往往是多种类型
数据,在对此表达式进行运算求值时,需要将各种类型
数据转换成同一类型数据,然后再运算求值。类型转
换规则如图4-1所示。

水平方向自动转换,称为规范化操作;例如,char、
short 类型数据在运算前先转换为 int 类型数据;
unsigned short 类型数据先转换为 unsigned int 类型数
据;float 类型数据先转换为 double 类型数据。

垂直方向类型等级较低的数据转换为等级较高的
数据,称为保值转换。

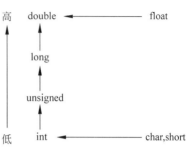

图 4-1 数据类型转换规则

4.2.3 C语言运算符与表达式

C语言运算符的范围很广,表达能力很强,除了输入/输出和控制语句,几乎所有的操作
都可以使用运算符实现。C语言运算符按其功能分类有算术运算符、逻辑运算符、关系运算
符、赋值运算符、位运算符、递增递减运算符等。按参与运算的操作数个数可分为单目运算
符、双目运算符和三目运算符。

用运算符将操作数按一定的规则连接起来,构成了表达式。表达式的种类也很多,如算
术表达式、逻辑表达式、关系表达式等。表达式是有值的,表达式的值是按照运算符的优先
级和结合性(运算方向)规则求得的,因此,书写表达式时要注意运算符的优先等级和运算
方向。

C语言的运算符有 15 个运算级别和两种运算方向。15 个运算级别依次用 1～15 表
示,数字越小,运算级别越高,两种运算方向是从左到右和从右到左。运算级别不同时,先进
行运算级别高的运算,再进行运算级别低的运算;运算级别相同时,运算顺序由结合方向决
定。C语言的运算符详见表 4-2。

表 4-2 C语言运算符

优先级	运算符	名称或含义	运算分量	运算形式	结合方向
1	( )	圆括号		(e)	从左至右
	[]	数组下标		a[e]	
	.	结构成员引用		x. num	
	—>	指向成员		p—> num	
2	!	逻辑非	1(单目)	!e	从左至右
	~	位非		～e	
	++、－－	自增、自减		++i,——i	
	－	取负		—e	
	(类型符)	强制类型转换		(type)e	
	&、*	地址、指针		&x, * p	
	sizeof	数据长度		sizeof(type)	

续表

优先级	运算符	名称或含义	运算分量	运算形式	结合方向
3	*	乘法	2(双目)	e1 * e2	
	/	除法		e1/e2	
	%	求余		e1%e2	
4	+	加法	2(双目)	e1+e2	
	-	减法		e1-e2	
5	<<、>>	左移、右移	2(双目)	e1 << e2	
6	<、<=、>、>=	关系运算	2(双目)	e1 < e2	从左至右
7	==、!=	等于、不等于	2(双目)	e1==e2	
8	&	位与	2(双目)	e1&e2	
9	^	位加(位异或)	2(双目)	e1^e2	
10	|	位或	2(双目)	e1|e2	
11	&&	逻辑与	2(双目)	e1&&e2	
12	||	逻辑或	2(双目)	e1||e2	
13	?:	条件	3(三目)	e1? e2: e3	从左至右
14	=	赋值	2(双目)	x=e	从左至右
	*=、/=、%=、+=、-=			x * =e	
	<<=、>>=、&=、^=、|=			x <<=e	
15	,	逗号	2(双目)	e1、e2	从左至右

说明:

(1) 只有单目运算符、条件运算符、赋值运算符的结合方向是从右至左,其他运算符的结合方向是从左至右。

(2) 运算形式列中的 e、e1、e2 代表表达式,a 代表数组,x、i 代表变量,p 代表指针,num 代表结构体或共用体成员。

1. 算术运算符

算术运算符及其说明如表 4-3 所示。

表 4-3　算术运算符及其说明

符号	说明	举　例	备　注
+	加法运算	假设 x=7,y=3 则 x+y=10	
-	减法运算	假设 x=7,y=3 则 x-y=4	
*	乘法运算	假设 x=7,y=3 则 x * y=21	
/	除法运算	5/3=1　-5/3=-1　5/-3=-1 -5/-3=1　0/3=0　3/5=0 5/2.5=2.000000	运算结果的符号:左右操作数符号相同即为正
%	取余运算	5%3=2　-5%3=-2　5%-3=2 -5%-3=-2　3%5=3	运算结果的符号与左操作数一致

符号	说明	举　例	备　注
＋＋	自增1	假设 x＝3　y＝＋＋x　则 y＝4,x＝4 假设 x＝3　y＝x＋＋　则 y＝3,x＝4	＋＋、－－在前,先加减,后使用; 运算对象只能是变量,不能是常量或表达式
－－	自减1	假设 x＝3　y＝－－x　则 y＝2,x＝2 假设 x＝3　y＝x－－　则 y＝3,x＝2	＋＋、－－在后,先使用,后加减; 运算对象只能是变量,不能是常量或表达式

2. 逻辑运算符

逻辑运算的结果只有"真"和"假"两种,0 表示"假",1 表示"真"。逻辑运算符及其说明如表 4-4 所示。

表 4-4　逻辑运算符及其说明

运算符	说　明	举　例	备　注
＆＆	逻辑与	假设 a＝2,b＝－5　则 a＆＆b＝1	同真即为真
‖	逻辑或	假设 a＝2,b＝－5　则 a‖b＝1	同假才为假
！	逻辑非(求反)	假设 a＝2,b＝－5　则！a＝0,！b＝0	零为假,非零即为真

3. 关系运算符

关系运算是用来判断两个数之间大小关系的。关系判断的结果只有"真"和"假"两种。关系运算符及其说明如表 4-5 所示。

表 4-5　关系运算符及其说明

符　号	说　明	举例(假设 a＝2,b＝3)
＞	大于	a＞b;　//返回值为 0
＜	小于	a＜b;　//返回值为 1
＞＝	大于或等于	a＞＝b;　//返回值为 0
＜＝	小于或等于	a＜＝b;　//返回值为 1
＝＝	等于	a＝＝b;　//返回值为 0
!=	不等于	a!＝b;　//返回值为 1

4. 赋值运算符

符号为"＝",功能是将赋值运算符右边表达式的值赋值给左边的变量。

用赋值运算符将变量和表达式连接起来就构成了赋值表达式。一般形式为:

变量 = 表达式

赋值表达式的值为变量的值。例如:

a = 2
b = － 3
x = (y = 5)

5. 逗号运算符

用逗号运算符将多个表达式连接起来构成了逗号表达式。一般形式为：

表达式1,表达式2,表达式3,…

逗号表达式的值求解过程：依次从左到右求解各个表达式,最后一个表达式的值即为逗号表达式的值。例如：

```
int a, b = 2, c = 7, d = 5;
a = (++b, c--, d+3);
```

解释：赋值表达式的值为8。先计算括号里的逗号表达式：先计算++b,计算结束后b=3,++b=3,再计算c--的值,c=6,c--=6,再计算d+3,d=5,d+3=8。将逗号表达式的值8赋值给左边变量a,最终a=8,赋值表达式的值为8。

例如：

```
int a, b = 2, c = 7, d = 5;
a = ++b, c--, d+3;
```

解释：逗号表达式的值为8。赋值符号的运算级别高于逗号运算符,先计算逗号表达式的第一个表达式a=++b,计算结束后b=3,a=3,再计算c--的值,c=6,c--=6,再计算d+3,d=5,d+3=8。

6. 条件运算符

条件运算符是C语言唯一的三目运算符,将3个表达式连接起来构成了条件表达式。一般形式：

表达式1?表达式2:表达式3

条件表达式的值求解过程：先计算表达式1的值,判断真假,如果表达式1的值为真,则表达式2的值为整个条件表达式的值,否则表达式3的值为整个条件表达式的值。

例如,将a和b二者中较大的一个赋给max。

```
max = (a > b)?a:b
```

7. 位运算符

位运算符及其说明如表4-6所示。

表4-6　位运算符及其说明

符号	说明	举　例	备　注	
&	按位逻辑与	0x19&0x4d=0x09	相同二进制位都为1才为1,其余为0	0&0=0 0&1=0 1&0=0 1&1=1
|	按位逻辑或	0x19 | 0x4d=0x5d	相同二进制位都为0才为0,其余为1	0|0=0 0|1=1 1|0=1 1|1=1

续表

符号	说明	举　例	备　注	
^	按位异或	0x19^0x4d=0x54	只要参与运算的双方互异,结果就为1,否则为0	0^0=0 0^1=1 1^0=1 1^1=0
~	按位取反	x=0x0f,则~x=0xf0	同一二进制位 0 变 1,1 变 0	
<<	按位左移	y=0x3a,若 y<<2,则 y=0xe8		高位丢弃,低位补 0
>>	按位右移	w=0x0f,若 w>>2,则 w=0x03		高位补 0,低位丢弃

8. 移位运算符

移位运算符是对二进制数对其进行向左或向右移若干位运算的运算符。一般形式为:

左操作数 移位运算符 右操作数

左操作数是移位对象,右操作数是所移的二进制位数。例如,a << b 表示变量 a 的值向左移 b 位。

9. 强制类型转换符

一般形式为:

(类型标识符) 操作数

强制类型转换是通过强制类型转换运算符实现数据类型的转换。将操作数的数据类型强制转换为圆括号中指定的类型。例如,

(float)(10%3)

将 10%3 的结果值 1 转换为 float 类型。

10. 求字节数运算符

一般形式为:

sizeof(类型符或变量名)

功能是:求指定的类型或变量所占的字节。

例如,求整型所占字节数,程序代码如下:

```
# include < stdio.h >
main()
{
  int a;
  printf(" % d\n",sizeof(int));
  printf(" % d\n",sizeof(100));
  printf(" % d\n",sizeof(a));
}
```

11. 指针和取地址运算符

指针变量是用来存储某个变量的地址,通常用"＊"和"&"运算符来提取变量的内容和

变量的地址。指针和取地址运算符及其说明如表 4-7 所示。

表 4-7　指针和取地址运算符及其说明

符　　号	说　　明	符　　号	说　　明
*	提取变量的内容	&	提取变量的地址

提取变量的内容和变量的地址的一般形式如下：

目标变量 = * 指针变量　　　　　//将指针变量所指的存储单元内容赋值给目标变量
指针变量 = & 目标变量　　　　　//将目标变量的地址赋值给指针变量

例如，

```
a = &b;
c = * b;
```

指针变量中只能存放地址，不能将非指针类型的数据赋值给指针变量。

例如，

```
int i;          ///定义整型变量 i
int * b;        //定义指针变量 b,指向整型数据
b = &i;         //将变量 i 的地址赋给指针变量 b
b = i;          //错误,指针变量 b 只能存放变量指针(变量的地址),不能存放变量 i 的值
```

4.2.4　C 语言程序结构

结构化程序由 3 种基本结构组成,即顺序结构、选择结构和循环结构。

顺序结构是最基本最简单的执行结构,按照排列次序依次执行。选择结构是根据给定条件选择其中一个路径执行。循环结构是判定条件满足时反复执行循环体,直到判定条件为假,退出循环体,执行程序的其他语句。

1. 选择语句

1) 单分支语句 if

基本形式：

```
if(表达式){ 语句; }
```

判定圆括号中的表达式真假,如果结果为真,则执行花括号中的语句;如果为假,则执行花括号之外的其他语句。

例如,将两数 x 与 y 中的较大值赋值给 max 变量。

```
if(x > y)
{
    max = x;
}
```

例如,假设考试成绩的及格线是 60 分,如果成绩大于等于 60 分就输出"成绩及格,通过考试"。

```
if(score > = 60)
```

```
{
    printf("成绩及格,通过考试");
}
```

2) 双分支语句

if else 语句的一般形式为：

```
if(表达式){ 语句1; }
else{ 语句2; }
```

例如,将两数 x 与 y 中的较大值赋值给 max 变量。

```
if(x > y)
{
    max = x;
}
else
{
    max = y;
}
```

例如,假设考试成绩的及格线是 60 分,如果成绩大于或等于 60 分,则输出"成绩及格,通过考试";否则输出"准备补考"。

```
if(score > = 60)
{
    printf("成绩及格,通过考试");
}
else
    printf("准备补考");
if else if else 语句:
```

一般形式为：

```
if(表达式1) 语句1;
else if(表达式2) 语句2;
else if(表达式3) 语句3;
…
else i(表达式m) 语句m;
else 语句n;
```

例如,根据成绩所在的分数段显示对应的等级,具体分数段为 90~100 为 A 级,80~89 为 B 级,70~79 为 C 级,60~69 为 D 级,60 分以下为 E 级。

```
# include < stdio. h>
int main()
{
    int score;
    scanf(" % d",&score);
    if(score > 90&&score < = 100)
    {
        printf("A 级");
```

```
    }
    else if(score > = 80)
    {
      printf("B级");
    }
    else if(score > = 70)
    {
      printf("C级");
    }
    else if(score > = 60)
    {
      printf("D级");
    }
    else
    {
      printf("E级");
    }
}
```

3）多分支语句 switch

一般形式为：

```
switch(表达式)
{
    case 常量表达式 1:{ 语句 1; }break;
    case 常量表达式 2:{ 语句 2; }break;
    …
    case 常量表达式 n:{ 语句 n; }break;
    default:{ 语句 n + 1; }
}
```

注意：

（1）switch、case、break、default 都是系统关键字，必须全小写。

（2）switch 后的圆括号()：圆括号内一般是一个变量名，此变量可能会有不同的取值。每个 case 的值与变量的值比较，如果一致就执行该 case 后的代码。

（3）所有 case 都是"或"的关系，每时每刻只有一个 case 会满足条件。每个 case 中的代码执行完毕后，必须用 break 语句结束，结束之后，程序将跳到 switch 语句之后运行。

（4）如果 case 后没有 break 语句，下面所有的 case 语句都会执行一遍。

例如，在单片机程序中，常用 switch 语句判断键盘上的哪个按键被按下，并根据该键的键值跳向各自的分支处理程序。

```
input:keynum = keyscan()
switch(keynum)
{
    case 1: key1();break;          //如果被按下键的键值为 1,则执行函数 key1()
    case 2: key2();break;          //如果被按下键的键值为 2,则执行函数 key2()
    case 3: key3();break;          //如果被按下键的键值为 3,则执行函数 key3()
    case 4: key4();break;          //如果被按下键的键值为 4,则执行函数 key4()
    …
```

```
        default:goto input;
    }
```

2. 循环语句

1) while 语句

一般形式为：

```
while(表达式)
{
    循环体;
}
```

执行过程：先判断表达式的真假,如果为真则执行循环体;直到表达式结果为假,则执行循环体之后的其他语句。

2) do-while 语句

一般形式为：

```
do
{
    循环体;
}while(表达式);
```

执行过程：先执行一次循环体,然后判断表达式的真假,如果为真,则继续执行循环体;直到表达式结果为假,执行循环体之后的其他语句。

3) for 语句

一般形式为：

```
for(表达式 1;表达式 2;表达式 3)
{
    循环体;
}
```

执行过程：先计算表达式 1 的值,即变量初始化;接着计算表达式 2 的值,并判断其值真假,即变量范围,如果为真,则执行循环体;然后计算表达式 3 的值,即更新变量的值,直到表达式 2 结果为假,则跳出循环,结束循环,执行循环体之后的其他语句。

在程序设计中,可以用循环结构中的空语句来实现延时功能,即通过循环执行指令来消磨一段指定的时间。80C51 单片机指令的执行时间最小单位是机器周期,如果使用 12MHz 晶振,则一个机器周期(12 个时钟周期)时间为 $1\mu s$。

例 4-1　编写一个延时 1ms 的程序。

```
void delayms(unsigned char int j)
{
    unsigned char i;
    while(j-- )
    {
      for(i = 0;i < 125;i++)
      {;}
    }
}
```

若把上述程序段编译成汇编语言代码分析,for 内部一次循环大约延时 $8\mu s$,但不是特别精确。不同的编译器会产生不同的延时,因此 i 的上限值 125 应根据实际情况进行补偿调整。

3. break、continue、goto 语句

在循环体执行过程中,可通过 break、continue、goto 语句实现跳转。

1) break 语句

通过 break 语句跳出本次循环,终止整个循环体。

例 4-2 求整数 1～10 的累加和,当求和值大于 5 时退出。

```c
# include < stdio.h >
int main(void)                          //主函数 main()
{
     int i,sum;
     sum = 0;
     for(i = 1;i < = 10;i++)
     {
       sum = sum + i;
       if(sum > 5)break;
         printf("sum = % d\n",sum);        //向屏幕输出 sum 值
     }
}
```

2) continue 语句

通过 continue 语句跳出本次循环,继续执行下次循环体。

例 4-3 输出整数 1～100 的累加和,但要求跳过所有个位为 3 的数。

```c
# include < stdio.h >
int main(void)                          //主函数 main()
{
     int i,sum;
     sum = 0;
     for(i = 1;i < = 100;i++)
     {
       if(i % 10 == 3)continue;
       sum = sum + i;
     }
     printf("sum = % d\n",sum);          //计算机屏幕显示 sum 值
}
```

3) goto 语句

通过 goto 语句实现无条件转移,当程序执行到该语句时,跳转到 goto 给出的下一条语句。

基本语法:

goto 标号

例 4-4 计算整数 1～100 的累加值,存放到 sum 中。

```c
# include < stdio.h >
```

```
int main(void)
{
        unsigned char i = 1;
        int sum = 0;
        sumadd:
        sum = sum + i;
        i++;
        if(i < 101)
        {
            goto sumadd;
        }
        printf("1～100 的累加和 sum = % d\n", sum);
}
```

4.2.5 C语言数组

数组是具有相同数据类型的一组有限数据元素形成的集合。

在 2021 年举办的 2020 东京奥运会上,中国奥运健儿们一共斩获 88 枚奖牌。在奥运百米半决赛的第三小组比赛中,一共有 8 位世界各地运动选手参赛。这 8 名运动员的成绩分别是 10.12,10.31,9.83,9.84,9.83,9.90,10.11,10.18,这些成绩都是相同的浮点类型数据。那么在计算机中如何高效地存储和处理这些成绩? 可以用数组去存储。

1. 数组的定义

1) 一维数组的定义

一般形式为:

数据类型 数组名[常量表达式];

例如,

int a [10];

也可在数组定义时初始化。

float score [8] = { 10.12,10.31,9.83,9.84,9.83,9.90,10.11,10.18};

2) 二维数组的定义

一般形式为:

数据类型 数组名[常量表达式 1][常量表达式 2];

例如,

float a[3][8];

2. 数组元素的引用

数组必须先定义后引用。C 语言规定只能逐个引用数组元素而不能一次引用整个数组。

数组元素的表示形式:

数组名[下标]

如 a[0]表示数组 a 的第 1 个元素,a[9]表示数组 a 的第 10 个元素。

3. 数组的初始化

在定义数组时,给数组中各个元素直接赋值,即数组的初始化。

如果指定了数组的长度,则可以全部赋值或部分赋值(默认值为 0)。

如果没有指定数组的长度,则需要全部赋值(需要注意的是,二维数组的列组元素不可缺省)。

例 4-5 变量和常量的使用举例。

```
main()
{
 int i,a[10];
 for(i = 0;i < = 9;i++)
   a[i] = i;
}
```

其中,a[10]的下标为常数,a[i]的下标为变量。

注意:

(1) 一维数组的数组元素在内存里按顺序存放。

(2) 数组每个元素的表示及引用通过数组名和下标实现。下标从 0 开始。

(3) 数组名代表数组的首地址,是个常量。可通过数组名求得数组中各元素的地址。

4.2.6 C语言函数

在复杂程序设计并实现的过程中,通常将要实现的功能划分为独立的模块,每个模块实现一个特定的功能,并经常会被重复使用。为了做到程序可读性强、便于调试和修改,模块的划分需逻辑明确、结构清晰。

在 C 语言中通过函数实现模块化程序设计思想,即用函数实现功能模块的定义,然后通过函数之间的调用来实现程序功能。

C 程序的执行从 main()函数开始,调用其他函数后又返回到 main()函数,在 main()函数中结束整个程序的运行。各个函数之间是相互独立的,没有从属关系。C 语言程序中的函数有 main()函数与普通函数,普通函数分为库函数和用户自定义函数。

1. 函数分类

1) 库函数

库函数由 C 语言程序编译器提供,通过直接使用资源丰富的库函数,提高编程效率。

使用方法:在程序开头通过文件包含的形式,将具有该函数说明的头文件包含即可。

例如,若程序中用到输入 scanf()、输出函数 printf(),则在程序开头包含:#include <stdio.h>语句即可。

下面介绍几类 C51 语言重要的库函数。

(1) reg51.h 中包含所有 80C51 单片机的 sfr 及其位定义。在编写程序时,一般通过文件包含的形式 #include < reg51.h > 将 80C51 单片机的特殊功能寄存器包含文件包含到程序中。

(2) 绝对地址包含文件 absacc.h,该文件定义了几个宏,以确定各类存储区空间的绝对地址。

（3）输入输出流函数位于 stadio.h 文件中，流函数默认 80C51 单片机的串行口用于数据输入/输出。如果要修改为用户定义的 I/O 口读写数据，如改为 LCD 显示，可以修改 lib 目录中的 getkey.c 及 putchar.c 源文件，然后在库中替换它们即可。

（4）动态内存分配函数位于 stdlib.h 文件中。

（5）对缓冲区进行处理的字符串处理函数位于 string.h 文件中，其中包含复制、移动、比较等函数。

2）用户自定义函数

根据程序功能实现的需要，用户可以自己编写函数，从函数定义的形式可分为有参函数、无参函数、空函数。

2. 函数定义

1）有参函数定义

一般形式为：

```
返回值数据类型 函数名(形式参数列表)
形式参数说明
{
        函数体;
}
```

主调函数调用被调函数，实际参数传递给形式参数，分为值传递和地址传递。需要返回值给主调函数。

例 4-6　定义一个函数，判定两数大小，并且返回值。

```
#include <stdio.h>                      //头文件包含
int cmp(float a,float b)                //函数定义
{
        if(a>b) return 1;
        else if(a==b) return(0);
        else return(-1);
}
main()
{
        int x=3,y=5,z;
        z=cmp(x,y);                     //有参函数调用
        printf("x 与 y 的大小关系为:%d",z);
}
```

2）无参函数定义

一般形式为：

```
返回值数据类型 函数名()
{
        函数体;
}
```

无参函数在调用时没有实际参数，意味着不需要返回结果给主调函数，因此返回值数据

类型可省略不写,主要是为了实现某种功能而编写的函数。

返回值数据类型默认为 int 型。

3) 空函数

一般形式为:

```
返回值数据类型 函数名()
{   }
```

该函数无参数,无返回值类型,称为空函数。定义空函数,并不执行任何操作,只是为了今后程序功能的扩充。

4) return 返回语句

一般形式为:

```
return 表达式;
```

或

```
return(表达式);
```

return 语句的作用:终止函数的执行,使程序回到主调函数中,并将表达式的值作为函数值传回给主调函数。

当函数不需要返回值时,此时函数返回值类型为 void,函数体中可以没有 return 语句,则函数体执行结束时,自动返回主调函数;也可以有 return 语句,但是没有表达式。

当函数需要返回值时,此时函数体中通过 return 语句完成。函数体中可以有多个 return 语句,程序执行到哪个 return 语句,哪个 return 语句起作用。

例如,

```
return;                      //不返回函数值
return( - 1);                //返回 - 1
return(x);                   //返回变量 x 的值
return(x > y?x:y);           //返回条件表达式的值
```

需要注意的是,函数返回值应该与函数定义时的函数类型保持一致,如果不一致,则需要将表达式的值强制转换为函数类型。

例如,

```
int mult(float x, float y)
{
        return(x * y);
}
```

此函数通过 return 语句返回表达式 x * y 的值,由于 x 与 y 是 float 类型,因此表达式的值为 float 类型,需要强制转换为函数类型 int 类型。

3. 函数声明

函数在调用之前,需要进行声明。目的是为了让编译程序验证其函数返回值的数据类型、函数参数个数以及参数的类型是否正确。

函数声明的一般形式为:

数据类型 函数名(数据类型 形参,数据类型 形参,…);

4. 函数调用

主调函数通过调用被调函数,从而实现被调函数执行的功能。

函数调用的一般形式为:

函数名(实参列表);

调用的执行过程:将函数调用的实际参数(数值或地址)传递给被调函数(即函数定义中的形式参数)形参。

值传递是指在函数调用时,将实参的数据赋值给形参,在被调函数中形参获得数据参与运算,函数调用结束后释放形参的内存,形参不再存在,形参的变化也不会影响到实参。

地址传递是指在函数调用时,将实参变量的地址传递给形参,形参变量指向了实参变量指向的数据,在被调函数功能实现过程中,形参地址不变,但内存中存放数据发生变化,而这同时也会影响到实参所指向的变量数据,这种传递方式使得数据传递更加灵活。

注意:

(1) 被调函数必须是已经存在的函数(库函数或用户自定义函数)。

(2) 如果程序中使用了库函数或使用了不在同一个文件中的用户自定义函数,则应该在程序的开头处使用♯include包含语句,将所有的函数信息包含到程序中。

例如,"♯ inchude<stdio.h>"语句,将标准的输入输出头文件stdio.h(在函数库中)包含到程序中。在程序编译时,系统会自动将函数库中的有关函数调入程序中,编译出完整的程序代码。

(3) 如果程序中使用了用户自定义函数,且该函数与调用它的函数在同一个文件中,则应根据主调函数与被调函数在文件中的位置,决定是否对被调函数进行说明。

① 如果被调函数在主调函数之后,那么一般应在主调函数中,在被调函数调用之前,对被调函数的返回值数据类型进行说明。

② 如果被调函数出现在主调函数之前,那么不需要对被调函数进行说明。

③ 如果在所有函数定义之前,在文件的开头处,在函数的外部已经说明了函数的数据类型,则在主调函数中不必对所调用的函数再作返回值数据类型说明。

5. 变量作用域及存储类别

1) 变量作用域

变量分为局部变量和全局变量。局部变量是在函数内部存在的变量,局部变量的作用域只在函数内部有效。

全局变量是定义在函数外部的变量,即在整个程序中都存在的变量,全局变量的作用域为从定义该变量开始到程序结束,其中所有函数都可直接访问该变量。如果函数定义前需要访问该变量,则需要使用extern关键字对该变量进行说明;如果全局变量声明文件之外的程序需要访问该变量,也需要使用extern关键字进行说明。

由于全局变量一直存在,占用了大量的内存单元,且加大了程序的耦合性,因此不利于程序的移植或复用。

全局变量也可用static关键字定义,该变量只能在变量定义的程序内使用,不能被其他程序引用,这种全局变量也称为静态全局变量,如果其他文件的非静态全局变量需要被另一个程序引用,则需要在该程序调用前使用 extern 关键字对该变量进行声明。

2）变量的存储方式

单片机的存储区间可以分为程序存储区、静态存储区和动态存储区 3 部分。数据存放在静态存储区或动态存储区中。其中全局变量存放在静态存储区中,在程序开始执行时,给全局变量分配存储空间;局部变量存放在动态存储区中,在进入拥有该变量的函数时,给这些变量分配存储空间。

6. 宏定义与文件包含

1）宏定义

宏定义是指用一个宏名(名字)来代表一个字符串。

简单的宏定义形式如下:

#define 宏替换名 宏替换体

#define 是宏定义指令关键词,宏替换名一般用大写字母表示,而宏替换体可以是数值常数、算术表达式、字符和字符串等。

宏定义的功能是在编译预处理时,对程序中所有出现的"宏名"都用宏定义中的字符串去替换,这称为"宏代换"或"宏展开"。

宏定义语句属于预处理指令,使用宏可使变量书写简化,增加程序可读性、可维护性和可移植性。

宏定义可以出现在程序的任何地方,例如,

#define uchar unsigned char

在编译时,编译器会用"uchar"替换"unsigned char"。

例如,在某程序的开头处,给出了 3 个宏定义:

```
#define uchar unsigned char      //宏定义无符号字符型变量,用 uchar 代替
#define unit unsigned int        //宏定义无符号整型变量,用 unit 代替
#define gain 4                   //宏定义增益 gain,替换数字 4
```

由上述 3 个宏定义可见,宏定义不仅可以方便无符号字符型变量和无符号整型变量的书写(前两个宏定义);而且当增益可能变化时,只需修改增益 gain 的宏替换体 4 即可(第三宏定义),而不必在程序的每处都进行修改,这大大增加了程序的可读性和可维护性。

2）文件包含

在 C 语言中文件包含是指一个源文件可以将另一个源文件的全部内容包含进来。该命令的作用是在预编译时,将指定源文件的内容复制到当前文件中。

文件包含有两种格式,分别是:#include "file" 和 #include < file >

这两格式的区别在于:

(1) 使用双引号,系统首先到当前目录下查找被包含的文件,如果没找到,再到系统指定的"包含文件目录"(由用户在配置环境时设置)去找。

(2) 使用尖括号:直接到系统指定的"包含文件目录"去查找。

通常使用双引号比较保险。

例如,

```
# include < reg51.h>        //将 80C51 单片机的特殊功能寄存器包含文件包含到程序中
# include < stdio.h>        //将标准的输入输出头文件 stdio.h(函数库)包含到程序中
# include "stdio.h"         //将函数库中的专用数学库函数包含到程序中
```

当程序需要编译器提供的各种库函数时,必须在文件的开头使用 # include 语句将相应函数的说明文件包含进来。

4.2.7 C 语言指针

C51 语言支持两种不同类型的指针: 通用指针和存储器指针。

1. 通用指针

C51 语言提供一个 3 字节的通用指针,通用指针的声明和使用与标准 C 语言完全一样。通用指针的形式如下:

数据类型 * 指针变量;

例如,

```
uchar * pz;
```

其中,pz 是通用指针,用 3 字节来存储指针,第 1 字节表示存储类型,第 2 字节、第 3 字节分别表示指针所指向数据地址的高字节和低字节,适用于所指向的目标存储区空间不明确时。

2. 存储器指针

在定义存储器指针时需指明存储类型,并且指针总是指向特定的存储区空间(内部数据 RAM、外部数据 RAM 或程序 ROM)。例如,

```
char xdata str;         //str 指向 XDATA 区中的 char 型数据
int xdata * pd;         //pd 指向 XDATA 区中的 int 型整数
```

由于定义中已经指明了存储类型,因此相对于通用指针而言,其指针的首字节可省略。对于 data、bdata、idata 和 pdata 型,指针仅需要 1 字节,因为它们的寻址空间都在 256B 以内,而 code 和 xdata 型则需要 2 字节的指针,因为它们的寻址空间最大为 64KB。

使用存储器指针的好处是节省存储区空间,编译器不需为选择存储区和决定正确的存储区操作指令产生代码,使代码更加简短,但必须保证指针不指向所声明的存储区以外的地方,否则会产生错误。通用指针产生的代码执行速度比指定存储器指针的慢,因为存储区在指令执行前是未知的,编译器不能优化存储区访问,必须产生可以访问任何存储区的通用代码。

综上所述,使用存储器指针比使用通用指针效率高,存储器指针所占空间更小,速度更快。在存储区空间明确时,建议使用存储器指针;如果存储区空间不明确,则使用通用指针。

4.3 C51 扩展功能及应用举例

C51 中大部分语法和 C 语言一致,本节重点介绍 C51 中的扩展功能。对于 C 语言不熟练的读者在阅读本节例子程序时,可以到 4.2 节查阅常用的 C 语言语法。

4.3.1 C51 数据类型与存储类型

1. C51 语言扩展的数据类型

C51 语言支持的数据类型除了 C 语言的基本数据类型外,还有扩展的 4 种数据类型,但是扩展的 4 种数据类型不能使用指针来对它们进行存取。扩展数据类型如表 4-8 所示。

表 4-8　C51 语言扩展的数据类型

数据类型	位数	字节数	值　　域
bit	1	—	0 或 1
sfr	8	1	0～255
sfr16	16	2	0～65 535
sbit	1	—	可进行位寻址的特殊功能寄存器的某位的绝对地址

下面对 C51 语言扩展的 4 种数据类型进行详细说明。

1) 位变量 bit

由于 80C51 单片机能够进行位操作,因此 C51 语言扩展了 bit 数据类型定义位变量。bit 的值可以是 1(true)或 0(false)。

一般形式为:

bit bit_name;

例如,

```
bit ov_flag;              //将 ov_flag 定义为位变量
bit lock_pointer;         //将 lock_pointer 定义为位变量
```

注意:

(1) 位变量也可作为函数的形式参数存在;也可作为函数返回值。

例如,

```
bit func(bit b0,bit b1)    //位变量 b0 和 b1 作为函数 func 的参数
{
    …
    return(b1);            //位变量 b1 作为 return 函数的返回值
}
```

(2) 位变量不能定义指针和数组。

例如,

```
bit * ptr;                 //错误,不能用位变量来定义指针
bit array[];               //错误,不能用位变量来定义数组
```

(3) 位变量被存储在内部 RAM 中,存储类型只能是 data、idata 型。

2) 特殊功能寄存器

C51 语言允许使用关键字 sfr、sbit 或直接引用编译器提供的头文件来对特殊功能寄存器(SFR)进行访问。80C51 单片机的特殊功能寄存器分布在内部 RAM 的高 128B 空间,因此对其的访问只能采用直接寻址方式。

（1）特殊功能寄存器 sfr。

80C51 单片机的特殊功能寄存器分布在内部数据存储区的地址单元 80H～FFH 中。sfr 数据类型占用一个内存单元，利用它可以访问单片机内部的所有特殊功能寄存器。

例如，"sfr P1＝0x90"语句定义了 P1 口在内部的寄存器中，在程序后续的语句中可以用"P1＝0xff"语句，使 P1 口的所有引脚输出为高电平来操作特殊功能寄存器。

例如，

```
sfr IE = 0xA8;          //中断允许寄存器地址 A8H
sfr TCON = 0x88;        //定时/计数器控制寄存器地址 88H
sfr SCON = 0x98;        //串行口控制寄存器地址 98H
```

注意：各种衍生型 51 单片机的 SFR 数量与类型有时是不相同的，对 SFR 的访问可通过头文件来进行。

为了方便用户使用，C51 语言将 80C51 单片机中常用的 SFR 和其中的可寻址位进行了定义，放在了头文件 reg51.h 中，用户使用时可通过文件包含 ♯include＜reg51.h＞或 ♯include "reg51.h"命令将头文件 reg51.h 包含到程序中，程序就可使用特殊功能寄存器名称和其中的可寻址位名称了。

用户可在 Keil 环境下打开 reg51.h 头文件，查看、修改其中对常用 SFR 和可寻址位的定义详情。

reg51.h 在软件安装目录中保存，所以一般写为 ♯include＜reg51.h＞。

头文件引用举例：

```
♯include＜reg51.h＞       //包含 80C51 单片机的头文件
void main(void)
{
    TL0 = 0xf0;         //给 T0 低字节 TL0 设置初值,已在 reg51.h 文件中定义
    TH0 = 0x3f;         //给 T0 高字节 TH0 设置初值,已在 reg51.h 文件中定义
    TR0 = 1;            //启动 T0
    …
}
```

（2）特殊功能寄存器 sfr16。sfr16 数据类型占用两个内存单元。它用于操作占 2B 的特殊功能寄存器。

例如，

```
sfr16 DPTR = 0x82;      //定义了 16 位数据指针寄存器(DPTR)
```

DPTR 一般指数据指针。DPTR 是单片机中一个功能比较特殊的寄存器，片外 RAM 寻址用的地址寄存器（间接寻址）可以将外部 RAM 中地址的内容传送到内部 RAM 的地址所指向的内容中。

（3）特殊功能位 sbit。sbit 是指 80C51 内部特殊功能寄存器的可寻址位。有 3 种方式进行位定义。

① sbit 位名＝特殊功能寄存器^位置;

例如，

```
sfr PSW = 0xd0;         //定义 PSW 寄存器地址为 0xd0
```

```
sbit Cy = PSW^7;              //定义 Cy 位为 PSW.7,地址为 0xd0
sbit OV = PSW^2;              //定义 OV 位为 PSW.2,地址为 0xd2
```

其中,符号"^"前面是特殊功能寄存器的名字,"^"后面的数字表示特殊功能寄存器的可寻址位在寄存器中的位置,取值必须是 0～7。

② sbit 位名＝字节地址^位置;

例如,

```
sbit Cy = 0xd0^7;            //Cy 位地址为 0xd7
sbit OV = 0Xd0^2;            //OV 位地址为 0xd2
```

③ sbit 位名＝位地址;

这种方法将位的绝对地址赋给变量,位地址必须为 0x80～0xff。

例如,

```
sbit Cy = 0xd7;              //Cy 位地址为 0xd7
sbit OV = 0Xd2;              //OV 位地址为 0xd2
```

例 4-7 80C51 单片机内部 P1 口的各寻址位的定义如下:

```
sfr P1 = 0x90;
sbit P1_7 = P1^7;
sbit P1_6 = P1^6;
sbit P1_5 = P1^5;
sbit P1_4 = P1^4;
sbit P1_3 = P1^3;
sbit P1_2 = P1^2;
sbit P1_1 = P1^1;
sbit P1_0 = P1^0;
```

注意:不要把 bit 与 sbit 相混淆。bit 用来定义普通的位变量,它的值只能是二进制数 0 或 1;而 sbit 定义的是特殊功能寄存器的可寻址位,它的值是可位寻址的特殊功能寄存器某位的绝对地址,例如,PSW 寄存器 OV 位的绝对地址 0xd2。

C51 注释语句的写法有如下两种:

(1) //…,两个斜杠后面跟着的为注释语句。该写法只能注释一行,当换行时,必须在新行上重新写两个斜杠。

(2) /*…*/,一个斜杠与星号结合使用。该写法可注释任一行,即斜杠星号(/*)与星号斜杠(*/)之间的所有文字都作为注释。当注释有多行时,只需在注释的开始处加斜杠星号,在注释的结尾处,加上星号斜杠即可。

加注释的目的是为了方便读懂程序。所有注释都不参与程序编译,编译器在编译过程中会自动删去注释。

2. 存储类型

Keil C51 是面向 80C51 系列单片机及其硬件控制系统的开发工具,定义的任何数据类型必须以一定的存储类型的方式存储在 80C51 的存储区中,否则没有任何实际意义。该编译器通过将变量、常量定义成不同存储类型(data、bdata、idata、pdata、xdata、code)的方法,将它们存储在不同的存储区中。

80C51 系列单片机将程序存储器(ROM,存储空间)和数据存储器(RAM,运算空间)分开,并有各自的寻址方式(针对汇编语言)。80C51 系列单片机在物理上有 4 个存储空间:片内程序存储空间、片外程序存储空间、片内数据存储空间和片外数据存储空间。

1) 数据存储器

80C51 单片机数据存储器可划分为两大区域:00H~7FH 为片内低 128B RAM 区;80H~FFH 为特殊功能寄存器区(SFR)。

地址为 00H~7FH 的低 128B 片内 RAM 区又可划分为 3 个区域。

(1) 通用寄存器区。地址(00H~1FH)通用寄存器区由 4 个寄存器组成:0 组(00H~07H)、1 组(08H~0FH)、2 组(10H~17H)、3 组(18H~1FH),每个寄存器组含有 8 个通用寄存器 R0~R7,共有 32 个通用寄存器。

(2) 可位寻址区。80C51 系列单片机 RAM 的可位寻址区是字节地址为 20H~2FH 的 16B 单元,共 128 位。

(3) 用户 RAM 区。80C51 系列单片机片内 RAM 的用户 RAM 区地址为 30H~7FH。堆栈也可以设置在这里。

2) 存储类型

当使用存储类型 data、bdata 定义常量或变量时,C51 编译器会将它们定位在片内数据存储区中(片内 RAM),不标注默认是 DATA 类型。当使用 code 存储类型定义数据时,C51 编译器会将其定义在代码空间(ROM 或者 EP^{2}ROM)。当使用 xdata 存储类型定义常量或变量时,C51 编译器将其定位在外部数据存储空间(片外 RAM)。

80C51 单片机有内部、外部数据存储区,还有程序存储区。

(1) 内部数据存储区是可读/写的,80C51 单片机的衍生系列最多可有 256B 空间的内部数据存储区(例如,STC89C51 单片机),其中低 128B 空间为可直接寻址,高 128B 空间(地址为 80H~FFH)只能间接寻址。另外,从地址 20H 开始的 16B 空间为可位寻址。C51 语言为访问内部数据存储区提供了 3 种不同的存储类型:data、idata 和 bdata,对应 DATA、IDATA 和 BDATA 3 个存储区。

(2) 访问外部数据存储区的速度比访问内部数据存储区的速度慢,因为需要通过数据指针加载地址来间接寻址访问。C51 语言为访问外部数据存储区提供了两种不同的存储类型:xdata 和 pdata,对应 XDATA 和 PDATA 两个存储区。

(3) 程序存储区只能读不能写。80C51 单片机的硬件决定了程序存储区的位置,可能在 80C51 单片机内部或外部,或者内部和外部都有。C51 语言提供 code 存储类型来访问程序存储区。

上述 C51 语言存储类型与 80C51 单片机实际存储区空间的对应关系见表 4-9。

表 4-9 C51 语言存储类型与 80C51 单片机实际存储区空间的对应关系

存储区	存储类型	与实际存储区空间的对应关系	备注
DATA	data	直接寻址片内数据存储区,访问速度快(0x00~0x7F,低 128B)	访问内部数据 RAM
BDATA	bdata	(bit)可位寻址片内数据存储区,允许位与字节混合访问(0x20~0x2F,16B)	
IDATA	idata	(indirect)间接寻址片内数据存储区,访问片内全部 RAM 空间(256B)	

续表

存储区	存储类型	与实际存储空间的对应关系	备注
PDATA	pdata	(page)分页寻址外部数据存储区(256B),使用@Ri 间接访问	访问外部
XDATA	xdata	(extend)片外数据存储区(64KB),使用@DPTR 间接访问	数据 RAM
CODE	code	程序存储区(64KB),使用 DPTR 寻址	访问程序

单片机访问内部 RAM 比访问外部 RAM 快一些,因此频繁使用的变量需放在内部 RAM 中,可定义为 data、bdata、idata 型;将容量较大的或使用较少的变量放在外部 RAM 中,可定义为 pdata、xdata 型。常量只能是 code 型。

例 4-8 变量存储类型定义。

```
char data a;        //字符变量 a,存储类型为 data 型,分配在内部 RAM 低 128B 空间中
float idata x,y;    //浮点变量 x,y,存储类型为 idata 型,定位在内部 RAM 中,只能用间接寻址方式
                    //寻址
bit bdata p;        //位变量 p,存储类型为 bdata 型,定位在内部 RAM 的位寻址区中
unsigned int pdata var; //无符号整型变量 var,存储类型为 pdata 型,定位在外部 RAM 中相当于使用
                    //@Ri 间接寻址
unsigned char xdata a[2][4]; //无符号字符型二维数组变量:a[2][4]存储类型为 xdata,定位在外
                    //部 RAM 中,占据 2×4=8 字节空间,相当于使用@DPTR 间接寻址
```

下面对表 4-9 中的各种存储区做详细说明。

(1) DATA 区。DATA 区的寻址最快,经常使用的变量放在 DATA 区,但是其存储区空间有限。它除包含程序变量外,还包含堆栈和寄存器组。DATA 区声明中的存储类型标识符为 data,通常指内部 RAM 的低 128B 空间,可直接寻址。

声明举例如下:

```
unsigned char data system_status = 0;
unsigned int data unit id[8];
char data inp_string[20];
```

标准变量和用户自声明变量都可存储在 DATA 区中,只要不超出 DATA 区的范围即可。由于 C51 语言使用默认的寄存器组来传递参数,这样 DATA 区至少失去了 8B 空间。

(2) BDATA 区。是 DATA 区中的位寻址区,在该区中声明变量就可进行位寻址。BDATA 区声明中的存储类型标识符为 bdata,指内部 RAM 可位寻址的 16B 存储区(地址为 20H~2FH)中的 128 位。

声明举例如下:

```
unsigned char bdata status_byte;
unsigned int bdata status_word;
sbit stat_flag = status_byte^4;
if(status_word^15)
{ … }
```

注意:C51 编译器不允许在 BDATA 区中声明 float 和 double 型变量。

(3) IDATA 区。IDATA 区使用寄存器作为指针来间接寻址,常用来存放使用比较频

繁的变量。与外部存储区寻址相比,它的指令执行周期和代码长度相对较短。IDATA 区声明中的存储类型标识符为 idata,可以寻找内部 RAM 的 256B 空间,其中单片机的高 128B空间只能间接寻址,速度比直接寻址慢。

声明举例如下:

```
unsigned char idata system_status = 0;
unsigned int idata unit_id[8];
char idata inp_string[16];
float idata out_value;
```

(4) PDATA 区和 XDATA 区,位于外部存储区中。PDATA 区和 XDATA 区声明中的存储类型标识符分别为 pdata 和 xdata。pdata 访问当前页面内的外部 RAM 中的XDATA,每一页 256B,按页访问。PDATA 段只有 256B,而 XDATA 段可达 65536B,对PDATA 和 XDATA 的操作是相似的,但是对 PDATA 段寻址比对 XDATA 段寻址要快,因为对 PDATA 段寻址只需要装入 8 位地址,而对 XDATA 段寻址需装入 16 位地址,所以尽量把外部数据存储在 PDATA 段中。

声明举例如下:

```
unsigned char xdata system_status = 0;
unsigned int pdata unit_id[8];
char xdata inp_string[16];
float pdata out_value;
```

由于外部数据存储区与外部 I/O 口是统一编址的,所以外部数据存储区地址段中除包含数据存储区地址外,还包含外部 I/O 口地址。

(5) CODE 区。CODE 区为程序存储区,其声明中的存储类型标识符为 code,其中存储的数据是不可改变的。在 C51 编译器中,可以用 code 标识符来访问程序存储区。

声明举例如下:

```
unsigned char code a[ ] = {0x00,0x01,0x02,0x03,0x04,0x05,0x06,0x07,0x08};
```

3. 存储模式

如果在变量定义时省略了存储器类型标识符,那么 C51 编译器会选择默认的存储器类型。默认的存储器类型由小(SMALL)模式、紧凑(COMPACT)模式和大(LARGE)模式指令决定。存储模式是编译器的编译选项。

1) 小模式

在小模式下,所有未声明存储器类型的变量,都默认驻留在内部数据区,即被定义在DATA 区。

2) 紧凑模式

在紧凑模式下,所有未声明存储器类型的变量,都默认驻留在外部数据区的一个页上。即这种方式和用 PDATA 进行变量存储器类型的说明是一样的。该模式可以利用 R0 和R1 寄存器来进行间接寻址(@R0 和@R1)。

3) 大模式

在大模式下,所有未声明存储器类型的变量,都默认驻留在外部数据存储区,即和用

XDATA 进行显示说明一样。此时最大可寻址 64KB 的存储区域,使用数据指针寄存器
(DPTR)来进行间接寻址。

　　在固定的存储区地址上进行变量的传递,是 C51 语言的标准特征之一。在小模式下,
参数传递是在内部数据存储区中完成的。大模式和紧凑模式允许参数在外部数据存储区中
传递。C51 语言也支持混合模式。例如,在大模式下,生成的程序可以将一些函数放在小模
式下,从而加快执行速度。

4.3.2　C51 语言的绝对地址访问

　　在进行 80C51 单片机应用系统程序设计时,编程都往往少不了要直接操作系统的各个
存储器地址空间。C51 程序经过编译之后产生的目标代码具有浮动地址,其绝对地址必须
经过 BL51 连接定位后才能确定。为了能够在 C51 程序中直接对任意指定的存储器地址进
行操作,可采用扩展关键字"_at_"、指针、预定义以及连接定位控制命令。

1. 绝对宏

　　C51 编译器提供一组宏定义来对 CODE、DATA、PDATA 和 XDATA 区进行绝对寻
址。在程序中用"＃include < absacc.h >"语句对 absacc.h 中声明的宏进行绝对地址访问,
包括 CBYTE、CWORD、DBYTE、DWORD、XBYTE、XWORD、PBYTE、PWORD,具体使
用方法参考 absacc.h 头文件。其中:

- CBYTE 以字节形式对 CODE 区进行寻址;
- XBYTE 以字节形式对 XDATA 区进行寻址;
- CWORD 以字形式对 CODE 区进行寻址;
- XWORD 以字形式对 XDATA 区进行寻址;
- DBYTE 以字节形式对 DATA 区进行寻址;
- PBYTE 以字节形式对 PDATA 区进行寻址;
- DWORD 以字形式对 DATA 区进行寻址;
- PWORD 以字形式对 PDATA 区进行寻址。

例如:

```
＃include < absacc.h >
＃define PORTA XBYTE[0xffc0]          //将 PORTA 定义为外部 I/O 口,地址 0xffc0,长度 8 位
＃define NRAM DBYTE[0x50]             //将 NRAM 定义为内部 RAM,地址 0x50,长度 8 位
```

例 4-9　访问内部 RAM、外部 RAM 及 I/O 空间绝对地址的定义。

```
＃include < absacc.h >
＃define PORTA XBYTE[0xffc0]          //将 PORTA 定义为外部 I/O 口,地址为 0xffc0
＃define NRAM DBYTE[0x40]             //将 NRAM 定义为内部 RAM,地址为 0x40
main()
{
    PORTA = 0x3d;                     //将数据 3DH 写入地址为 0xffc0 的外部 I/O 口 PORTA 中
    NRAM = 0x01;                      //将数据 01H 写入内部 RAM 的 0x40 单元中
}
```

注意:存储器空间不能随便占用。

2. 通过"_at_"关键字对指定变量存储器空间绝对地址进行指定

一般格式为：

[存储器类型] 数据类型 变量名 _at_ 地址常数

其中：

(1) 存储器类型为 idata、data、xdata 等 C51 所能识别的数据类型，最好不要省略。

(2) 数据类型可以用 int、long、float 等基本类型，也可用数组、结构体等复杂数据类型，但一般使用 unsigned int。

(3) 变量名需符合标识符命名规范。

(4) 地址常数即直接操作的存储器的绝对地址，必须位于有效的存储器空间之内。

注意：

(1) 不能对变量进行初始化。

(2) 使用_at_关键字定义的变量必须是全局变量。

(3) 一般不要轻易用_at_，以免出错。

例如，

```
xdata unsigned int addr1 _at_ 0x8300;
```

例 4-10 使用关键字_at_实现绝对地址的访问。

```
void main(void)
{
  data unsigned char y1 _at_ 0x50;        //在 DATA 区中定义字节变量 y1,地址为 50H
    xdata unsigned int y2 _at_ 0x4000;    //在 XDATA 区中定义字变量 y2,地址为 4000H
    y1 = 0xff;
    y2 = 0x1234;
    …
    while();
}
```

例 4-11 将外部 RAM 2000H 开始的连续 20B 单元清零。

```
xdata unsigned char buffer[20] _at_ 0x2000;
void clear(void)
{
    unsigned char i;
    for(i = 0;i < 20;i++)
    {
    buffer[i] = 0;
    }
}
```

例 4-12 把内部 RAM 40H 单元开始的 8 个单元内容清零。

```
data unsigned char buffer[8] _at_ 0x40;
void clear(void)
{
```

```
    unsigned char j;
    for(j = 0;j < 8;j++)
    {
buffer[j] = 0;
    }
}
```

4.3.3　C51 中断服务函数

由于标准 C 语言没有处理单片机中断的定义,为了能进行 80C51 单片机的中断处理,C51 编译器对函数的定义进行了扩展,增加了一个扩展关键字 interrupt。使用 interrupt 可以将一个函数定义成中断服务函数。由于 C51 编译器在编译时,对声明为中断服务程序的函数自动添加相应的现场保护、阻断其他中断、返回时自动恢复现场等处理的程序段,因而在编写中断服务函数时可不必考虑这些问题,这为用户编写中断服务程序提供了极大的方便。

定义中断服务函数的一般形式为:

函数类型 函数名(形式参数表) interrupt n using n

关键字 interrupt 后的 n 是中断号。对于 80C51 单片机,n 的取值为 0~4。

关键字 using 后面的 n 是所选择的寄存器组,using 是一个选项,可省略。如果没有使用 using 关键字指明寄存器组,则中断服务函数中所有工作寄存器的内容将被保存到堆栈中。

有关中断服务函数的具体使用及注意事项,将在第 9 章中详细介绍。

## 第 5 章

开发与仿真工具

本章主要介绍单片机开发环境 Keil μVision、虚拟仿真软件 Proteus 7 Professional、烧录软件 STC-ISP 的使用。

通过流水灯的案例,介绍如何在 Keil μVision 中建立工程、编码实现、调试、运行流水灯代码;如何在 Proteus 7 Professional 中通过绘制电路原理图、加载源代码文件,仿真模拟流水灯 LED 亮灭的过程;如何在 STC-ISP 中将源程序代码加载到开发板上,查看真实的流水灯效果。

5.1 Keil C51 开发环境介绍

本教材选用 Keil μVision 作为 C51 程序开发的集成环境,下面介绍如何使用 Keil μVision4 进行 C51 源程序的设计、调试、开发。

5.1.1 Keil C51 的简介

Keil C51 是 Keil Software 公司出品的 51 系列兼容单片机 C 语言软件开发系统,为 C51 语言编程与调试提供全新的开发环境,是 8051 单片机开发编程所必须掌握的软件工具。Keil 提供了包括 C 编译器、宏汇编、链接器、库管理和一个功能强大的仿真调试器等在内的完整开发方案,通过一个集成开发环境(μVision)将这些部分组合在一起。

Keil 不仅支持 C 语言编程,也支持用汇编语言编程,其方便易用的集成环境、强大的软件仿真调试工具也会达到事半功倍的效果,因此 Keil μVision 是目前最优秀的单片机应用开发工具之一。

5.1.2 建立工程

1. 安装与启动

根据提示安装 Keil μVision4,安装完成后,会在桌面看到其快捷图标。双击该快捷图标,即可启动该软件,进入如图 5-1 的 Keil μVision4 界面,图中标出了各部分的名称。

2. 创建工程

Keil μVision4 通过工程管理的方法把程序设计中需要用到的、互相关联的程序链接在同一个工程中,要进行程序开发需要先创建工程然后编写新的应用程序,这样在打开工程时,所需要的关联程序就会全部进入调试窗口,从而方便对工程中各个程序进行编辑、调试

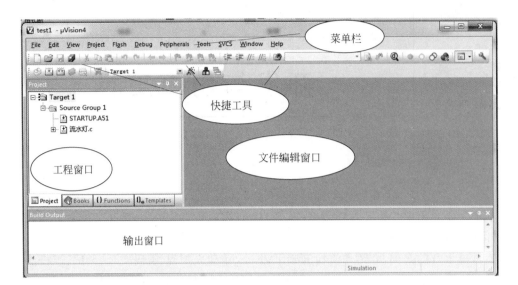

图 5-1 Keil μVision4 界面

和存储。由于用户可能会开发多个工程,每个工程用到的程序文件和库文件可能相同也可能不相同。因此通过工程管理的方法,有效区分出不同工程中所用到的程序文件和库文件。

在使用 Keil μVision4 对程序进行编辑、调试与编译之前,先创建一个新的工程,具体创建过程步骤如下:

(1) 单击菜单栏上的 Project→New μVision Project 命令,如图 5-2 所示。

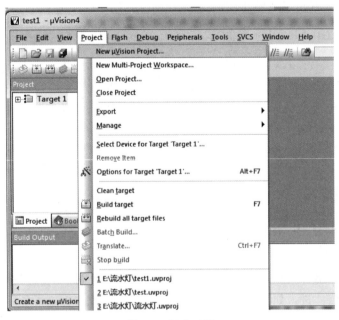

图 5-2 新建工程

(2) 弹出 Create New Project 对话框,如图 5-3 所示。在"文件名"框中输入一个工程名称,保存后的文件扩展名为".uvproj",即工程文件的扩展名,以后直接单击此文件就可以打开先前建立的工程。

图 5-3　Create New Project 对话框

（3）单击"保存"按钮，弹出如图 5-4 所示的 Select Device for Target 'Target1'对话框，按照提示选择所使用的单片机。例如，选择 STC 目录下的 STC89C58RD+Series。

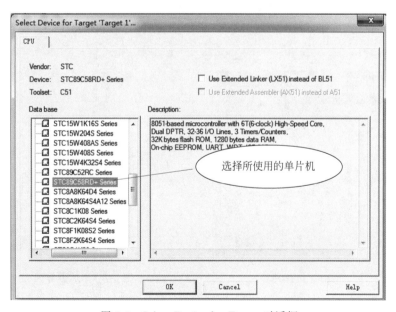

图 5-4　Select Device for Target 对话框

需要注意的是，Keil 软件中没有 STC 芯片相关库，需要另外添加，具体操作方式如下：

（1）登录 STC 官网 http://www.stcisp.com/，下载最新的 STC-ISP 软件。

（2）打开 STC-ISP 软件，单击"Keil 仿真设置"标签，单击添加 STC 仿真器驱动到 Keil 软件，添加型号和头文件到 Keil 软件中，如图 5-5 所示。

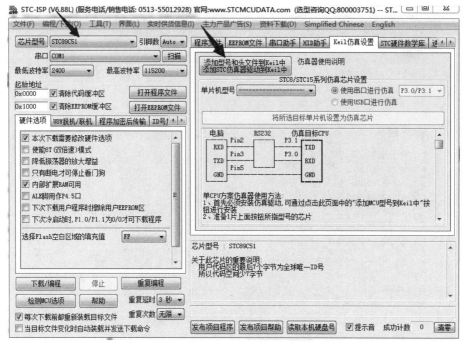

图 5-5　添加驱动

（3）选择 Keil 的安装目录（如 C:\Keil），如图 5-6 所示。

（4）单击"确定"按钮,弹出"STC MCU 型号添加成功!"的提示,单击"确定"按钮完成。如图 5-7 所示。

图 5-6　选择路径

图 5-7　添加型号成功

（5）打开 Keil 软件,新建一个工程文件,通过下三角按钮选择 STC MCU Database,如图 5-8 所示。确定后就可以选择对应的单片机型号了,如图 5-9 所示。

（6）单击 OK 按钮,弹出如图 5-10 所示的提示框。如果需要复制启动代码到新建工程中,则单击"是"按钮,出现如图 5-11 所示窗口;如果单击"否"按钮,则

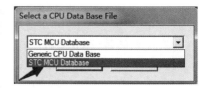

图 5-8　STC MCU Database 选择

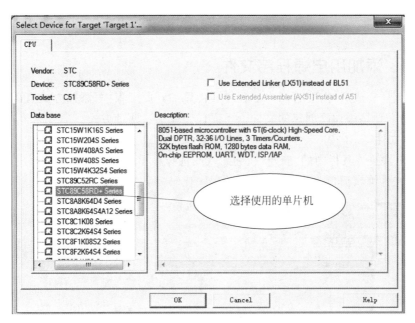

图 5-9　STC 单片机选择

图 5-11 中的启动代码项"SARTUP. A51"不会出现。此时,新工程创建完毕。

图 5-10　提示框

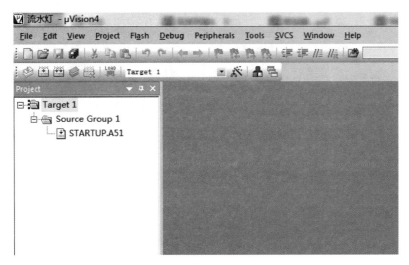

图 5-11　新工程

注意：每次建立工程,都需要单独建立一个文件夹存放,因为里面文件格式太多,容易混淆。

5.1.3 添加用户源程序文件

新工程创建完成后,需要将用户源程序文件添加到此工程中,添加方式有两种：一种是新建文件,另一种是添加已创建的文件。下面详细介绍这两种方式。

1. 新建文件

(1)单击快捷工具栏中的"新建"按钮 ▯(或选择菜单命令 File→New),出现如图 5-12所示的空白文件编辑窗口,可在此处编辑源程序代码。

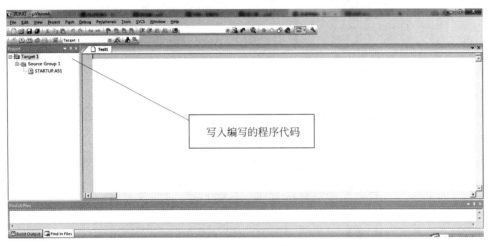

图 5-12 新建文件

(2)单击快捷工具栏中的"保存"按钮 ▯(或选择菜单命令 File→Save As),保存用户源程序文件,此时弹出如图 5-13 所示的资源管理器界面。

图 5-13 Save As 对话框

（3）在上方的文件路径栏中选择保存新文件的文件夹，建议将这个新文件与刚才建立的工程文件保存在同一个文件夹下。然后在"文件名"框中输入文件的名字，如果使用 C51 编程，则文件扩展名为".c"，本章节选用流水灯案例教学，因此文件名为"流水灯.c"；完成上述步骤后单击"保存"按钮，流水灯新文件创建完成。

需要将此新文件添加到刚才创建的工程中，操作与下面介绍的"添加已创建的文件"相同。

2. 添加已创建的文件

（1）在图 5-1 界面左侧的工程窗口中，右击 Source Group 1 项，在弹出的快捷菜单中选择"Add Files to Group 'Source Group 1'"命令，如图 5-14 所示。

图 5-14 添加文件

（2）弹出如图 5-15 所示的"Add Files to Group 'Source Group 1'"对话框，选择要添加的文件，文件夹中只有刚创建好的"流水灯.c"文件。选择文件后，单击 Add 按钮，再单击 Close 按钮，流水灯文件添加完成，此时工程窗口如图 5-16 所示，用户源程序文件"流水灯.c"已经出现在 Source Group 1 项下。

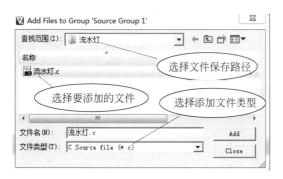

图 5-15 "Add Files to Group 'Source Group 1'"对话框

图 5-16 文件已添加到工程中

5.1.4 编译、调试程序

文件"流水灯.c"已经创建完成且已经添加到工程中,下面对"流水灯.c"文件进行编译与调试,最终生成可执行的.hex文件。

1. 程序编译

以"流水灯.c"文件为例,单击快捷工具栏中的"编译"按钮，对当前文件进行编译,在如图5-17所示的输出窗口中会出现提示信息。

图5-17 文件编译信息

查看输出窗口中的提示信息,发现程序中存在两个错误。检查程序,找到错误并修改,再次单击按钮重新进行编译,直到提示信息没有错误为止,如图5-18所示。

图5-18 提示信息显示没有错误

2．程序调试

程序编译通过后，进入调试与仿真环节。单击快捷工具栏中的"开始/停止调试"按钮 （或在主界面单击 Debug 菜单中的 Start/Stop Debug Session 选项），进入程序调试状态，如图 5-19 所示。

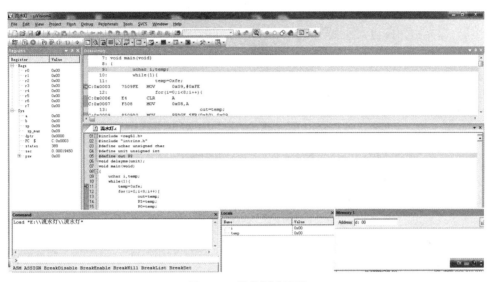

图 5-19　程序调试界面

工程窗口中给出了常用寄存器 R0～R7 及 A、B、SP、DPTR、PC、PSW 等特殊功能寄存器的值，这些值会随着程序的执行发生相应的变化。

在存储区窗口的地址栏中输入 0000H 后按回车键，可以查看单片机内部程序存储区的内容，单元地址前的"C:"表示为程序存储区。在存储区窗口的地址栏中输入"D:00H"后按回车键，可以查看单片机内部数据存储区的内容。单元地址前的"D:"表示为数据存储区。

在图 5-19 中出现了新的快捷工具栏，其中增加了调试状态下的按钮，如图 5-20 所示。

图 5-20　新的快捷工具

原来快捷工具栏中还有几个用于调试的按钮，如图 5-21 所示。

调试状态下，可采用单步、跟踪、断点、全速运行等调试按钮进行调试；也可观察单片机资源的状态，例如，程序存储区、数据存储区、特殊功能寄存器、变量寄存器及 I/O 口的状态。这些调试按钮大多数与 Debug 菜单中的命令一一对应，使用起来更加方便快捷。

图 5-21　原来快捷工具栏中用于调试的按钮

图 5-20 和图 5-21 中常用的调试按钮的功能说明如下：

（1）调试窗口按钮。

以下按钮控制程序调试界面中各个窗口的开/关。

　：工程窗口的开/关。

　：存储区窗口的开/关。

🖽：特殊功能寄存器窗口的开/关。

🖽：变量寄存器窗口的开关。

(2) 调试功能按钮。

🔍：调试状态的进入/退出。

🔳：复位 CPU。在不改变程序的前提下，单击该按钮可使程序重新开始运行。执行此命令后，程序指针返回 0000H 地址单元。另外，一些内部特殊功能寄存器在复位期间也将重新被赋值。例如，A 变为 00H，SP 变为 07H，DPTR 变为 0000H，P3～P0 口变为 FFH。

🖹：全速运行。单击该按钮，实现程序的全速运行。如果程序中设置了断点，当程序运行到断点处时，等待调试指令。在全速运行期间，不允许查看任何资源，也不接受其他命令。

🖰：单步跟踪。每执行一次该命令，程序将运行一条语句。当前指令用黄色箭头标出，每运行一步，箭头都会跟着移动，已运行过的语句呈绿色。可以单步跟踪程序。

🖰：单步运行。该命令实现单步运行程序，把函数和函数调用当作一个实体来看待，因此单步运行是以语句(该语句不管是单一命令行还是函数调用)为基本运行单元的。

🖰：运行返回。在用单步跟踪命令跟踪到子函数或子程序内部时，使用该按钮，可将程序的 PC 指针返回调用此子程序或函数的下一条语句。

🖰：运行到光标所在行。

🖲：停止程序运行。

程序调试时，灵活运用上述功能可大大提高查找差错的效率。

(3) 断点操作按钮。

为了提高程序编写的效率，经常在程序调试中设置断点，一旦运行到该程序行即停止运行，可在断点处观察有关变量的值，从而确定问题所在。图 5-21 中断点操作按钮的功能说明如下：

🖰：插入/清除断点。

🖰：清除所有的断点设置。

🖰：使能/禁止断点，即开启或暂停光标所在行的断点功能。

🖰：禁止所有断点，即暂停所有断点。

此外，插入或清除断点最简单的方法是：将鼠标指针移至需要插入或清除断点的行首处双击。

上述 4 个按钮也可从 Debug 菜单中找到相应的命令。

5.1.5 设置工程参数

工程创建后，按照需求需要对工程进行设置，如图 5-22 所示。右击工程窗口中的 Target 1 项，在快捷菜单中选择"Options for Target 'Target 1'"命令，出现工程设置对话框，如图 5-23 所示。在该对话框中有很多选项页面可以设置，一般需要设置 Target 页面参数和 Output 页面参数，其余保持默认设置即可。

1. Target 页面

(1) Xtal(MHz)：设置晶振频率。默认值是所选目标 CPU 的最高可用频率，也可根据需要重新设置该值。该设置不影响最终产生的目标代码，仅用于软件模拟调试时显示程序运行的时间。如果不需要了解程序的运行时间，则不需要设置；否则可将其设置成与目标样机所用的相同的频率，来使显示时间与实际时间一致。

（2）Memory Model：设置 RAM 的存储模式，有 3个选项。Small——所有变量都在单片机内部 RAM 中；Compact——可以使用 1 页外部 RAM；Large——可以使用全部外部的扩展 RAM。

（3）Code Rom Size：设置 ROM 的使用模式，有 3个选项。Small——程序只使用低于 2KB 的空间；Compact——单个函数的代码量不超过 2KB，整个程序可以使用 64KB 的空间；Large——程序可以使用全部64KB 的空间。

（4）Operating system：操作系统选项。Keil 支持两种操作系统：Rtx tiny 和 Rtx full。一般不选择，保持默认项 None 即可。

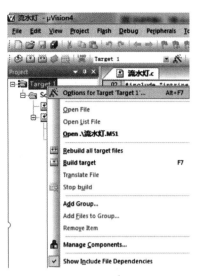

图 5-22　快捷菜单

图 5-23　工程设置对话框

（5）Use On-chip ROM：是否仅使用内部 ROM 选项。注意，选择该项不会影响到最终目标代码量的生成。

（6）Off-chip Code memory：用来确定系统扩展的程序存储区的地址范围。

（7）Off-chip Xdata memory：用来确定系统扩展的数据存储区的地址范围。

上述（5）、（6）、（7）项的参数设置必须根据硬件来决定，其他选项保持默认设置即可。如果是最小应用系统，则不需要任何扩展。

2. Output 页面

单击"Options for Target'Target 1'"对话框中的 Output 标签,就会出现 Output 页面,如图 5-24 所示。

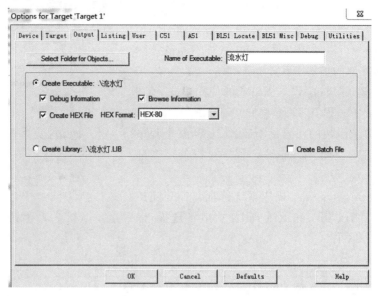

图 5-24 Output 页面

（1）Select Folder for Objects：选择目标文件所在文件夹,默认与工程文件在同一个文件夹中。

（2）Name of Executable：指定最终生成的目标文件的名字,默认与工程文件相同。

（3）Debug Information：产生调试信息。如果需要对程序进行调试,则应选中该项。

（4）Create HEX File：生成可执行的目标代码文件。选择此项后即可生成单片机可运行的二进制文件,文件扩展名为.hex。

其他选项保持默认设置即可。

完成上述设置后,就可以在程序编译时,单击快捷工具栏中的 🔲 按钮,此时会产生如图 5-25 所示的提示信息。该信息说明,程序占用内部 RAM 共 11B,外部 RAM 共 0B;占用程序存储区共 89B。最后生成的文件名为"流水灯.hex"。至此,整个程序编译过程完成,生成的.hex 文件可加载到 Proteus 虚拟仿真环境中,装入单片机运行并查看效果。

图 5-25 .hex 文件生成的提示信息

现对用于编译的 3 个按钮简要说明如下。

🔲：编译正在操作的文件。

🖬：编译修改过的文件，并生成相应的目标程序（.hex 文件），供单片机直接下载。

🖬：重新编译当前工程中的所有文件，并生成相应的目标程序（.hex 文件），供单片机直接下载。当工程文件有改动时，需要全部重建整个工程。因为一个工程中可能有多个文件，可用该命令进行编译。

注意：用 C51 语言编写的源程序不能直接使用，一定要将源程序进行编译，最终生成可执行的 .hex 文件，并加载到 Proteus 环境下的虚拟单片机中，才能进行虚拟仿真。

5.2 集成开发工具 Proteus 7 Professional 简介

Proteus 是英国 Lab Center Electronics 公司 1989 年出版的 EDA 工具软件。不仅具有其他 EDA 工具软件的仿真功能，还能仿真单片机及外围器件，是完全使用软件手段对单片机应用系统进行虚拟仿真的软件工具。在国内受到单片机爱好者、从事单片机教学的教师、致力于单片机开发应用的科技工作者的青睐。

Proteus 是世界上著名的 EDA 工具，从原理图布图、代码调试到单片机与外围电路协同仿真，再到一键切换到 PCB 设计，真正实现了从概念到产品的完整设计，是世界上唯一将电路仿真软件、PCB 设计软件和虚拟模型仿真软件三合一的设计平台，其处理器模型支持 8051、HC11、PIC10/PIC12/PIC16/PIC18/PIC24/PIC30/DSPIC33、AVR、ARM、8086 和 MSP430 等各主流系列单片机，2010 年又增加了 Cortex 和 DSP 系列处理器，此外，它还支持 ARM7、ARM9 等型号的嵌入式微处理器的仿真。在编译方面，它也支持 IAR、Keil 和 MATLAB 等多种编译器。为各种单片机系统的设计、开发提供了功能强大的虚拟仿真功能。

下面首先介绍 Proteus 的基本功能。

5.2.1 Proteus 基本功能

在 Proteus 的虚拟仿真平台上，用户不需要硬件样机，就可直接在计算机上对 51 系列、AVR、PIC、ARM 等常用主流单片机系统进行虚拟仿真，还可以直接在基于原理图的虚拟原型上编程，再配合显示及输出，将系统的功能及运行过程直观化，可以像焊接好的电路板一样看到单片机系统运行后的输入/输出效果。

1. 智能原理图设计

（1）丰富的器件库：超过 27 000 种器件，创建新器件更方便。

（2）智能的器件搜索：通过模糊搜索快速定位所需要的器件。

（3）智能化的连线功能：自动连线功能使连接导线简单快捷，大大缩短绘图时间。

（4）支持总线结构：使用总线器件和总线布线使电路设计简明清晰。

（5）可输出高质量图纸：通过个性化设置生成印刷质量的 BMP 图纸，可方便地用于 Word、PowerPoint 等多种文档。

2. 完善的电路仿真功能

（1）ProSPICE 混合仿真：基于工业标准 SPICE3F5，实现数字/模拟电路的混合仿真。

（2）超过 27 000 种仿真器件：通过内部原型或使用厂家的 SPICE 文件自行设计仿真器件，Labcenter 不断发布新的仿真器件，还可导入第三方发布的仿真器件。

(3) 多样的激励源：包括直流、正弦、脉冲、分段线性脉冲、音频（使用.wav 文件）、指数信号、单频 FM、数字时钟和码流，还支持文件形式的信号输入。

(4) 丰富的虚拟仪器：13 种虚拟仪器，面板操作逼真，如示波器、逻辑分析仪、信号发生器、直流电压/电流表、交流电压/电流表、数字图案发生器、频率计/计数器、逻辑探头、虚拟终端、SPI 调试器、I^2C 调试器等。

(5) 生动的仿真显示：用色点显示引脚的数字电平，导线以不同颜色表示其对地电压大小，结合动态器件（如电机、显示器件、按钮）的使用可以使仿真结果更加直观、生动。

(6) 高级图形仿真功能（ASF）：基于图标的分析可精确展示电路的多项指标，包括工作点、瞬态特性、频率特性、传输特性、噪声、失真等，还可以进行一致性分析。

3. 单片机协同仿真功能

(1) 支持主流的 CPU 类型：如 ARM7、8051/8052、AVR、PIC10、PIC12、PIC16、PIC18、PIC24、dsPIC33、HC11、BasicStamp、8086、MSP430 等，CPU 类型随着版本升级还在继续增加，如即将支持 Cortex、DSP 处理器。

(2) 支持通用外设模型：如字符 LCD 模块、图形 LCD 模块、LED 点阵、LED 七段显示模块、键盘/按键、直流/步进/伺服电机、RS232 虚拟终端、电子温度计等等，其 COMPIM（COM 口物理接口模型）还可以使仿真电路通过 PC 串口和外部电路实现双向异步串行通信。

(3) 实时仿真：支持 UART/USART/EUSART 仿真、中断仿真、SPI/I^2C 仿真、MSSP 仿真、PSP 仿真、RTC 仿真、ADC 仿真、CCP/ECCP 仿真。

(4) 编译及调试：支持单片机汇编语言的编辑/编译/源码级仿真，内带 8051、AVR、PIC 的汇编编译器，也可以与第三方集成编译环境（如 IAR、Keil 和 Hitech）结合，进行高级语言的源码级仿真和调试。

4. 实用的 PCB 设计平台

(1) 原理图到 PCB 的快速通道：原理图设计完成后，一键便可进入 ARES 的 PCB 设计环境，实现从概念到产品的完整设计。

(2) 先进的自动布局/布线功能：支持器件的自动/人工布局；支持无网格自动布线或人工布线；支持引脚交换/门交换功能使 PCB 设计更为合理。

(3) 完整的 PCB 设计功能：最多可设计 16 个铜箔层，2 个丝印层，4 个机械层（含板边），灵活的布线策略供用户设置，自动设计规则检查，3D 可视化预览。

(4) 多种输出格式的支持：可以输出多种格式文件，包括 Gerber 文件的导入或导出，便于与其他 PCB 设计工具的互转（如 Protel）以及 PCB 板的设计和加工。

5. Proteus 软件提供的资源丰富

(1) Proteus 可提供的仿真元器件资源：仿真数字和模拟、交流和直流等数千种元器件，有 30 多个元器件库。

(2) Proteus 可提供的仿真仪表资源：示波器、逻辑分析仪、虚拟终端、SPI 调试器、I^2C 调试器、信号发生器、模式发生器、交直流电压表、交直流电流表。理论上同一种仪器可以在一个电路中随意的调用。

(3) 除了现实存在的仪器外，Proteus 还提供了一个图形显示功能，可以将线路上变化的信号，以图形的方式实时地显示出来，其作用与示波器相似，但功能更多。这些虚拟仪器仪表具有理想的参数指标,例如,极高的输入阻抗、极低的输出阻抗,这些都尽可能减少了仪器对测量结果的影响。

(4) Proteus 可提供的调试手段:Proteus 提供了比较丰富的测试信号用于电路的测试,这些测试信号包括模拟信号和数字信号。

尽管 Proteus 具有开发效率高,不需要附加硬件开发成本的优点,但是它不能进行用户样机的诊断。所以在单片机系统的设计、开发中,一般先在 Proteus 环境下绘出系统的硬件电路原理图,在 Keil μVision4 环境下输入并编译程序,然后在 Proteus 环境下进行仿真调试。依照仿真结果来完成实际的硬件设计,并把仿真调试通过的程序代码通过写入器或在线烧录到单片机的程序存储器中,然后运行程序观察用户样机的运行结果。如果有问题,再连接硬件仿真器或直接在线修改程序进行分析、调试。

5.2.2　Proteus 基本用法

按照要求安装 Proteus 软件后,双击桌面上的 ▦ 图标,进入 Proteus 界面,如图 5-26 所示。

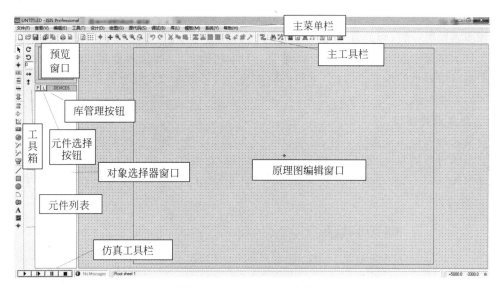

图 5-26　Proteus ISIS 主界面

整个 ISIS 界面分为若干区域,由原理图编辑窗口、预览窗口、对象选择器窗口、主菜单栏、主工具栏、工具箱等组成。

1. 原理图编辑窗口

原理图编辑窗口(见图 5-26)用来绘制电路原理图。

在原理图编辑窗口中,鼠标按键的操作方式为:滚轮用于放大或缩小原理图;左键用于放置元件;右键用于选择元件;按两次右键删除元件;按一次右键出现快捷菜单后可编辑元件的属性;先按右键后按左键可拖动元件;连线用左键,删除用右键。

原理图编辑窗口中没有滚动条,要改变原理图的可视范围,需要通过以下方式实现:

(1) 在预览窗口中直接单击需要显示的位置,在原理图编辑窗口中将显示以单击位置为中心的原理图内容。

（2）在原理图编辑窗口中按住鼠标右键不放，拖动鼠标，可使显示的内容平移。拨动鼠标滚轮可使原理图缩小或放大，原理图编辑窗口会以鼠标指针位置为中心重新显示原理图内容。

下面介绍主工具栏中与原理图编辑窗口有关的几个功能按钮。

（1）"放大"按钮 🔍 或"缩小"按钮 🔍 。使用这两个按钮都会使原理图编辑窗口以当前鼠标指针位置为中心重新显示。单击主工具栏中的"显示全部"按钮可把整张原理图缩放到完全显示出来。即使在滚动或拖动对象时也是如此。

（2）"网格开关"按钮 ▦ 。原理图是否显示点状网格，可由这个按钮 ▦ 来控制。

- 捕捉到网格。当鼠标指针在原理图编辑窗口内移动时，坐标值是以固定的步长增长的，初始设定值是 100。这种功能称为捕捉（Snap），能够把元件按照网格对齐。捕捉的格点间距使用"查看"菜单中命令设置，如图 5-27 所示。
- 实时捕捉。当鼠标指针指向引脚末端或者导线时，鼠标指针将会捕捉到这些物体。这种功能称为实时捕捉。该功能可以使用户方便地实现导线和引脚的连接。

2. 预览窗口

预览窗口可显示两种内容：一种是显示选中元器件的预览图；另一种是当鼠标焦点落在原理图编辑窗口时（即放置元器件到原理图编辑窗口后或在原理图编辑窗口中单击鼠标后），会显示整张原理图的缩略图，并会显示一个绿色的方框，绿色方框里面的内容就是当前原理图窗口中显示的内容。因此，可用鼠标在其上面单击来改变绿色方框的位置，从而改变原理图的可视范围。

3. 对象选择窗口

对象选择窗口用来选择元件、终端、仪表等对象。该窗口的列表区用来表明当前所处模式及其中的对象列表，如图 5-23 所示。该窗口中还有两个按钮：器件选择按钮、库管理按钮。在图 5-28 中可以看到已经选择的单片机、电容电阻、晶振、发光二极管等各种元件列表。

图 5-27　"查看"菜单

图 5-28　对象选择窗口

4. 主菜单栏

1）"文件"（File）菜单

"文件"菜单中包含工程的新建设计、打开设计、打印等命令，如图 5-29 所示，Proteus

ISIS中的文件主要是设计文件(Design Files)。设计文件中包含一个单片机系统的原理图及其所有信息,用于虚拟仿真,文件扩展名为.DSN。

下面介绍"文件"菜单中的几个主要命令。

(1) 新建设计。选择菜单命令"文件"→"新建设计"(或单击主工具栏中的按钮),将清除原有的所有设计数据,出现一个空白的A4页面。新设计的默认名为 UNTITLED. DSN。该命令会把此设计以上述名字存入文件中,文件的其他选项也会使用它作为默认名。

给设计命名也可通过菜单命令"文件"→"保存设计"(或单击主工具栏中的按钮),输入新文件名后保存即可。

(2) 打开设计。用来装载一个已有的设计(也可单击主工具栏中的按钮)。

(3) 保存设计。在退出 Proteus ISIS 时需要保存设计。设计会被保存到设计文件中,旧的. DSN 文件会在其名字前加前缀 Back of。

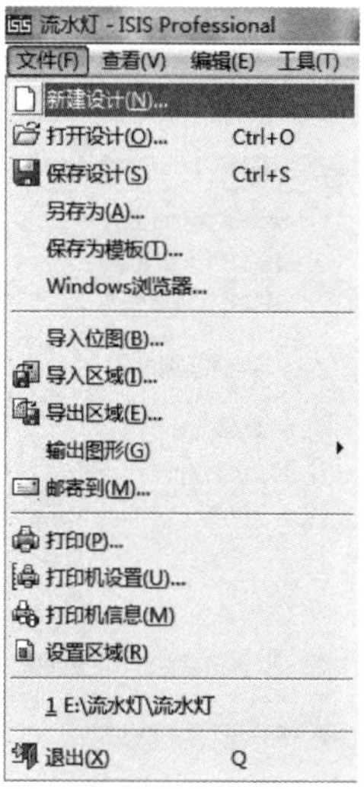

图 5-29　"文件"菜单

(4) 另存为。把设计保存到另一个文件中。

(5) 导入区域/导出区域。"导出区域"命令将当前选中的对象生成一个局部文件。这个局部文件可以使用"导入区域"命令导入另一个设计中。局部文件的导入与导出类似于"块复制"。

(6) 退出。退出 Proteus ISIS。若文件修改过,系统会出现提示框,询问是否保存文件。

2)"查看"(View)菜单

"查看"菜单中提供了原理图编辑窗口中的定位、调整网格及缩放图形等常用子菜单命令,如图 5-27 所示。

3)"编辑"(Edit)菜单

"编辑"菜单实现各种编辑功能,其中提供了剪切、复制、粘贴、置于下层、置于上层、清理、撤销、重做、查找并编辑元件等命令。

4)"工具"(Tools)菜单

图 5-30　"工具"菜单

"工具"菜单如图 5-30 所示。

在绘制原理图时,单击"自动连线"命令,使其前面的快捷图标呈按下状态( ),即可进入原理图的自动连线状态。

使用"电气规则检查"命令,可检查绘制完成的原理图是否符合电气规则。

5)"设计"(Design)菜单

"设计"菜单如图 5-31 所示。其中提供了编辑设计属性、编辑页面属性、设定电源范围、新建页面、删除页面、上一页、下一页等命令。

6)"绘图"(Graph)菜单

"绘图"菜单如图 5-32 所示,其中提供了编辑图表、添加图线、仿真图表、查看日志、导出数据、清除数据、一致性分析(所有图表)、批模式一致性分析等命令。

7)"源代码"(Source)菜单

"源代码"菜单如图 5-33 所示,其中提供了添加/删除源文件、设定代码生成工具、设置外部文本编辑器、全部编译等命令。

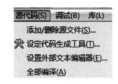

图 5-31 "设计"菜单   图 5-32 "绘图"菜单   图 5-33 "源代码"菜单

8)"调试"(Debug)菜单

"调试"菜单如图 5-34 所示,主要用于实现单步运行、断点设置等功能。

9)"库"(Library)菜单

"库"菜单如图 5-35 所示,其中提供了拾取元件/符号、制作元件、制作符号、封装工具、分解、编译到库中、自动放置库文件、校验封装、库管理器等命令。

10)"模板"(Template)菜单

"模板"菜单如图 5-36 所示,主要用于实现模板的各种设置功能,如图形、颜色、字体、连线等。

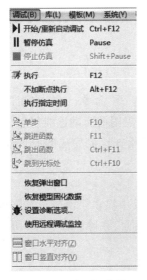

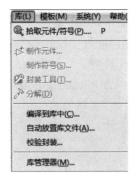

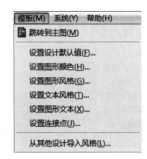

图 5-34 "调试"菜单   图 5-35 "库"菜单   图 5-36 "模板"菜单

11）"系统"（System）菜单

"系统"菜单如图 5-37 所示，其中提供了系统信息、文本视图、设置环境、设置路径等命令。

12）"帮助"（H）菜单

"帮助"菜单如图 5-38 所示，提供帮助文档，每个元件的属性均可在帮助（H）菜单下的相应选项。

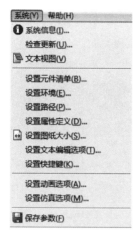

图 5-37　"系统"菜单

图 5-38　"帮助"菜单

5．主工具栏

主工具栏位于主菜单栏下面，其中有 38 个按钮，以图标形式给出：

每个按钮都对应一个具体的菜单命令。下面把 38 个按钮分为 4 组，简要介绍各组按钮的命令功能。

第 1 组按钮 功能说明如下。

：新建一个设计文件。

：打开一个已存在的设计文件。

：保存当前的设计。

：将一个局部文件导入 ISIS 中。

：将当前选中的对象导出为一个局部文件。

：打印当前设计文件。

：选择打印的区域。

第 2 组按钮 功能说明如下。

：刷新显示。

：控制原理图是否显示网格。

：放置连线点。

：以鼠标光标所在点为中心居中。

：放大。

⊖ ：缩小。

⊕ ：查看整张图。

⊕ ：查看局部图。

第 3 组按钮 ↶↷｜✄ 🗐 🗎｜🔳 🔲 🔳 🔳｜🔍 ✛ 🐛 ⚲ 功能说明如下。

↶ ：撤销上一步的操作。

↷ ：恢复上一步的操作。

✄ ：剪切选中的对象。

🗐 ：复制选中的对象至剪贴板中。

🗎 ：从剪贴板中粘贴。

🔳 ：复制选中的块对象。

🔳 ：移动选中的块对象。

🔳 ：旋转选中的块对象。

🔳 ：删除选中的块对象。

🔍 ：从库中选取元件。

✛ ：创建元件。

🐛 ：封装工具。

⚲ ：释放元件。

第 4 组按钮 🔁｜🔎 🎨｜📋 🔳 🔳 🔳｜🔳 🔳｜🔳 功能说明如下。

🔁 ：自动连线。

🔎 ：查找并链接。

🎨 ：属性分配工具。

📋 ：设计浏览器。

🔳 ：新建图纸。

🔳 ：移动页面/删除页面。

🔳 ：返回到父页面。

🔳 ：生成元件列表。

🔳 ：生成电气规则检查报告。

🔳 ：生成网表并传输到 ARES 中。

6．工具箱

图 5-26 中最左侧为工具箱。选择工具箱中的按钮，系统将提供不同的操作工具。在对象选择窗口中，将根据选择的工具箱按钮决定当前显示的内容。显示对象的类型包括元件、终端、引脚、图形符号、标注和图表等。

下面介绍工具箱中各按钮的功能。

1）主要模型工具

（1）▶ ：用于即时编辑元件参数(先单击该图标再单击要修改的元件)。

（2）▷ ：选择元件(Components)(默认选择的)，根据需要从丰富的元件库中选择元件，并添加元件到元件列表中。单击此按钮可在元件列表中选择元件，同时在预览窗口中列

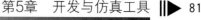

出元件的外形及引脚。

（3）✚：放置电路连接点。在不用连线工具的条件下,可方便地在节点之间或节点到电路中任意点或线之间进行连线。

（4）🏷：放置标签(绘制总线时用到),标注线标或网络标号。在绘制原理图时,可使连线简单化。例如,从8051单片机的P1.7引脚和二极管的阳极各画出一根短线,并标注网络标号为1,就说明P1.7引脚和二极管的阳极已经在电路上连接在一起了,而不用真的画条线把它们连起来。

（5）▤：放置文本。在绘制的原理图上添加说明文本。

（6）╫：用于绘制总线。总线在原理图上是一根粗线,它代表一组总线。当某根线连接到总线上时,要注意标好网络标号。

（7）▥：用于放置子电路。

（8）▤：选择端子。单击此按钮,在对象选择窗口中列出可供选择的各种常用端子:

* DEFAULT——默认的无定义端子。
* POWER——电源端子。
* INPUT——输入端子。
* GROUND——接地端子。
* OUTPU——输出端子。
* BUS——总线端子。
* BIDIR——双向端子。

2）配件(Gadgets)

（1）终端接口(Terminals)：有 VCC、地、输出、输入等接口。

（2）元件引脚 ⇥：用于绘制各种引脚。

（3）仿真图表(Graph) ☒：在对象选择窗口中列出可供选择的各种仿真分析所需图表(如模拟图表、数字图表、混合图表和噪声图表等),如 Noise Analysis。

（4）录音机 ▣：当需要对电路进行分割仿真时,采用此模式。

（5）信号发生器(Generators) ◉：在对象选择窗口中列出可供选择的各种信号源(如正弦、脉冲和 FILE 信号源等)。

（6）电压探针 ⤢：在原理图中添加电压探针。电路仿真时,可显示探针处的电压值。

（7）电流探针 ⤢：在原理图中添加电流探针。电路仿真时,可显示探针处的电流值。

（8）虚拟仪表 ▦：在对象选择窗口中列出可供选择的各种虚拟仪器,如示波器等。

3）2D 图形(2D Graphics)

╱：画线。单击按钮,在右侧的窗口中提供如下各种专用的画线工具:

* COMPONENT——元件连线。
* TERMINAL——端子连线。
* PIN——引脚连线。
* SUBCIRCUIT——支电路连线。
* PORT——端口连线。
* 2D GRAPHIC——二维图连线。

- MARKER——标记连线。
- WIRE DOT——线连接点连线。
- ACTUATOR——激励源连线。
- WIRE——线连接。
- INDICATOR——指示器连线。
- BUS WIRE——总线连线。
- VPROBE——电压探针连线。
- BORDER——边界连线。
- IPROBE——电流探针连线。
- TEMPLATE——模板连线。
- GENERATOR——信号发生器连线。

■：画一个方框。

●：画一个圆。

◠：画一段弧线。

◗◖：图形弧线模式。

A：图形文本模式。

⑤：图形符号植式。

4）元件列表（The Object Selector）

用于挑选元件（Components）、终端接口（Terminals）、信号发生器（Generators）、仿真图表（Graph）等。例如，选择"元件（Components）"，单击 P 按钮打开 Pick Devices 对话框，在"关键字"框中输入要检索的元件的关键字，例如，输入 80C51，在中间的"结果"栏中可看到搜索到的元件结果。在对话框的右侧，还能够看到选择的元件的仿真模型及 PCB 参数，如图 5-39 所示。选择 80C51 元件后，单击可以看到元器件模型，双击选择了一个元件后（即单击 OK 按钮后），该元件会在元件列表中显示，以后要用到该元件时，只需在元件列表中选择即可。

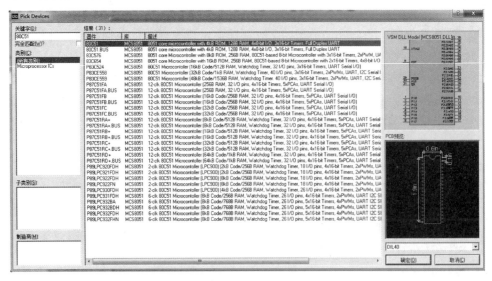

图 5-39　选取元件

5）方向工具栏（Orientation Toolbar）

（1）**C** 旋转：元件顺时针方向旋转，旋转角度只能是 90" 的整数倍。

（2）**⤴** 旋转：元件逆时针方向旋转，旋转角度只能是 90" 的整数倍。

（3）**↔** 翻转：使元件水平翻转。

（4）**↕** 翻转：使元件垂直翻转。

使用方法：先右击元件，再单击相应的旋转图标。

6）仿真工具栏

（1）运行程序 **▶**。

（2）单步运行程序 **▶**。

（3）暂停程序的运行 **▮▮**。

（4）停止运行程序 **■**。

7）操作简介

（1）绘制原理图。绘制原理图要在编辑窗口中的蓝色方框内完成。按住左键拖动并放置元件；单击选择元件；双击右键删除元件；单击选中画框，选中部分变红，再用左键拖动选多个元件；双击编辑元件属性；选择即可按住左键拖动元件；连线用左键，删除用右键；改连接线：先右击连线，再左键拖动；滚动可缩放，单击可移动视图。

（2）定制自己的元件。有两个实现途径：一是用 Proteus VSM SDK 开发仿真模型制作元件；二是在已有的元件基础上进行改造。

（3）Sub-Circuits 应用。用一个子电路可以把部分电路封装起来，从而节省原理图窗口的空间。

5.2.3　Proteus ISIS 的编辑环境设置

绘制原理图首先要选择模板，模板主要用于控制原理图的外观信息，如图形格式、文本格式、设计颜色、线条连接点大小和图形等；然后需要设置图纸，如纸张的型号、标注的字体等。另外，设置网格将为放置元件、连接线路带来很多方便。

1. 选择模板

"模板"菜单如图 5-36 所示，其中的命令功能说明如下：

（1）设置设计默认值——编辑设计的默认选项。

（2）设置图形颜色——编辑图形的颜色。

（3）设置图形风格——编辑图形的全局风格。

（4）设置文本风格——编辑全局文本风格。

（5）设置图形文本——编辑图形的字体格式。

（6）设置连接点——弹出编辑节点对话框。

注意：模板的改变只影响当前运行的 Proteus ISIS 环境，但这些模板也有可能在保存后被别的设计所调用。

2. 选择图纸

选择菜单命令"系统"→"设置图纸大小"，弹出如图 5-40 所示的对话框，在其中可选择图纸的大小或自定义图纸的大小。一般选择 A4 图纸大小即可。

3. 设置文本编辑选项

选择菜单命令"系统"→"设置文本编辑选项",出现如图5-41所示的对话框。在该对话框中可以对文本的字体、字形、大小、效果和颜色等进行设置。

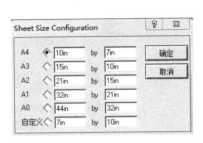

图 5-40   设置图纸大小

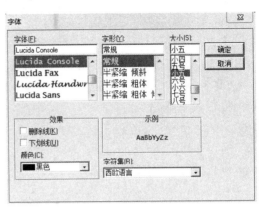

图 5-41   设置文本格式

4. 设置网格开关与格点间距

(1)网格的显示或隐藏。单击工具栏中的按钮 ▦ (或选择菜单命令"查看"→"网格"),可以控制网格的显示与隐藏。

(2)设置格点的间距。在"查看"菜单中,可以使用 Snap 10th、Snap 50th、Snap 0.1in、Snap 0.5in 命令,设置格点之间的间距(默认值为 0.1in)。

5.2.4 Proteus ISIS 的系统运行环境设置

在 Proteus ISIS 界面中选择菜单命令"系统"→"设置环境",打开如图5-42所示的"环境设置"对话框。

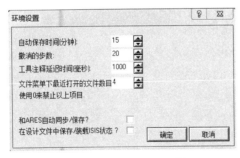

图 5-42   "环境设置"对话框

该对话框包括如下设置项:

(1)自动保存时间(分钟)——设置系统自动保存设计文件的时间间隔。

(2)撤销的步数——设置可撤销的操作的步数。

(3)工具注释延迟时间(毫秒)——设置工具提示延时,单位为毫秒。

(4)文件菜单下最近打开的文件数目——设置"文件"菜单中显示的最近打开的文件名的数量。

(5)和 ARES 自动同步/保存——在保存设计文件时,设置是否自动同步/保存 ARES。

(6)在设计文件中保存/加载 ISIS 状态——设置是否在设计文件中保存/加载 ISIS 状态。

5.2.5 单片机系统的电路设计与虚拟仿真

前面介绍了 Proteus ISIS 的基本功能和用法。本节通过一个"流水灯"案例的电路设计,介绍在 Proteus 中实现单片机系统的电路设计与虚拟仿真。

Proteus 虚拟仿真可以在一定程度上反映单片机系统的运行情况。在 Proteus 开发环境下,一个单片机系统的设计与虚拟仿真分为如下 3 个步骤:

(1) Proteus 电路设计。首先在 Proteus ISIS 中完成一个单片机应用系统的原理图设计,包括选择各种元件、外围接口芯片等,实现电路连接以及电气检测等。

(2) 设计源程序与生成目标代码文件。在 Keil μVision4 中进行源程序的输入、编译与调试,并最终生成目标代码文件(* . hex 文件)。

(3) Proteus 调试与仿真。在 Proteus ISIS 中将目标代码文件(* . hex 文件)加载到单片机中,并对系统进行虚拟仿真,这是本节要介绍的重点内容。在调试时也可使用 Proteus ISIS 与 Keil μVision4 进行联合仿真调试。

单片机应用系统的电路设计与虚拟仿真整体流程如图 5-43 中间部分所示。

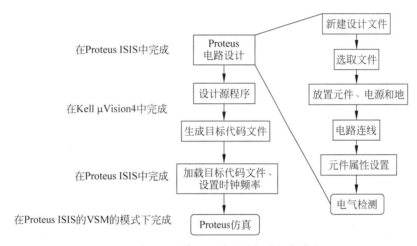

图 5-43 单片机系统的电路设计与虚拟仿真流程

"Proteus 仿真"在 Proteus ISIS 的 VSM 模式下进行,其中包含各种调试工具的使用。

由图 5-43 右侧可以看到用 Proteus ISIS 对单片机系统进行原理图设计的各个步骤。下面以"流水灯"案例的电路设计与虚拟仿真为例,详细说明具体操作。

1. 新建或打开一个设计文件

1) 新建设计文件

选择菜单命令"文件"→"新建设计",新建一个设计文件,弹出如图 5-44 所示的"新建设计"对话框,其中提供了多种模板,单击要使用的模板,再单击"确定"按钮,即建立一个该模板的空白文件,系统默认为 DEFAULT 模板。如果单击主工具栏中的 📄 按钮来新建设计文件,则不会出现如图 5-44 所示的对话框,而是直接选择系统默认的模板。

2) 保存设计文件

按照上面的操作,为本案例建立了一个新设计文件,在第一次保存该文件时,选择菜单命令"文件"→"另存为",弹出如图 5-45 所示的"保存 ISIS 设计文件"对话框,在其中选择文件的保存路径并输入文件名"流水灯"后,单击"保存"按钮,完成设计文件的保存。这样就在"流水灯"文件夹下新建了一个名为"流水灯"的设计文件。

如果不是第一次保存,则可以选择菜单命令"文件"→"保存设计",或直接单击主工具栏

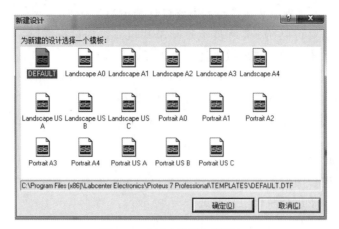

图 5-44　"新建设计"对话框

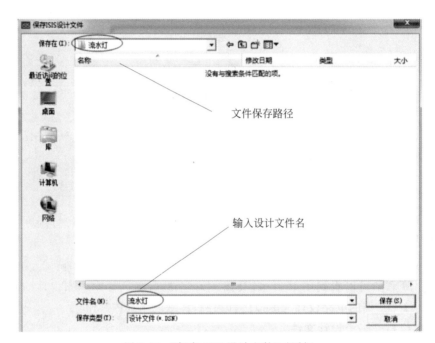

图 5-45　"保存 ISIS 设计文件"对话框

中的 🖫 按钮。

3）打开已保存的设计文件

选择菜单命令"文件"→"打开设计",或直接单击主工具栏中的 📂 按钮,弹出如图 5-46 所示的"加载 ISIS 设计文件"对话框。单击需要打开的文件名,再单击"打开"按钮即可。

2. 选择需要的元件到元件列表中

在电路设计前,应先列出"流水灯"原理图中需要的元件,见表 5-1。然后根据表 5-1 将元件添加到元件列表中。观察图 5-26,左侧的元件列表中没有一个元件。单击工具箱中的 ➡▷ 按钮,再单击对象选择窗口中的 🄿 按钮,就会出现 Pick Devices 对话框。在"关键字"框中输入 80C51,此时在"结果"栏中出现元件搜索结果列表,并在右侧出现"元件预览"和"元

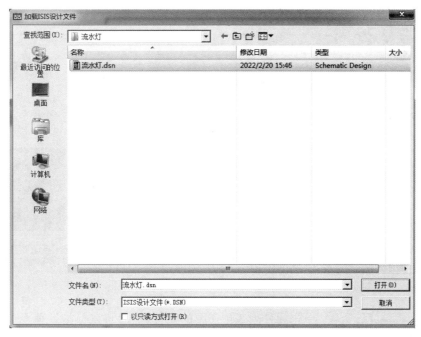

图 5-46　"加载 ISIS 设计文件"对话框

件 PCB 预览"窗口,如图 5-47 所示。在元件搜索结果列表中双击所需要的元件 80C51,这时在对象选择窗口的元件列表中就会出现该元件。用同样的方法可将表 5-1 中所需选择的其他元件也添加到元件列表中。

表 5-1　"流水灯"电路原理图中需要的元件列表

元 件 名 称	型　号	数　量	Proteus 中的关键字
单片机	AT89C51	1	AT89C51
晶振	12MHz	1	CRYSTAL
二极管	蓝色	8	LED-BLUE
二极管	绿色	8	LED-GREEN
二极管	红色	8	LED-RED
二极管	黄色	8	LED-YELLOW
电容	24pF	4	CAP
电解电容	10μF	1	CAP-ELEC
电阻	240Ω	10	RES
电阻	10kΩ	1	RES
复位按钮	—	1	BUTTON

所有元件选取完毕,单击对话框右下方的"确定"按钮,即可关闭 Pick Devices 对话框,回到主界面进行原理图的绘制。此时的元件列表如图 5-48 所示。

3. 放置元件并连接电路

1) 元件的放置、调整与参数设置

(1) 元件的放置。

图 5-47　Pick Devices 对话框

图 5-48　元件列表

单击元件列表中需要的元件,然后将鼠标指针移至原理图编辑窗口中单击,此时就会在鼠标指针处出现一个粉红色的元件,移动鼠标指针至合适的位置,单击,此时该元件就被放置在原理图编辑窗口中了。例如,选择放置单片机 80C51 到原理图编辑窗口中,具体步骤如图 5-49 所示。

要删除已放置的元件,则单击该元件,然后按 Delete 键即可删除该元件。如果进行了误删除操作,可以单击主工具栏中的 ↺ 按钮恢复。

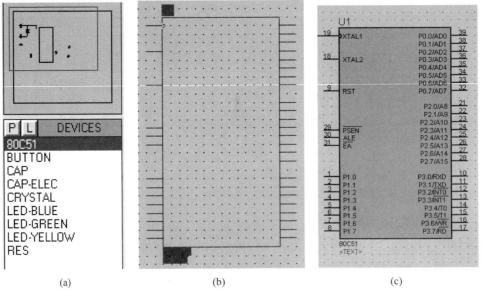

(a)　　　　　　　　　(b)　　　　　　　　　(c)

图 5-49　元件放置的操作步骤

一个单片机系统原理图的设计,除需要元件外,还需要各种终端,如电源、地等。单击工具箱中的 按钮,就会出现各种终端列表,单击其中的某项,上方的预览窗口中就会出现该终端的符号,如图 5-50(a)所示。此时可选择合适的终端放置到原理图编辑窗口中,放置的方法与元件放置相同。如图 5-50(b)所示为图 5-50(a)终端列表中各项对应的终端符号。当再次单击工具箱中的 按钮时,即可切换到用户自己选择的元件列表,如图 5-48 所示。将所有的元件及终端放置到原理图编辑窗口中。

(2) 元件位置的调整。

① 改变元件在原理图中的位置。单击需调整位置的元件,该元件显示为红色,按住左键不放,将其拖动到合适的位置,再释放左键即可。

② 调整元件的角度。右击需要调整角度的元件,出现如图 5-51 所示的快捷菜单,选择其中的元件角度调整命令即可。

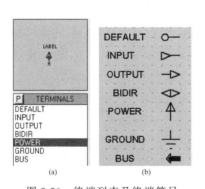

图 5-50　终端列表及终端符号

图 5-51　元件角度调整命令

(3) 元件参数的设置。

双击需要设置参数的元件,将出现"编辑元件"对话框。

下面以单片机 80C51 为例介绍元件参数的设置方法。双击 80C51,出现如图 5-52 所示的"编辑元件"对话框。

其中的部分设置说明如下。

① 元件参考：U1。可选中"隐藏"复选框。

② 元件值：80C51。可选中"隐藏"复选框。

③ Clock Frequency：单片机的晶振频率,设置为 12MHz。

该对话框中某些选项可以在后面的下拉列表中设置其隐藏/显示。

根据设计的需要,完成原理图中各元件的参数设置。

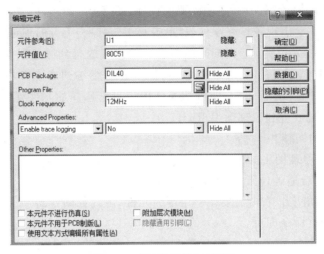

图 5-52　"编辑元件"对话框

2) 元件的连接

(1) 在两个元件间绘制导线。

使用工具箱中的 ➡ 按钮(按下 ⅔ 按钮),在两个元件之间绘制导线的方法是:先单击第一个元件的连接点,然后移动鼠标,此时会从连接点引出一根导线,若想要自动绘出直线路径,只需单击另一个连接点即可。如果设计者想自己决定走线路径,可以在希望的拐点处单击。

注意:拐点处导线的走线只能是直角。在 ⅔ 按钮松开(未按下)时,导线可按任意角度走线,此时在希望的拐点处单击,然后把鼠标指针拖向目标连接点,这样拐点处导线的走向将只取决于鼠标指针的施动方向。

(2) 添加连接导线的连接点。

单击工具箱中 ➕ 按钮,将在两根导线连接处或交叉处添加一个圆点,表示它们已连接。

(3) 导线位置的调整。

对已绘制的导线,要想进行位置的调整,可单击该导线,在其两端各出现一个小黑方块,右击,出现快捷菜单,如图 5-53 所示。选择"拖曳对象"命令,然后拖动导线到指定的位置,

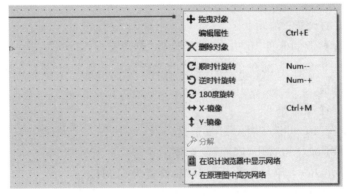

图 5-53　快捷菜单

也可进行旋转操作,然后单击导线,就完成了导线位置的调整。

(4) 绘制总线与总线分支。

① 绘制总线。单击工具箱中的 ┿ 接钮,移动鼠标指针到绘制总线的起始位置,单击,便可绘制出一根总线。若想要总线出现非 90°的转折,此时应当松开 ⮂ 按钮,使总线可按任意角度走线。在总线的终点处双击,即结束总线的绘制。

② 绘制总线分支。总线绘制完成后,有时还需要绘制总线分支。为了使原理图更加专业和美观,通常把总线分支画成与总线有 45°夹角的相互平行的斜线。

注意:此时一定要松开 ⮂ 按钮,让总线分支的走向只取决于鼠标指针的拖动方向。

总线分支的绘制方法是:在 80C51 的 P0 口右侧先画总线,然后再画总线分支。单击工具箱中的 ➧ 按钮(⮂ 按钮松开),使导线可按任意角度走线。

先单击第一个元件的连接点,移动鼠标指针,在希望的拐点处单击,然后向上拖动鼠标指针,在与总线相交(45°夹角)时单击确认,这样就完成了总线分支的绘制。

而其他总线分支的绘制只需在其他总线的起始点处双击,不断复制即可完成。

例如,绘制 P0.1 引脚至总线的分支,只要把鼠标指针放置在 P0.1 引脚处,出现一个红色小方框,双击,将自动完成从 P0.1 引脚到总线的连线,这样可依次完成所有总线分支的绘制。在绘制多根平行线时也可采用这种画法。

(5) 放置线标。

与总线相连的导线上都有线标 D0,D1,…,D7。放置线标的方法:单击工具箱中的 🔳 按钮,在需要放置线标的导线上单击,即出现如图 5-54 所示的 Edit Wire Label 对话框,将线标填入"标号"框中(例如,填写 D0 等),单击"确定"按钮即可。与总线相连的导线必须要

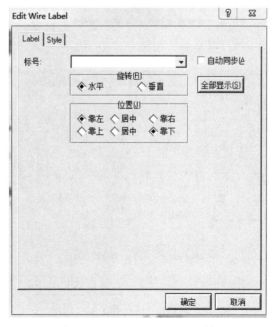

图 5-54　Edit Wire Label 对话框

放置线标,这样连接相同线标的导线才能够导通。对于 Edit Wire Label 对话框中的其他选项,可根据需要选择使用。

经过上述步骤的操作,最终画出的"流水灯"原理图如图 5-55 所示。

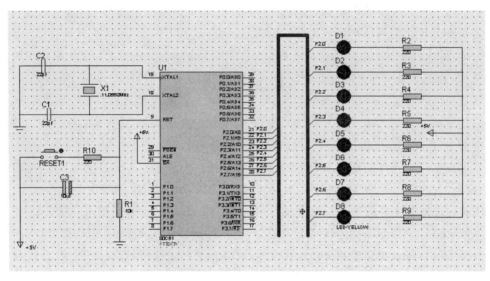

图 5-55 "流水灯"原理图

(6) 添加文字。

在原理图中某个位置添加文字,可采用如下方法。例如,在图 5-55 中的石英晶振 X1 上方添加"石英晶振"4 个字,可先单击工具箱中的 **A** 按钮,然后在原理图中要添加文字的位置单击,此时出现如图 5-56 所示的"编辑 2D 图形文本"对话框。在"字符串"框中,输入文字"石英晶振",然后对字符的"位置""字体属性"等进行相应的设置。单击"确定"按钮后,在原理图中将会出现添加的文字"石英晶振",如图 5-57 所示。

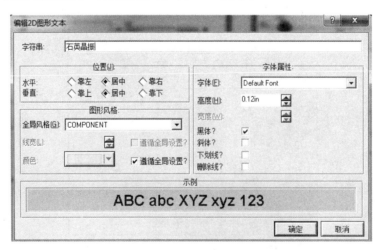

图 5-56 "编辑 2D 图形文本"对话框

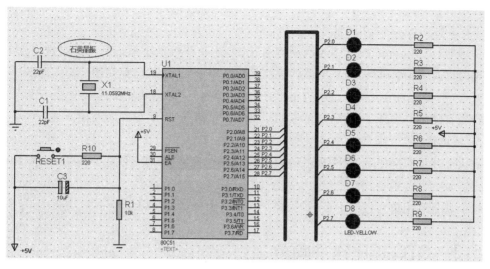

图 5-57　在原理图中添加的文字

5.2.6　加载目标代码文件、设置时钟频率及仿真运行

1. 加载目标代码文件、设置时钟频率

原理图绘制完成后,把 Keil μVision4 下生成的.hex 文件加载到原理图中的单片机内即可进行仿真。加载步骤如下:在 Proteus ISIS 中双击原理图中的单片机,出现如图 5-58 所示的"编辑元件"对话框。在 Program File 框中输入文件名。如果该文件与.DSN 文件在同一个目录下,直接输入文件名"流水灯"即可,否则要写出完整的路径。也可单击主工具栏中的 📂 按钮,选取文件。然后,在 Clock Frequency 框中设置 12MHz,该虚拟系统将以 12MHz 的时钟频率运行。此时,回到原理图编辑窗口进行仿真。

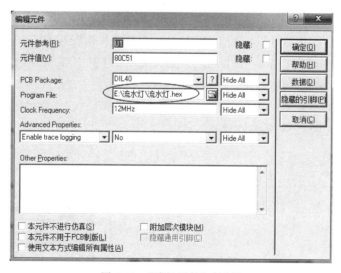

图 5-58　"编辑元件"对话框

在加载目标代码文件时需要特别注意,系统运行的时钟频率以单片机属性设置中的时钟频率(Clock Frequency)为准。

特别地,在 Proteus ISIS 中绘制原理图时,8051 单片机最小系统所需的时钟振荡电路、复位电路以及 $\overline{EA}$ 引脚与+5V 电源的连接均可省略,因为这些已经在 Proteus ISIS 中默认设置好了,不会影响仿真结果。所以本书在介绍"流水灯"案例硬件原理图时,为使原理图简洁、清晰,省略了时钟振荡电路、复位电路以及 $\overline{EA}$ 引脚与+5V 电源的连接。

2. 仿真运行

完成上述所有操作后,只需单击仿真工具栏中的 ▶ 按钮(见图 5-26 左下角)即可运行程序。

以上就是利用单片机最小系统来控制 LED 亮灭的仿真过程。

5.3 STC-ISP 软件简介

STC-ISP 是一款常用的单片机下载编程烧录软件,是针对 STC 系列单片机而设计的,可下载 STC89 系列、12C2052 系列和 12C5410 等系列的 STC 单片机。STC-ISP 下载软件需要冷启动,即先点击下载然后开启电源,使用简便,操作稳定,现已被广泛使用。本节主要讲解如何使用 STC-ISP 软件。

5.3.1 CH340 驱动安装

STC89C51 单片机是通过串行口往单片机中烧录程序,现在计算机一般只有 USB 通信口,需要将 USB 电平转换成单片机适用的 TTL 电平,CH340 芯片就是一款 USB 总线的转接芯片。通过 CH340 芯片实现 USB 转串口,将 USB 电平转换成 TTL 电平,在计算机上安装好驱动后,那么下载软件就可以通过这个串口和单片机进行通信了。

在安装烧录软件 STC-ISP 前,需要安装 USB 转串口 CH340 驱动。大多数计算机系统通过 USB 线连接计算机和开发板的 USB 接口后会自动检测安装 CH340 驱动,如果计算机没有自动安装 CH340 驱动,那么可以手动安装,双击 SETUP. EXE 应用程序,出现如图 5-59 所示的界面,单击"安装"按钮即可。

一段时间后,如果安装成功会显示如图 5-60 所示的界面(前提:必须使用 USB 线将计算机 USB 口和开发板 USB 接口连接)。

图 5-59　安装驱动界面

图 5-60　驱动安装成功

安装不成功的原因有很多,可发帖到论坛咨询。

驱动安装成功后可以打开 STC-ISP.exe 软件,查看串口号是否显示有 CH340 字样的
串口,如果有,则证明驱动安装成功,否则失败。

5.3.2 STC-ISP 安装

(1) 选择单片机型号。打开 STC-ISP,在单片机型号选项下选择对应的单片机(根据硬
件芯片选择),如选择 STC89C516RD+,如图 5-61 所示。

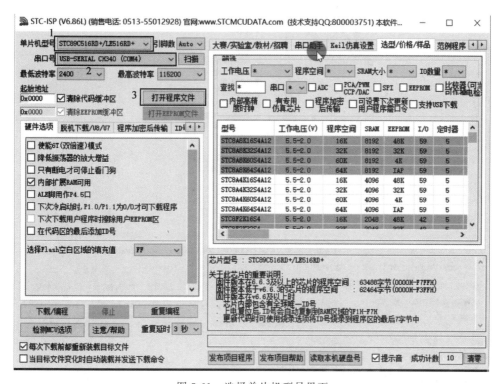

图 5-61 选择单片机型号界面

注意:此时默认已经安装好了 CH340 的驱动程序,可以看到对应的串口号,显示的是
"USB-SERIAL CH340(COM4)",不同计算机的串口也会有所不同;也可通过单击"设备管
理器",打开"端口"(COM 和 LPT)来确定串口号,如图 5-62 所示。

(2) 波特率选项保持默认设置,最低 2400,最高 115200。

(3) 选择下载文件。先确认硬件连接正确,按图 5-61 中的标注 3 单击"打开程序文件"
并在对话框内选择要下载的.hex 文件。

(4) 确保实验盒上的电源开关关闭的情况下,单击图 5-61 左下角标注 4 处的"下载/
编程"按键,开始下载程序,完成后会在图 5-63 右下方的显示框中显示操作成功的提示
信息。

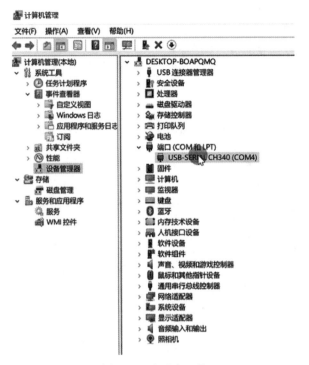

图 5-62　查看串口号

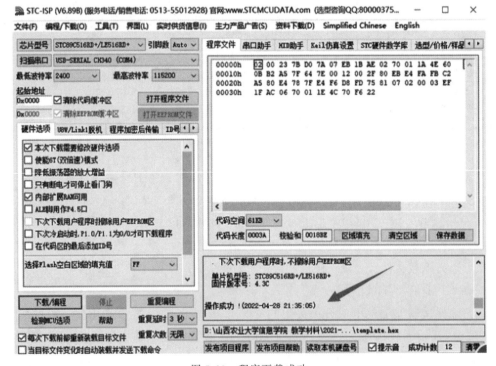

图 5-63　程序下载成功

5.3.3 常见问题

不能下载程序的常见原因如下:

(1) 电压不足。板子用电量大时需采用外部直流电源供电。

(2) 下载线(串口线)接口接触不良或计算机串口损坏。

(3) 单片机芯片插反、损坏。

(4) 尝试使用较低的波特率进行下载。

系统提示"串口已被其他程序占用或该串口不存在"的常见原因如下:

(1) 是否其他软件占用了串口。

(2) 当前软件使用串口号和实际使用的计算机的串口是否相同,如果不同,需调整相同。

一直处于"检测单片机"状态的常见原因如下:

(1) TXD 引脚和 RXD 引脚接反了。

(2) 晶振没插或者松了。

(3) 单片机型号选错了。

(4) 需要冷启动,即给单片机断电并重新启动一下。

## 第 6 章

80C51 单片机的存储器

存储器是单片机的重要组成部分。不同单片机存储器的结构与存储容量不完全相同，但其用途是相同的，都是用来存储信息。80C51 单片机存储器结构为哈佛结构，即程序存储器和数据存储器各自独立编址。本章主要介绍 80C51 单片机存储器的结构、地址空间及程序存储器、数据存储器和特殊功能寄存器的配置特点。

6.1 存储器概述

存储器在单片机中用来存储工作所需的全部信息，包含原始数据、计算所需程序、中间运行数据和最终运行结果等。这些程序和数据在存储器中以二进制形式存放。本节主要介绍存储器的相关概念。

6.1.1 存储器的分类

单片机中主要采用半导体存储器，下面主要对半导体存储器进行介绍。

按照半导体存储器的功能特点进行划分，半导体存储器主要由只读存储器、随机存取存储器和可改写的非易失存储器组成。

1. 只读存储器（Read Only Memory，ROM）

只读存储器是一种写入信息后不易改写的存储器，断电后 ROM 中的信息不会丢失，因此一般用来存放一些固定程序，如监控程序、常数表等。按照存储信息的方式，ROM 又可分为掩膜 ROM、可编程只读存储器（Programmable Read Only Memory，PROM）、电可擦除只读存储器（Electrically Erasable Programmable Read Only Memory，E^2PROM）。

掩膜 ROM 也称固定 ROM，是一种掩膜工艺制作的存储器，出厂时程序已经固定，用户不能更改。这类存储器具有适合大量生产、便宜、非易失性等特点。可编程只读存储器 PROM 又称为可编程的一次只读存储器（Only Time Programmable，OTP），该存储器的内容可一次性写入，一旦写入只能读出，而不能进行改写，写入时需要使用专门的编程器。电可擦除只读存储器 E^2PROM 可用加电的方法写入和清除其内容，其编程电压和清除电压均与 CPU 的工作电压相同，不需另加电压，它既有 RAM 读写操作简便，又有数据不会因掉电而丢失的优点。

2. 随机存取存储器（Random Access Memory，RAM）

随机存取存储器又称为读写存储器，CPU 在运行时能随时对 RAM 进行数据的写入和读出,写入新数据后,原来的数据会被覆盖。RAM 中的信息会因断电而丢失,因此 RAM 常用于存放经常要改变的程序或中间计算结果等。按照存储信息的方式,RAM 可分为静态 RAM(SRAM)和动态 RAM(DRAM)。

SRAM(Static RAM)只要给存储器加电源,数据就能长期保存。DRAM(Dynamic RAM)的存储单元是利用栅氧层电容可以存储电荷的原理来实现信息的存储的,因此在读取过程中,存储的电荷容易丢失,所以每隔一定时间需要进行一次刷新,以保持原来的信息不变。

3. 可改写的非易失存储器

由于多数 E^2PROM 的最大缺点是改写信息的速度比较慢,随着新的半导体存储技术的发展,市场上出现了各种新的可现场改写信息的非易失存储器。主要有快擦写存储器(Flash Memory)、新型非易失静态存储器(Non Volatile SRAM,NVSRAM)等。这些存储器从原理上看属于 ROM 型存储器,但又可以随时改写信息,但写的速度相比于 RAM 较慢,因此这类存储器在单片机中主要还是用作程序存储器。当需要重新编程或者某些数据修改后需要保存时,采用这种存储器十分方便。目前,应用最广泛的是 Flash 存储器,即闪存,它是在 E^2PROM 基础上产生的一种非易失存储器,它的读写速度比一般 E^2PROM 快得多,现在多数单片机的程序存储器都已经配置为 Flash 存储器。

6.1.2 存储器地址表示

1. 存储器中的常用术语

存储单元:半导体存储器中最小的存储单位是一个双稳态半导体电路或一个 CMOS 晶体管的存储元,它可存储一位二进制代码。由若干存储元组成一个存储单元,存储单元是 CPU 访问存储器的基本单位,每个存储单元可存放一个二进制代码。80C51 单片机每个存储单元存放一个 8 位二进制代码。

位(bit):计算机中最小的数据单元,是一个二进制位。计算机中的数据通常是按照每 8 位为一组的形式存放于存储器中,即 CPU 每次从存储器中取出或存放数据的最小宽度是 8bit。

字节(Byte):在计算机中把一个 8 位的二进制代码称为一个字节(Byte),简写为 1B,因此 1B=8bit,字节是计算机中最通用的基本单元。

字长:字长一般是指参加一次运算的操作数的位数,它可反映寄存器、运算部件和数据总线的位数。例如,8 位单片机的算术运算单元是 8 位,其字长就是 8 位。

地址:存储器中的每个字节,也就是存储单元都有一个唯一的固定编号,这个编号就是存储单元的地址。CPU 要把数据存到存储器或是把数据从存储器中取出来,就必须知道其地址。

存储容量:存储容量是指存储器能容纳的最大存储单元数。由于不同存储器的位长不相等,所以在表示存储器容量时,经常同时标出存储单元的数目和每一个单元的位数。即存储容量=单元数×数据线位数。

例如,Intel 6264 的存储容量为 8K×8bit=64Kb=8KB,其中 KB 为常用的存储容量单位,除此之外还有 MB、GB 等,1KB=1024B,1MB=1024KB,1GB=1024MB。

2. 存储器地址表示

存储器的每一个存储单元都有一个地址,存储单元的地址实质上是一组二进制编码,按照顺序从 0 开始编码。存储器中存储单元的数量越多,相应的地址码的位数就越多。为了减少存储器的地址线,在存储器内部设置了译码器。根据二进制编码、译码的原理,n 条地址线可传输 n 位地址码,可译成 2^n 个地址码。例如,当地址线为 8 条时,可传输 8 位地址码,可译成 $2^8 = 256$ 个地址,可寻址 256 个存储单元。

当地址位数较多时,地址常用十六进制数表示。而每一个存储器地址中又存放着一组二进制(或十六进制)表示的数,通常称为该地址的内容。值得注意的是,存储单元的地址和地址中的内容两者是不一样的。前者是存储单元的编号,表示存储器单元在存储器中的位置,而后者表示这个位置存放的数据。

3. 存储器寻址原理

以随机存储器为例,以下介绍 CPU 在读写存储单元信息时的寻址原理。

存储器一般由地址译码器、存储体、输入/输出缓冲器和读写控制电路等组成。其基本结构框图如图 6-1 所示。

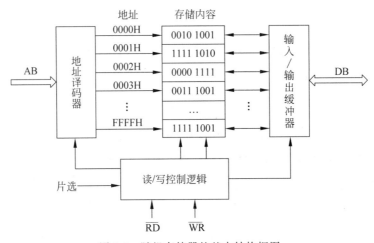

图 6-1 随机存储器的基本结构框图

图 6-1 中 AB 为地址线,DB 为数据线,$\overline{RD}$ 和 $\overline{WR}$ 分别为读、写线,片选线用于选择存储体中的存储芯片。

存储体也称为存储阵列,它是存储器中所有存储单元的集合,通常它是由一个或者几个存储器芯片组成。这些存储单元按照一定的方式排列,每一个单元都有一个唯一的地址。在 8 位单片机中,每一个存储单元通常存储一个 8 位二进制数。

地址译码器用于对输入地址译码,以选择指定的存储单元。译码器的译码方式与存储器的结构有关。

输入/输出缓冲器用于暂存输入/输出的数据。

读/写控制逻辑接收来自 CPU 的读写控制信号,并根据存储单元地址,对存储单元进行读/写操作。

80C51 单片机存储器的典型结构如图 6-2 所示。从物理结构上看,存储器由片内、片外程序存储器和片内、片外数据存储器组成。从用户角度上看,由片内、外统一编址的 64KB 程序存储器地址空间(0000H～FFFFH)、128B 片内数据存储地址空间(00H～7FH)、特殊功能寄存器空间和 64KB 的片外数据存储地址空间(0000H～FFFFH)组成。

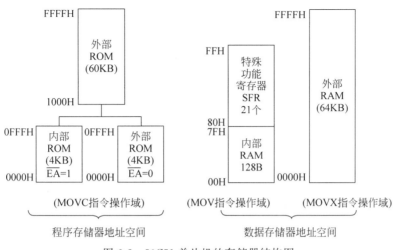

图 6-2 80C51 单片机的存储器结构图

下面分别叙述程序存储器和数据存储器的配置特点。

6.2 程序存储器

程序存储器是只读存储器(ROM),具有"非易失性",用于存放用户程序、数据和表格之类的固定常数。80C51 单片机的片内程序存储器为 4KB 的 ROM,地址范围为 0000H~0FFFH;不够使用时,可以扩展片外程序存储器,因 80C51 单片机程序计数器 PC 和数据指针 DPTR 都是 16 位的,所以片外程序存储器扩展的最大空间为 64KB,地址范围为 0000H~FFFFH。有关片内与片外扩展的程序存储器在使用时应注意以下问题。

(1) 片内与片外程序存储器的选择。整个程序存储器空间可分为片内和片外两部分,CPU 究竟是访问片内的还是片外的程序存储器,可由 EA 引脚上所接的电平来确定,EA 引脚为访问内部或外部程序存储器的选择端。当 $\overline{\text{EA}}$ 引脚有效时(接低电平/接地),从片外程序存储器开始取指令;当 $\overline{\text{EA}}$ 引脚接高电平时,首先在片内程序存储器中取指令,当 PC 的内容超过 FFFH 时系统会自动转到片外程序存储器中取指令(详见 3.2 节)。

(2) 程序存储器低端的一些地址被固定的用作特定程序的入口地址,具有特定含义。如表 6-1 所示。

表 6-1 程序存储器 6 个特定程序入口地址

单元地址	含义、用途
0000H	单片机系统复位后,PC=0000H,即单片机复位后的入口地址
0003H	外部中断 0 的中断服务程序入口地址
000BH	定时/计数器 0 溢出中断服务程序入口地址
0013H	外部中断 1 的中断服务程序入口地址
001BH	定时/计数器 1 溢出中断服务程序入口地址
0023H	串行口的中断服务程序入口地址

80C51 单片机复位后,程序计数器 PC 的内容为 0000H,从程序存储器地址 0000H 处开始执行程序,如图 6-3 所示。如果开放了 CPU 中断且中断被允许,由于外部中断 0 的中断服务程序入口地址为 0003H,为使主程序不与外部中断 0 的中断服务程序发生冲突,一般在 0000H 单元存放一条转跳指令(如 LJMP 0200H),转向主程序的入口地址。

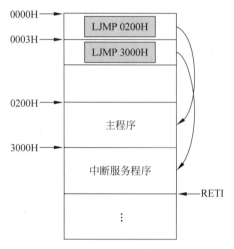

图 6-3　基本程序存储器结构

又由于两个中断入口间隔仅有 8 字节,这 8 字节存放中断服务子程序有时是不够用的,所以在使用汇编语言编程时,通常在这些中断入口地址处存放一条转调指令(如 LJMP 3000H)跳向对应的中断服务子程序,而不是直接存放中断服务子程序。只有在中断服务程序长度少于 8 字节时,才可以将中断服务程序直接存储在相应的入口地址开始的几个单元中。

6.3　数据存储器

数据存储器主要用于存放经常要改变的中间运算结果、数据暂存、数据缓冲以及设置特征标志等。80C51 数据存储器地址空间分为片内和片外两个独立部分;如果片内够用,则不必扩充片外的数据存储器。

6.3.1　片内数据存储器结构

80C51 单片机片内数据存储器的配置如图 6-4 所示。片内 RAM 共有 128B,地址范围为 00H~7FH,对其访问采用直接寻址方式。80H~FFH 为特殊功能寄存器 SFR 所占用的空间。特殊功能寄存器 SFR 虽然在地址空间上被划分在存储器中,但它们并不是作为数据存储器使用的,它们具有非常重要的作用。特殊功能寄存器也采用直接寻址方式访问。增强型 51 单片机内除地址范围在 00H~7FH 的 128B 的 RAM 外,又增加了地址范围为 80H~FFH 的高 128B 的 RAM。增加的这一部分 RAM 采用间接寻址方式访问,目的是与特殊功能寄存器的访问相区别。

在低 128B RAM 区中,根据存储器的用途,可划分为通用寄存器区、位寻址区、通用 RAM 区共 3 个部分,如图 6-4 所示,下面分别予以介绍。

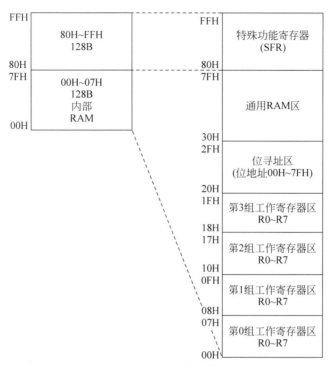

图 6-4   80C51 单片机片内存储器的配置

1. 通用寄存器区

片内 RAM 字节地址为 00H～1FH 的 32 个单元为通用寄存器区,分为 4 组,每组占 8
个 RAM 单元,地址由小到大分别用编号 R0～R7 表示,如表 6-2 所示。

表 6-2   工作寄存器的地址表

组	RS1	RS0	R0	R1	R2	R3	R4	R5	R6	R7
0	0	0	00H	01H	02H	03H	04H	05H	06H	07H
1	0	1	08H	09H	00AH	0BH	0CH	0DH	0EH	0FH
2	1	0	10H	11H	12H	13H	14H	15H	16H	17H
3	1	1	18H	19H	1AH	1BH	1CH	1DH	1EH	1FH

程序运行时,只能有一个工作寄存器组作为当前工作寄存器组,每组寄存器均可选作
CPU 当前的工作寄存器组。当前工作寄存器组的选择由特殊功能寄存器中的程序状态字
PSW 中的 RS1、RS0 状态的设置来决定。可以对这两位进行编程,以选择不同的工作寄存
器。若程序中并不需要 4 组,那么其余的可作为一般的数据存储器。在 CPU 复位后,选中
第 0 组工作寄存器。

2. 位寻址区

工作寄存器区后的地址为 20H～2FH 的 16 个单元为位寻址区,它有双重寻址功能,既
可以进行位寻址操作,也可以和普通 RAM 单元一样按字节寻址操作。这 128 个位地址(位
地址指的是某个二进制位的地址)为 00H～7FH,字节地址与位地址的关系如表 6-3 所示。
它们可用作软件标志位或用于 1 位(布尔)的处理。这种位寻址能力体现了单片机主要用于

控制的重要特点。

表 6-3　RAM 位寻址区位地址表

字节地址	位 7	位 6	位 5	位 4	位 3	位 2	位 1	位 0
2FH	7F	7E	7D	7C	7B	7A	79	78
2EH	77	76	75	74	73	72	71	70
2DH	6F	6E	6D	6C	6B	6A	69	68
2CH	67	66	65	64	63	62	61	60
2BH	5F	5E	5D	5C	5B	5A	59	58
2AH	57	56	55	54	53	52	51	50
29H	4F	4E	4D	4C	4B	4A	49	48
28H	47	46	45	44	43	42	41	40
27H	3F	3E	3D	3C	3B	3A	39	38
26H	37	36	35	34	33	32	31	30
25H	2F	2E	2D	2C	2B	2A	29	28
24H	27	26	25	24	23	22	21	20
23H	1F	1E	1D	1C	1B	1A	19	18
22H	17	16	15	14	13	12	11	10
21H	0F	0E	0D	0C	0B	0A	09	08
20H	07	06	05	04	03	02	01	00

3. 通用 RAM 区

位寻址区之后的 30H~7FH 的共 80B 为用户通用 RAM 区。对于不使用的通用寄存器区或位寻址区,它们也都可以作为一般的 RAM 使用。用于存放用户数据,只能按字节存取。

需要特殊说明的是,在程序中往往需要一个后进先出(LIFO)的 RAM 区域,用于调用子程序响应中断时的现场保护,这种 LIFO 的存储区称为堆栈。堆栈原则上可以设在内部 RAM 的任意区域,但由于 00H~1FH 为工作寄存器区,20H~2FH 为位寻址区,在实际应用中,堆栈一般设在 30H~7FH 范围之内,栈顶的位置由堆栈指针 SP 指示,复位时 SP 的初值为 07H,使得堆栈实际上从 08H 单元开始。因此,在程序设计中在复位后且运行程序前,把 SP 的值设置为大于 30H,以避免堆栈区与工作寄存器区、位寻址区发生数据冲突(详见 6.4.2 节)。

6.3.2　片外数据存储器

80C51 片内 128B 的 RAM 不够用时,需要外扩数据存储器,片外最多可扩展 64KB 的 RAM,地址范围是 0000H~FFFFH。与程序存储器地址空间不同的是,片外 RAM 地址空间与片内 RAM 地址空间在低 256B 字节(地址 0000H~0070H)地址是重叠的。这就需要不同的寻址方式对访问这两个数据存储区加以区分。

访问片外数据储存器采用间接寻址方式,用专门的指令 MOVX 实现,这时读($\overline{RD}$)或写($\overline{WR}$)信号有效。其中 R0、R1 和 DPTR 都可以作为间接寄存器。前两个是 8 位地址指针,寻址范围仅为 256B,而 DPTR 是 16 位地址指针,寻址范围可达 64KB。这个地址空间除了可安排数据存储器外,其他需要和单片机接口的外设地址也可安排在这个地址空间。

而访问片内数据存储器使用 MOV 指令,无读写信号产生。

6.3.3　存储器的读写操作

在 C51 单片机中可以通过变量和地址两种形式对存储器进行读写。用变量形式进行读写时,实际就是通过指针的方法实现访问,因此用户可以不关心存储单元的具体地址。用地址形式进行读写时是需要知道存储器绝对地址的。对绝对地址的访问通过采用 C51 中的预定义宏、指针和扩展关键字_at_的方法实现。

例 6-1　将指定内容写入指定片内数据存储单元中,将指定片内数据存储单元中的内容写入到变量中。

程序的源代码如下:

```
# include < reg51.h >          //包含 51 单片机寄存器定义的头文件
# include < absacc.h >         //包含 51 单片机绝对地址头文件
# define uchar unsigned char   //定义符号 uchar 为数据类型符 unsigned char
# define uint unsigned int     //定义符号 uint 为数据类型符 unsigned int
void main(void)
{
  uchar data a;                //定义变量 a
  uint data b;                 //定义变量 b
  a = DBYTE[0x20];             //把 data 区中地址为 20H 的 1 字节存储单元内容送到变量 a 中
  b = DWORD[0x2a];             //把 data 区中地址为 2AH 和 2BH 的 2 字节存储单元内容送到变量
                               //b 中
  DBYTE[0x21] = 0xff;          //将 1 字节数 FFH 写入地址为 21H 的存储单元中
  DWORD[0x2c] = 0x00ff;        //将 2 字节数 00FFH 写入地址为 2CH 和 2DH 的存储单元中

while(1) { ;}
}
```

需要注意的是,程序中要包含头文件 absacc.h。C51 编译器提供了 8 个宏定义用于对 51 单片机的存储器进行绝对地址访问,这些函数原型放在头文件 absacc.h 中。定义如下:

```
# define CBYTE ((unsigned char volatile code * ) 0)
# define DBYTE ((unsigned char volatile data * ) 0)
# define PBYTE ((unsigned char volatile pdata * ) 0)
# define XBYTE ((unsigned char volatile xdata * ) 0)
# define CBYTE ((unsigned int volatile code * ) 0)
# define DBYTE ((unsigned int volatile data * ) 0)
# define PBYTE ((unsigned int volatile pdata * ) 0)
# define XBYTE ((unsigned int volatile xdata * ) 0)
```

其中,宏名 CBYTE、DBYTE、PBYTE 和 XBYTE 分别以字节形式访问 code 区、data 区、pdata 区和 xdata 区,宏名 CWORD、DWORD、PWORD 和 XWORD 分别以字形式访问 code 区、data 区、pdata 区和 xdata 区。

例 6-2　将指定片外数据存储单元中的内容写入到变量中。

程序的源代码如下:

```
# include < reg51.h >              //包含 51 单片机寄存器定义的头文件
```

```
# include < absacc. h >              //包含绝对地址头文件
# define uchar unsigned char        //定义符号 uchar 为数据类型符 unsigned char
# define uint unsigned int          //定义符号 uint 为数据类型符 unsigned int
void main( void)
{
  uchar xdata a;                     //定义变量 a
  uint xdata b;                      //定义变量 b
  a = XBYTE[0x3000];    //把 xdata 区中地址为 3000H 的 1 字节存储单元内容送到变量 a 中
  b = XWORD[0x1000];    //把 xdata 区中地址为 1000H 和 1001H 的 2 字节存储单元内容送到变量 b 中

while(1){ ;}
}
```

注意：XBYTE、XWORD 是用于访问片外数据存储器的，即片外 RAM 部分，但是 XBYTE、XWORD 只能读数据不能写数据到片外 RAM。

例 6-3 通过指针将内容写入到变量和存储单元中。

程序的源代码如下：

```
# include < reg51. h >              //包含 51 单片机寄存器定义的头文件
# define uchar unsigned char        //定义符号 uchar 为数据类型符 unsigned char
# define uint unsigned int          //定义符号 uint 为数据类型符 unsigned int
void main( void)
{
  uchar data a;                      //定义变量 a
  uchar data * dp1;                  //定义指针 dp1,指向 data 区
  uint xdata * dp2;                  //定义指针 dp2,指向 xdata 区
  uchar pdata * dp3;                 //定义指针 dp3,指向 pdata 区
  dp1 = &a;                          //取 data 区中变量 a 的指针
  * dp1 = 0xff;                      //给变量 a 赋值 FFH
  dp2 = 0x1000;                      //dp2 指针指向 xdata 区 1000H 单元
  * dp2 = 0xef;                      //将数据 EFH 送到片外 RAM 的 1000H 单元
  dp3 = 0x10;                        //dp3 指针指向 pdata 区 10H 单元
  * dp3 = 0xee;                      //将数据 EEH 送到 pdata 区的 10H 单元

while(1){ ;}
}
```

例 6-4 对整数 1～50 求和,结果存在片内数据存储器地址为 20H 和 21H 的单元中。

程序的源代码如下：

```
# include < reg51. h >              //包含 51 单片机寄存器定义的头文件
# include < absacc. h >             //包含绝对地址头文件
# define uchar unsigned char        //定义符号 uchar 为数据类型符 unsigned char
int result _at_ 0x20;               //在 data 区中定义 int 型变量 result,地址为 20H
void main( void)
{
  uchar data i;                      //定义变量 i
  result = 0;                        //变量 result 清零
  for ( i = 1; i < = 50; i++)
```

```
        {
            result = result + i;
        }
    while(1){ ;}
}
```

例 6-5　10 个无符号整型数据连续存放在地址为 20H 开始的内存单元中,对其求平均数,并将结果存放在地址为 60H 的存储单元中。

程序的源代码如下:

```
#include < reg51.h >          //包含 51 单片机寄存器定义的头文件
#include < absacc.h >          //包含绝对地址头文件
#define uchar unsigned char    //定义符号 uchar 为数据类型符 unsigned char
unsigned int buf[10] _at_ 0x20;  //定义 10 变量数组,地址为 20H
unsigned int avg _at_ 0x60;     //定义变量 avg,地址为 60H
void main(void)
{
    uchar data i;             //定义变量 i
    long avg = 0;             //变量 avg 清零
    for (i = 1;i < 10;i++)
      {
          avg += buf[i];       //求和
      }
    avg = avg/10;            //求平均数
while(1){ ;}
}
```

6.4　特殊功能寄存器

特殊功能寄存器(Special Function Register,SFR)是 80C51 单片机中各功能部件对应的寄存器,用于存放相应功能部件的控制命令、状态或数据。用户通过对特殊功能寄存器 SFR 进行编程操作,即可方便地管理、控制这些功能部件。

6.4.1　特殊功能寄存器地址分布及寻址

51 系列的特殊功能寄存器 SFR 在数量与功能上大同小异。80C51 单片机中设置了 21 个特殊功能寄存器,有些公司的产品为了增加功能会增加一些寄存器,如 AT89S51 增加了 5 个特殊功能寄存器。这些特殊功能寄存器离散地分布在单片机内部 80H～FFH 的地址区间中,如图 6-5 所示,寄存器名加 * 的寄存器是 AT89S51 单片机增加的。其中字节地址能被 8 整除的(即十六进制的地址码尾数为 0 或 8 的)特殊功能寄存器可以位寻址。特殊功能寄存器并未占满 80H～FFH 整个地址空间,其地址分布见表 6-4。对空闲地址的操作是无意义的。若访问到空闲地址,则读出的是随机数。特殊功能寄存器是不能作为普通数据存储器使用,这些寄存器与 CPU 内部硬件的工作息息相关,它们的值反映了硬件的工作方式和状态(比如置位 TCON 寄存器的 TR1 位将启动定时器 1),所以一般不用来存放数据。

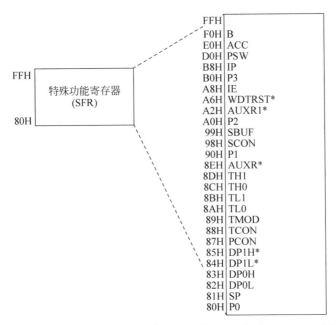

图 6-5　80C51 单片机特殊功能寄存器地址分布(＊表示 AT89S51 增加的)

表 6-4　80C51 特殊功能寄存器地址表

名称	描　　述	地址	位地址/位定义								复位值
			7	6	5	4	3	2	1	0	
B	B 寄存器	F0H	F7H	F6H	F5H	F4H	F3H	F2H	F1H	F0H	
			B.7	B.6	B.5	B.4	B.3	B.2	B.1	B.0	0000 0000B
ACC	累加器	E0H	E7H	E6H	E5H	E4H	E3H	E2H	E1H	E0H	
			ACC.7	ACC.6	ACC.5	ACC.4	ACC.3	ACC.2	ACC.1	ACC.0	0000 0000B
PSW	程序状态字寄存器	D0H	D7	D6	D5	D4	D3	D2	D1	D0	
			CY	AC	F0	RS1	RS0	OV	—	P	0000 0000B
IP	中断优先级寄存器	B8H	BF	BE	BD	BC	BB	BA	B9	B8	
			—	—	—	PS	PT1	PX1	PT0	PX0	xx00 0000B
P3	端口 3 寄存器	B0H	B7	B6	B5	B4	B3	B2	B1	B0	
			P3.7	P3.6	P3.5	P3.4	P3.3	P3.2	P3.1	P3.0	1111 1111B
IE	中断允许寄存器	A8H	AF	AE	AD	AC	AB	AA	A9	A8	
			EA	—	—	ES	ET1	EX1	ET0	EX0	0xx0 0000B
WDTRST*	看门狗复位寄存器	A6H									xxxx xxxxB
AUXR1*	辅助寄存器 1	A2H	—	—	—	—	—	—	—	DPS	xxxx xxx0B
P2	端口 2 寄存器	A0H	A7	A6	A5	A4	A3	A2	A1	A0	
			P2.7	P2.6	P2.5	P2.4	P2.3	P2.2	P2.1	P2.0	1111 1111B
SBUF	串口数据缓冲器	99H									xxxx xxxxB
SCON	串口控制寄存器	98H	9F	9E	9D	9C	9B	9A	99	98	
			SM0	SM1	SM2	REN	TB8	RB8	TI	RI	0000 0000B

续表

名称	描述	地址	位地址/位定义								复位值
			7	6	5	4	3	2	1	0	
P1	端口1寄存器	90H	97	96	95	94	93	92	91	90	
			P1.7	P1.6	P1.5	P1.4	P1.3	P1.2	P1.1	P1.0	1111 1111B
AUXR*	辅助寄存器	8EH				WDI DLE	DIS RTO		DIS ALE		xxx0 0xx0B
TH1	定时器1高8位寄存器	8DH									0000 0000B
TH0	定时器0高8位寄存器	8CH									0000 0000B
TL1	定时器1低8位寄存器	8BH									0000 0000B
TL0	定时器0低8位寄存器	8AH									0000 0000B
TMOD	定时器工作方式寄存器	89H	GATE	C/$\overline{T}$	M1	M0	GATE	C/$\overline{T}$	M1	M0	0000 0000B
TCON	定时器控制寄存器	88H	8F	8E	8D	8C	8B	8A	89	88	
			TF1	TR1	TF0	TR0	IE1	IT1	IE0	IT0	0000 0000B
PCON	电源控制寄存器	87H	SMOD	—	—	—	GF1	GF0	PD	IDL	0xxx 0000B
DP1H*	数据指针高字节寄存器	85H									0000 0000B
DP1L*	数据指针低字节寄存器	84H									0000 0000B
DP0H	数据指针高字节寄存器	83H									0000 0000B
DP0L	数据指针低字节寄存器	82H									0000 0000B
SP	堆栈指针寄存器	81H									0000 0111B
P0	端口0寄存器	80H	87	86	85	84	83	82	81	80	
			P0.7	P0.6	P0.5	P0.4	P0.3	P0.2	P0.1	P0.0	1111 1111B

注: 表中"—"表示保留位,用户不能使用。

6.4.2 特殊功能寄存器功能与作用

特殊功能寄存器对单片机的工作进行控制和管理,因此,对单片机的应用离不开对 SFR 的理解。本节将介绍特殊功能寄存器的功能与作用。

1. 程序计数器 PC

程序计数器 PC 是一个 16 位计数器,其内容为下一个要取指令的地址,最大寻址空间 为 64KB。PC 没有物理地址,是不可寻址的。CPU 把 PC 的内容作为地址,从对应于该地 址的程序存储单元中取出指令码。每取完一个指令后,PC 的内容自动加 1。在执行转移指 令、过程调用指令及中断响应时,转移指令、调用指令或中断响应过程会自动给 PC 置入新的地址。在硬件结构上,PC 独立于 SFR。

2. 累加器 ACC

累加器 ACC 的字节地址为 E0H,它是 CPU 中最常用的一个 8 位寄存器。通过暂存器与 ALU 相连,在进行算术、逻辑运算时,累加器 ACC 既为 ALU 提供数据来源,也为 ALU 存放运算结果。在指令系统中累加器的助记符为 A,以下将简称 ACC 为 A。此外,CPU 中的数据传送大多都通过累加器 ACC,所以累加器 ACC 又相当于数据的中转站。

3. B 寄存器

B 寄存器的字节地址为 F0H。在进行乘、除法运算操作时要使用 B 寄存器,此时须与累加器 A 配合使用,B 寄存器用来暂存其中的一个数据。乘法指令的两个操作数分别取自 A 和 B,结果的高字节存于 B 中,低字节存于 A 中。除法指令中被除数取自 A,除数取自 B,结果商存于 A 中,余数存放于 B 中。

在不执行乘、除法操作的情况下,B 寄存器可以作为通用寄存器使用。

4. 程序状态字寄存器 PSW

程序状态字寄存器 PSW 的字节地址为 D0H,是用于反映程序运行状态的 8 位寄存器。PSW 的不同位包含了程序运行状态的不同信息,当 CPU 进行各种逻辑操作或算术运算时,为反映操作或运算结果的状态,把相应的标志位置 1 或清 0。这些标志位的状态,可由专门的指令来测试,也可通过指令读出。它为计算机确定程序的下一步运行方向提供依据。

其格式如下:

PSW	D7	D6	D5	D4	D3	D2	D1	D0
字节地址 D0H	CY	AC	F0	RS1	RS0	OV	—	P

PSW 中各个位的功能如下:

(1) CY(PSW.7)进位标志位——指令中写为 C。进位标志位表示当前进行算术和逻辑运算时,操作结果最高位(位 7)是否有进位/借位。当 CY=1 时,表示操作结果最高位(位 7)有进位/借位;当 CY=0 时,表示操作结果最高位(位 7)没有进位/借位。在进行位操作时,CY 是位累加器。

(2) AC(PSW.6)辅助进位标志位——该位表示当进行加法或减法运算时,低半字节向高半字节是否有进位或借位。当 AC=1 时,表示 D3 位向 D4 位产生进位/借位;当 AC=0 时,表示 D3 位向 D4 位没有产生进位/借位。

(3) F0(PSW.5)用户使用标志位——可由用户置位或复位,也可用指令来测试该标志位,根据测试结果控制程序的流向。

(4) RS0、RS1(PSW.4、PSW.3)工作寄存器组选择控制位——这两位用于选择片内数据存储区中的 4 组工作寄存器的某一组为当前的工作寄存器组。用户可利用传送指令或位操作指令来改变 RS0 和 RS1 的状态,可以选择当前选用的工作寄存器组,其组合关系见表 6-5。单片机在复位后,RS0=RS1=0,CPU 自然选中第 0 组为当前工作寄存器组。

表 6-5 RS0、RS1 对工作寄存器组的选择

RS1	RS0	寄存器组	片内 RAM 地址
0	0	第 0 组	00H～07H
0	1	第 1 组	08H～0FH
1	0	第 2 组	10H～17H
1	1	第 3 组	18H～1FH

（5）OV(PSW.2)溢出标志——当执行算术运算指令时,该位用来指示运算结果是否发生了溢出。在有符号数进行加、减运算时,若 OV＝1,则表示运算结果发生了溢出;若 OV＝0,则表示运算结果没有溢出。

当把 1 字节看作有符号数时,最高位是符号位,用 0、1 分别表示正、负号,其余 7 位是数值有效位,表示的数的范围是－128～＋127。如果运算结果超出了这个数值范围,就会发生溢出,此时,OV＝1,否则 OV＝0。例如,两个正数(123、98)相加超过＋127,使其符号由正变负,由于溢出得到负数,结果是错误的,这时 OV＝1;两个负数(－72、－105)相加和小于－128,由于溢出得到正数,OV＝1。

例如,

```
  0 1 1 1 1 0 1 1      (＋123 )
+)0 1 1 0 0 0 1 0      (＋98)
  1 1 0 1 1 1 0 1   (结果为负数)

  1 0 1 1 1 0 0 0      (－72)
+)1 0 0 1 0 1 1 1      (－105)
1 0 1 0 1 1 1 1 1   (结果为正数)
```

在执行乘法指令后,OV＝0 表示乘积没有超过 255,乘积就在 A 中;OV＝1 表示乘积超过 255,此时积的高 8 位在 B 中,低 8 位在 A 中。

在执行除法指令后,OV＝0 表示除数不为 0,OV＝1 表示除数为 0。

（6）P(PSW.0)奇偶标志——该位表示指令执行完毕后,累加器 A 中内容的奇偶性。P＝1,表示 A 中有奇数个 1;P＝0,表示 A 中有偶数个 1。在 51 的指令系统中,凡是改变累加器 A 中内容的指令均影响奇偶标志位 P。

5. 数据指针寄存器 DPTR

DPTR 为数据指针寄存器,是为了便于访问 16 位地址的片外存储器和外部扩展的 I/O 器件而设置的。在 80C51 中 DPTR 存放的是外接数据存储器和 I/O 接口电路的 16 位地址,可寻址 64KB 的空间。它由高字节 DPH 和低字节 DPL 两个独立的 8 位寄存器组成,占据地址分别为 83H、82H(见表 6-4)。访问外部数据存储器时,可用它作为间接寻址寄存器,指定被访问的单元,查表时它指定表的基地址。

6. 堆栈指针 SP

堆栈指针 SP 的内容指示出堆栈顶部在片内 RAM 中的位置,它可指向片内 RAM00H～7FH 的任何单元。每存入或取出 1 字节数据,SP 就自动加 1 或减 1。SP 始终指向新的栈顶。

1）堆栈的功能

堆栈是在单片机内部数据存储器中专门开辟的一个特殊的存储区,主要功能是暂时存放数据和地址,通常用来保护断点和现场。

保护断点:主程序在执行的过程中,遇到了程序调用操作或中断服务子程序调用操作时,主程序会被中断当前操作,转去执行相应的中断服务程序,但最终还要返回到主程序继续执行程序,因此,应预先把主程序的断点在堆栈中保护起来,保证程序的正确返回。

现场保护:由于单片机的寄存器有限,在执行子程序或中断服务子程序时,很可能要用到主程序运行时已经使用了的寄存器,这就会破坏主程序运行时这些寄存器单元的原有内容,所以在执行子程序或中断服务程序之前,要把单片机中有关寄存器单元的内容送入堆栈保存起来,称为"现场保护"。

2) 堆栈的操作

堆栈的操作有两种方式。一种是指令方式,即使用堆栈操作指令进行"进/出"栈操作。用户可根据其需要使用堆栈操作指令对现场进行保护和恢复。另一种是自动方式,即在调用子程序或产生中断时,返回地址(断点)自动进栈。程序返回时,断点地址再自动弹回 PC。这种堆栈操作不需用户干预,是通过硬件自动实现的。

堆栈按照"先进后出"的原则存取数据。这里的"进与出"是指进栈与出栈操作。如图 6-6 所示(图中均为十六进制数),第一个进栈的数据所在的存储单元称为栈底,然后逐次进栈,最后进栈的数据所在的存储单元称为栈顶,随着存放数据的增减,栈顶是变化的,从栈中取数,总是先取栈顶的数据,即最后进栈的数据最先取出。在图 6-6(a)中,堆栈的栈底为70H,堆栈指针 SP 的内容为 7DH,即它的栈顶为 7DH,栈顶中的内容为 23H。在图 6-6(b)中,向堆栈中压入1字节数据 EFH 后,堆栈指针 SP 的内容为 7EH。在图 6-6(c)中,从堆栈中连续取出 2 字节数据数,即连续取出 EFH 和 23H 后,堆栈指针 SP 的内容为 7CH。此

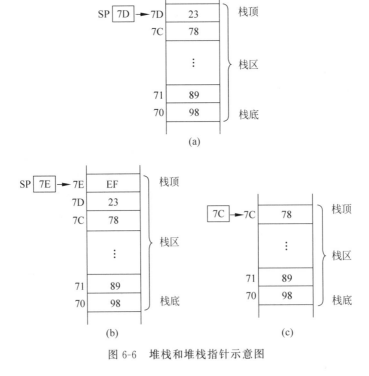

图 6-6 堆栈和堆栈指针示意图

时,栈顶的数为 78H,而最先进栈的数据最后取出,即图 6-6 中 70H 中的 98H 最后取出。

　　3）堆栈的设置

　　在 80C51 单片机中通常指定内部数据存储器 08H～7FH 中的一部分作为堆栈。在使用堆栈前,一般要先给它赋值,规定堆栈的起始位置,即栈底。系统复位后,SP 初始化为 07H,使得堆栈事实上由 08H 开始。因为 08～1FH 单元为工作寄存器区 1～3,20H～2FH 为位寻址区,在程序设计中很可能要用到这些区,所以用户在编程时最好把 SP 初值设为 2FH 或更大值,当然同时还要顾及其允许的深度。在使用堆栈时要注意,由于堆栈的占用,会减少内部 RAM 的可利用单元,如果设置不当,则可能引起内部 RAM 单元冲突,特别是在使用中断功能时,更要注意正确地设置 SP 值。

　　以下特殊功能寄存器在这里只做简要说明,其功能和应用在后续章节中会予以详细介绍。

7. 电源控制寄存器 PCON

　　电源控制寄存器 PCON 主要是为 CHMOS 型单片机的电源控制而设置的专用寄存器。

8. I/O 口特殊功能寄存器

　　特殊功能寄存器 P0～P3 分别是 I/O 端口 P0～P3 的锁存器,允许进行位寻址。在 80C51 单片机中,是将 I/O 端口当作一般的专用寄存器来使用的,没有专门设端口操作指令,使用方便。当 I/O 端口某一位用于输入信号时,对应的锁存器必须先置 1。

9. 定时控制寄存器

　　特殊功能寄存器 T0、T1 是两个 16 位定时/计数器,它们各自由两个独立的 8 位寄存器组成,分别为 TH0、TL0、TH1 和 TL1。程序可以对这 4 个 8 位寄存器寻址,但不能将 T0、T1 作为独立的 16 位寄存器来访问。

　　特殊功能寄存器 TMOD 是定时/计数器方式控制寄存器,用于控制定时/计数器的工作方式,其中低 4 位是定时器 T0 的方式控制字,高 4 位是定时器 T1 的方式控制字。

10. 中断控制寄存器

　　特殊功能寄存器 TCON 是定时/计数器控制寄存器,它的高 4 位分别是定时/计数器 T1 的溢出中断标志位、启动或停止控制位和定时/计数器 T0 的溢出中断标志位、启动或停止控制位。低 4 位是控制外部中断 1 和外部中断 0 的中断触发方式选择和中断产生标志。

　　特殊功能寄存器 IE 是中断允许控制寄存器,用于开放或屏蔽单片机的各个中断源。

　　特殊功能寄存器 IP 是中断优先级控制寄存器,80C51 提供两级中断优先级,可以设置 IP 寄存器的相应位对各个中断源的中断优先级进行独立控制。

11. 串行控制寄存器

　　特殊功能寄存器 SCON 串行口控制寄存器,用于设置串行口的工作方式和查询接收、发送中断产生标志。

　　特殊功能寄存器 SBUF 是串行数据缓冲器,用于存放串行中欲发送或已接收的数据,它由两个独立的寄存器构成,分别是发送缓冲器和接收缓冲器,它们共用一个地址,当从 SBUF 取数据时,访问接收缓冲器;当向 SBUF 写数据时,访问发送缓冲器。

6.4.3　特殊功能寄存器读写操作

　　在 C51 中,80C51 单片机的所有功能寄存器都在头文件 reg51.h 中定义,用

♯include＜reg51.h＞可包含该头文件,程序就可以识别这些寄存器以及可位寻址的寄存器位的符号,而无须用 sbit 和 sfr 定义寄存器地址。

例 6-6 将数据写入特殊功能寄存器,从特殊功能寄存器读数据到变量中。

程序的源代码如下:

```
# include < reg51.h>              //包含 51 单片机寄存器定义的头文件

void main(void)
{
    unsigned char a;             //定义变量 a
    unsigned char b;             //定义变量 b
    P0 = 0xff;                   //将特殊功能寄存器 P0 赋值为 FFH
    a = P3;                      //将特殊功能寄存器 P3 中的值读到 8 位变量 a 中
    b = TL0;                     //将特殊功能寄存器 TL0 中的值读到 8 位变量 b 中
    F1 = 0;                      //将标志位 F1 复位

while(1){ ;}
}
```

例 6-7 用汇编语言编程实现将堆栈指针指向 60H,然后在堆栈中依次压入 1、2、3、4、5 5 个数,顺序将堆栈中的 5 个数放入 30H～34H 中。

程序的源代码如下:

```
    MOV A, ♯60H
    MOV SP, A                    //将特殊功能寄存器 SP 赋值为 60H
    MOV DPL, ♯1H                 //将特殊功能寄存器 DPL 赋值为 01H
LAB1:PUSH DPL                    //压栈
    INC DPL
    MOV A, DPL
    CJNE A, ♯6H, LAB1
    POP 34H                      //出栈
    POP 33H
    POP 32H
    POP 31H
    POP 30H
    JMP $
    END
```

例 6-8 利用特殊功能寄存器 DPTR,对存储单元进行读写操作。

程序的源代码如下:

```
MOV DPTR, ♯1FFH                  //置 DPTR 为 1FFH
MOV A, ♯55H
MOVX @DPTR,A                     //将 1FFH 单元置为 55H

MOV DPTR, ♯2FFH                  //置 DPTR 为 2FFH
MOVX A,@DPTR,                    //读 DPTR 数据指针指向的 2FFH 单元的内容,并送给累加器 A
```

注意:SP 和 DPTR 特殊功能寄存器对 C 语言程序员来说是透明的,编译器在进行编译时会根据情况应用这两个寄存器,因此例 6-7 和例 6-8 中的源程序采用了汇编语言进行编写。

## 第 7 章

80C51 单片机的端口

输入/输出端口(I/O 端口)是单片机与外界信息交换的重要通道。80C51 单片机共有 4 个 8 位并行 I/O 端口。每个端口都由输出驱动电路和输入缓冲电路组成,当单片机和外部电路进行数据交换时,这些数据都存放在端口锁存器中,这些锁存器称为端口的特殊功能寄存器,它们的名称分别是 P0、P1、P2 和 P3。端口输入或输出数据时既可以按字节操作,也可以按位操作。单片机通过执行对端口特殊功能寄存器操作的程序语句(或指令)实现单片机的数据输入、输出功能。

80C51 单片机的 4 个端口电路并不完全相同,其功能也存在一些差异,通过对 I/O 端口内部电路结构的深入了解,有助于高效、合理地利用单片机的资源,并且能够帮助开发者正确设计外围电路。

本章对端口的内部电路、功能以及端口如何使用作了详细介绍。

7.1　P0 口

P0 口是一个双向 8 位并行口,当不需要外部总线扩展(不在单片机芯片的外部扩展存储芯片或其他接口芯片)时,P0 用作通用 I/O 口;当需要在单片机外部扩展存储器时,P0 口可用作分时复用的低 8 位地址/数据线和外部存储器连接。用对特殊功能寄存器 P0 或其地址(80H)操作的程序语句(或指令)可实现对 P0 端口的操作。

7.1.1　P0 口电路结构

P0 口中 8 个位的电路都相同,在此详细描述其中一位的内部电路结构。图 7-1 所示的电路是 P0.0 位的电路图,电路由输出锁存器、转换开关 MUX、三态输入缓冲器、输出驱动场效应管和逻辑门电路组成。其电路特点是输出电路中无内部上拉电阻。图 7-1 中标有两个圆圈的端点表示芯片的引脚,其余标有一个圆圈的端点表示内部电路中的连接点。整个电路是封装在芯片内部的,用户只能看到引脚。

图 7-1 中的 P0.0 是 80C51 单片机芯片的 39 引脚(见图 3-2)。其中,输出锁存器用于锁存输出数据,两个三态输入缓冲器 BUF1 和 BUF2 分别用于对锁存器和引脚输入数据进行缓冲。多路转换开关 MUX 的一个输入为锁存器,另一个输入为地址(低 8 位)/数据线的反相输出。在控制信号的作用下,多路开关按钮 MUX 可以分别接通锁存器输出和地址/数据线输出。两个输出驱动场效应管 T1 和 T2 用于驱动输出的数据。

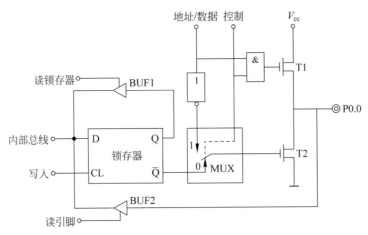

图 7-1　P0 口 P0.0 位的电路结构图

7.1.2　P0 口工作原理

在具体的应用中,P0 口通常被用作通用 I/O 口。只有在需要扩展片外存储芯片和其他接口芯片时,P0 口被用作单片机系统复用的地址/数据总线。下面仅对 P0 口用作通用 I/O 口的功能进行介绍。

P0 口作为通用 I/O 口使用时,单片机硬件自动使控制电平为 0,多路开关 MUX 接向锁存器的反向输出端 $\bar{Q}$,与输出驱动场效应管 T2 的栅极接通。同时,与门输出为 0 使输出上拉场效应管 T1 处于截止状态。因此,输出驱动级工作在需外接上拉电阻的漏极开路方式。

1. P0 用作输出口

当 P0 用作输出口时,CPU 执行端口的输出指令,写脉冲加在 D 触发器 CL 上,内部数据总线上的数据由 D 端进入锁存器,经锁存器的反相端输出至场效应管 T2,再由 T2 反相,在端口引脚输出的正好是内部数据总线的数据。由于输出驱动级是漏级开路电路(称为"开漏电路"),若驱动 NMOS 或其他拉电流负载,则需要外接上拉电阻(阻值一般为 5~10kΩ)。

2. P0 用作输入口

当 P0 用作输入口时,数据可以读自端口的锁存器(即读锁存器),也可以读自端口的引脚。因此,需要根据 CPU 发出的是"读锁存器"指令还是"读引脚"指令,实现不同的输入方式。端口中设有两个三态输入缓冲器用于读操作。

(1) 读引脚时,执行 MOV 类传送指令,内部产生"读引脚"的操作信号,使三态缓冲器 BUF2 导通,引脚数据经过 BUF2 读入到内部总线。必须注意,在执行此类输入指令前,需要先向对应的锁存器写入 1,使场效应管 T2 处于截止状态。这是因为,T2 截止使引脚处于悬浮状态,可以作为高阻抗输入。否则,在作为输入方式之前,曾向锁存器输出过 0,则 T2 导通会使引脚钳位在 0 电平,使输入的 1 无法读入。

(2) 读端口时,执行"读—改—写"指令,内部产生"读锁存器"的操作信号,使三态缓冲器 BUF1 导通,锁存器 Q 端数据经过 BUF1 读入到内部总线,在进行运算修改后,结果又送回锁存器,该数据通过缓冲器 B1 进入内部总线。这种方法可以避免因引脚外部电路的原因而使引脚状态变化引起误读。

　　80C51 的 4 个端口 P0~P3 都采用了具有两套输入缓冲器的电路结构,通过执行不同指令区分输入方式是读端口还是读引脚,该操作过程是 CPU 自动进行的,用户不必考虑。

　　由此可见,当 P0 口用作通用 I/O 口使用时,各引脚需要在片外接上拉电阻,此时端口不存在高阻抗的悬浮状态,因此是一个真正的双向口。

7.2　P1 口

　　P1 口是一个准双向的 8 位并行口,是 80C51 单片机的唯一的单功能端口,仅能用作通用 I/O 口,增强型 80C51 单片机(例如,AT89S51)的 P1 口除可以用作通用 I/O 外,其中 5位还具有第二功能。用对特殊功能寄存器 P1 或其地址(90H)操作的程序语句(或指令)可实现对 P1 端口的操作。

7.2.1　P1 口电路结构

　　P1 口中 8 个位的电路都相同。如图 7-2 所示的电路是 P1.0 位的电路图,电路由输出锁存器,三态输入缓冲器和输出驱动电路组成。其主要部分与 P0 口相同,但输出驱动部分与 P0 口不同,其内有与电源相连的上拉负载电阻。图 7-2 中标有两个圆圈的端点表示P1.0 引脚,它是 80C51 单片机芯片的 1 引脚(见图 3-2)。

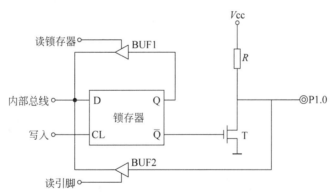

图 7-2　P1 口某一位的位电路结构

7.2.2　P1 口工作原理

　　下面按照其不同的功能分别介绍。

1. P1 口用作通用 I/O 口

　　(1) P1 口用作输出时,由于内部已经有上拉电阻,引脚可以不外接上拉电阻。当 CPU输出 1 时,$Q=1$,$\bar{Q}=0$,场效应管 T 截止,此时,P1.x 引脚输出为 1。当 CPU 输出为 0 时,$Q=0$,$\bar{Q}=1$,场效应管 T 导通,此时,P1.x 引脚输出为 0。

　　(2) P1 口用作输入时,与 P0 口相同也分为"读锁存器"和"读引脚"两种输入方式。"读锁存器"时,锁存器输出端 Q 的状态通过输入缓冲器 BUF1 进入内部总线,"读引脚"时,需要先向对应的锁存器写入 1,使场效应管截止,P1.x 引脚上的电平通过输入缓冲器 BUF2

进入内部总线。

2. P1 口用作第二功能(仅限增强型)

增强型 80C51 单片机的 P1 口除可以用作一般的 I/O 口外,其中 5 位还具有第二功能,如表 7-1 所示。

表 7-1　P1 口各位的第二功能

P1 口的各位	第二功能的名称及作用
P1.0	T2(定时/计数器 2 的外部计数输入/时钟输出)
P1.1	T2EX(定时/计数器 2 的捕获触发和双向控制)
P1.5	MOSI(输入线,用于在系统编程)
P1.6	MISO(输出线,用于在系统编程)
P1.7	SCK(串行时钟线,用于在系统编程)

由此可见,P1 口由于有内部上拉电阻,没有高阻抗输入状态,故为准双向口。作为输出口时,不需要在片外接上拉电阻。

7.3　P2 口

P2 口是一个准双向的 8 位并行口,当不需要外部总线扩展时,P2 口用作通用 I/O口;当需要外部总线扩展,在访问片外存储器或者外围器件时,P2 口用作高 8 位地址总线。用对特殊功能寄存器 P2 或其地址(A0H)操作的程序语句(或指令)可实现对 P2 端口的操作。

7.3.1　P2 口电路结构

P2 口中 8 个位的电路都相同。图 7-3 所示的电路是 P2.0 位的电路图,电路由输出锁存器、多路开关 MUX、三态输入缓冲器、输出驱动电路和逻辑门电路组成。从图 7-3 中可看到,P2 口的位结构比 P1 口多了一个转换控制部分,其余部分相同。图 7-3 中标有两个圆圈的端点表示 P2.0 引脚,它是 80C51 单片机芯片的 21 引脚(见图 3-2)。

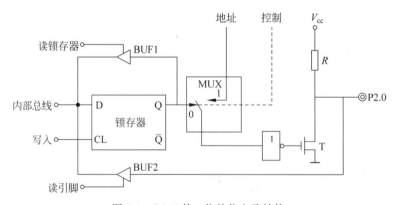

图 7-3　P2 口某一位的位电路结构

当 P2 口用作通用 I/O 口时,多路开关 MUX 拨向锁存器输出 Q 端,构成输出驱动器,此时用法与 P1 口相同;当 P2 口用作高 8 位地址线时,多路开关 MUX 与内部高 8 位地址线的某一位相接。

7.3.2　P2 口工作原理

在具体的应用中,P2 口通常被用作通用 I/O 口。只有在需要外部总线扩展时,P2 口被用作地址总线。下面仅对 P2 口用作通用 I/O 口的功能进行介绍。

当应用系统不进行片外总线扩展时或者虽然扩展了片外总线,但采用"MOVX @Ri"类指令访问片外 RAM,且 P2 口高 8 位地址线没有全部用到时,P2 中的部分或全部口线就可以用作通用 I/O 口。

(1) 执行输出指令时,内部数据总线的数据在"写锁存器"信号的作用下由 D 端进入锁存器,经反相器反相后送至场效应管 T,再经 T 反相,在 P2.x 引脚出现的数据正好是内部数据总线的数据。应注意,P2 口的输出驱动电路内部有上拉电阻。

(2) 作输入时,MUX 仍然保持与输出锁存器 Q 端相接,其输入情况也可分为读锁存器和读引脚两种输入方式,同 P0 口和 P1 口。

所以,P2 口作为通用 I/O 口使用时,属于准双向口。

7.4　P3 口

P3 口是一个多功能的准双向 8 位并行口,它的每一位既可以作为通用 I/O 口使用,又都具有第二功能,用对特殊功能寄存器 P3 或其地址(B0H)操作的程序语句(或指令)可实现对 P3 端口的操作。

7.4.1　P3 口电路结构

P3 口中 8 个位的电路都相同。如图 7-4 所示的电路是 P3.0 位的电路图,电路由输出锁存器,输入缓冲器(其中两个为三态缓冲器)、输出驱动电路和逻辑门电路组成。从图 7-4

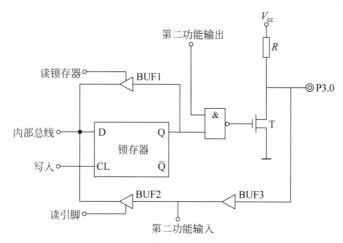

图 7-4　P3 口某一位的位电路结构

中可以看出,P3 口的输出驱动电路与 P2 口和 P1 口相同,与 P1 口结构相比,多了一个"与非"门和缓冲器 BUF3。图中标有两个圆圈的端点表示 P3.0 引脚,它是 80C51 单片机芯片的 10 引脚(见图 3-2)。

7.4.2　P3 口工作原理

下面按照其不同的功能分别介绍。

1. P3 口用作通用 I/O 口

当 P3 口用作通用 I/O 口时,单片机内部的硬件自动将第二功能输出端置为 1。CPU 可对 P3 口进行字节或位寻址操作。通常情况下,将 P3 口的几条口线设为第二功能,其余的口线用作通用 I/O 线,这时适宜采用位寻址方式。

(1)当执行输出指令时,第二功能输出端自动置为高电平,与非门打开,锁存器输出 Q 可通过与非门送至 T,其状态决定了引脚端输出电平。

(2)输入时,也分为读锁存器和读引脚两种输入方式,同其他口,也要先向锁存器写入 1,使引脚处于高阻输入状态。当 CPU 发出读命令时,使缓冲器 BUF2 上的"读引脚"有效,缓冲器 BUF3 是导通的,于是引脚信号读入内部数据总线。

2. P3 口用作第二功能

当 CPU 不对 P3 口进行字节或位寻址时,单片机内部硬件自动将锁存器的 Q 端置 1。此时,P3 口可用作第二功能使用。P3 口的 8 个引脚均具有专门的第二功能,如表 7-2 所示。

表 7-2　P3 口各位的第二功能

P3 口的各位	第二功能的名称及作用
P3.0	RXD(串行口输入)
P3.1	TXD(串行口输出)
P3.2	$\overline{INT0}$(外部中断 0 输入)
P3.3	$\overline{INT1}$(外部中断 1 输入)
P3.4	T0(定时/计数器 0 的外部输入)
P3.5	T1(定时/计数器 1 的外部输入)
P3.6	$\overline{WR}$(片外数据存储器"写"选通控制输出)
P3.7	$\overline{RD}$(片外数据存储器"读"选通控制输出)

(1)当执行与第二功能有关的输出操作时,锁存器输出 Q 为 1,与非门导通,第二功能输出端信号通过与非门和场效应管送至端口引脚。当第二功能输出端为 1 时,与非门输出 0,场效应管截止,P3 口引脚为 1;当第二功能输出端为 0 时,与非门输出 1,场效应管导通,P3 口引脚为 0,即引脚的状态与第二功能输出是相同的。

(2)当执行与第二功能有关的输入操作时,该位的锁存器和第二功能输出均置 1,场效应管 T 截止,引脚处于高阻输入状态。引脚信号经过缓冲器 BUF3 送到单片机内部的第二功能输入端。

由于 P3 口每一引脚都有第一功能与第二功能,究竟是使用哪个功能,完全是由单片机执行的指令控制来自动切换的,用户不需要进行任何设置。P3 口内部有上拉电阻,不存在高阻抗输入状态,故为准双向口。

综上所述,在具体应用中,若不连接片外存储器,且不使用端口的第二功能,则 4 个 I/O

口均可作为通用 I/O 口,在这 4 个 I/O 口中,P0 是唯一没有带内部上拉电阻的端口,因此,若需要它输出逻辑 1,此口还要在外部加上拉电阻。而且,这些端口输出高电平时驱动能力只有 0～1mA;而当输出逻辑 0 时,却能灌入较大电流,此时可驱动 LED、74LS 系列 TTL 等小电流负载。

由于端口都不是内部强上拉的,当输出高电平时,是允许外部把它拉低的(如连接一个开关到地),这一特点使得可以把端口作为输入口使用,要把某一根口线作为输入口,应以先对它写 1,这是"读引脚"功能。另外,还有"读锁存器",不管引脚的电平怎样,读到的都是特殊功能寄存器 P0、P1、P2、P3 中的值。此类"读锁存器"操作应用在"读-修改-写"指令时。

以上各引脚的功能与作用,只有在后面章节的学习中才能逐渐加深理解并学会如何应用。

7.5　端口功能应用举例

端口的 I/O 功能是单片机作为微控制器最基本的功能。简单的应用系统可以直接利用单片机的 I/O 口进行信息的输入/输出。例如,通常用发光二极管或数码管显示系统的运行信息,用键盘或按键输入控制信息。本节主要通过实例来说明端口的 I/O 功能。

1. 端口的读写

例 7-1　从 P3 口某引脚 P3.0 输出方波。

程序的源代码如下:

```
# include < reg51.h >
void main()
{
  unsigned char i,j,k;
  while(1)
  {
  P3^ = 0x01;
  for(i = 10;i > 0;i -- )              //延时
    for(j = 100;j > 0;j -- )
      for(k = 250;k > 0;k -- );
  }
}
```

例 7-2　电路如图 7-5 所示,编程实现带开关控制的方波发生器。在例 7-1 的基础上,P0 口的 P0.0 增加一个开关,用以控制方波是否输出。当开关闭合时,让 P3.0 输出方波;当开关断开时,让 LED 灯点亮。

程序的源代码如下:

```
# include < reg51.h >
void delay(unsigned char i)
{
  while(i -- );
}
void main()
{
```

```
    while(1)
    {
      if(P0_0 == 0) P3_0 ^ = 1;      //开关闭合,输出方波
      else P3_0 = 0;                 //开关断开,LED灯点亮
     delay(200);                     //延时
    }
}
```

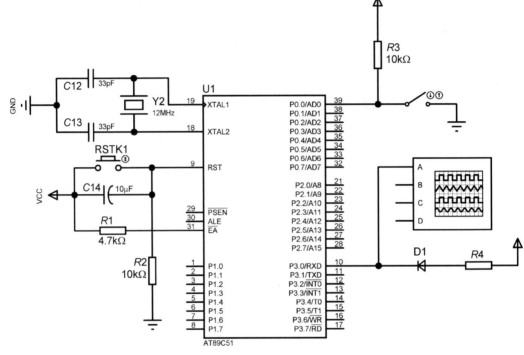

图 7-5　例题 7-2 电路图

2. 外接 LED

LED 是单片机应用系统最为常用的输出设备。利用单片机的 I/O 引脚外接 LED,常采用灌电流方式。P0 口内部没有上拉电阻,在外接 LED 时,其引脚必须加外部上拉电阻。而 P1 口、P2 口和 P3 口由于内部有上拉电阻,因此外部可不加上拉电阻。

1) 外接单个 LED

LED 发光二极管正常发光时,电流约为 5～10mA,压降为 1.5V 左右。通常要接一定阻值(500Ω)的限流电阻,LED 才可以正常发光,如图 7-6 所示。如果接多个 LED 而超过了 I/O 口的负载能力,可以通过两种办法解决:一是加大限流电阻的阻值;二是增加驱动器件。

2) 外接多个 LED

当外接多个 LED 时,通常要把 LED 接成共阴极或共阳极形式。其接线方法也有两种:一种是直接驱动,如图 7-7(a)所示;也可以采用如图 7-7(b)所示的接线方式,这种接线方式的优点是限流电阻与上拉电阻共用。

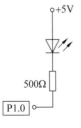

图 7-6　单个 LED 连接方式

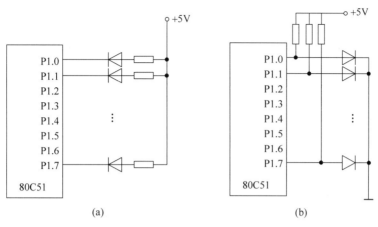

图 7-7　LED 灯连接方式

例 7-3　电路如图 7-8 所示,编程实现 LED 流水灯,由 D8～D0 依次亮灭,并形成循环。

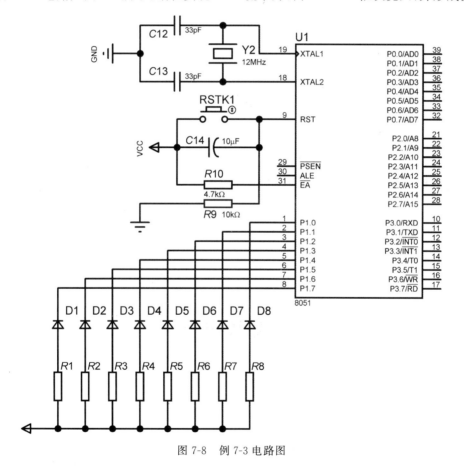

图 7-8　例 7-3 电路图

所谓流水灯,是指多个 LED 灯轮流点亮,周而复始。如图 7-8 所示,LED 采用了共阳极接法,因此,在 P1 口某引脚输出低电平(如 P1.0=0),与该引脚连接的 LED 灯即可点亮;相反,如果要 LED 灯熄灭,则将该引脚的电平变为高电平。流水灯可以用多种方法实现,以下列举几种常用方法。

方法一：直接法实现流水灯。

这是一种最易理解的方法，控制 P1 口的每一个位输出高低电平，加上延时函数，即可控制每个 LED 灯的亮灭。程序的源代码如下：

```
#include<reg51.h>
Unsigned char code LED[ ] = {0XFE, 0XFD,
0XFB,0XF7, 0XEF, 0XDF, 0XBF, 0X7F }
void Delay()
{   unsigned char i, j;                    //延时程序
        for (i = 0;i < 255;i++)
            for (j = 0;j < 255;j++);
}
void main()
{
        unsigned char i;
        while(1)
        {
          for (i = 0;i < 8;i++)
            {   P1 = LED[ i ];
                Delay();                    //流水灯输出
            }
        }
}
```

方法二：移位法实现流水灯。

这种方法采用循环程序结构编程。首先给 P1.0 口线送一个低电平，其他位为高。然后延时一段时间再让低电平往高位移动，这样就实现了"流水"的效果。程序的源代码如下：

```
#include<reg51.h>
void Delay()
{   unsigned char i, j;
        for (i = 0;i < 255;i++)
            for (j = 0;j < 255;j++);
}
void main()
{
    unsigned char i,temp;
    while(1)
    {
        temp = 0xfe;
        for (i = 0;i < 8;i++)
            {
                P1 = temp;                 //流水灯输出
                Delay();
                temp = (temp << 1)|0x01 ;  //左移一位；左移一位后与 0x01 相或,保证左移后最
                                           //低位为 1
            }
    }
}
```

移位法还可以采用以下程序实现,程序的源代码如下:

```
# include < reg51. h>
void Delay()
{   unsigned char i, j;
        for (i = 0;i < 255;i++)
          for (j = 0;j < 255;j++);
}
void main()
{
     unsigned char i,temp;
     while(1)
     {
         temp = 0x01;
         for (i = 0;i < 8;i++)
         {
             P1 = ～temp;                //0x01 取反输出
             Delay();
             temp = temp << 1 ;          //左移一位
         }
     }
}
```

方法三：使用移位库函数实现流水灯。

C51 提供了字符循环左移_crol_(x,y)、字符循环右移_cror_(x,y)等库函数,包含在头文件 intrins. h 中。程序的源代码如下:

```
# include < reg51. h>
# include < intrins. h>
void Delay()                            //延时程序
{   unsigned char i, j;
        for (i = 0;i < 255;i++)
          for (j = 0;j < 255;j++);
}
void main()
{
     unsigned char temp
     temp = 0xfe;
     while(1)
     {  P1 = temp;                       //流水灯输出
        temp = _crol_(temp,1);           //循环移位
        Delay();
     }
}
```

由此可见,可以有很多种方法实现流水灯的输出,外部的动作最终要抽象成数据,通过程序对数据的操作完成功能任务。

3. 外接数码管

数码管是由 8 个发光二极管组成,当数码管的某个发光二极管导通时,相应的段就发光,控制不同的发光二极管的导通就能显示出相应的字符,数码管引脚及内部连接如图 7-9 所示。

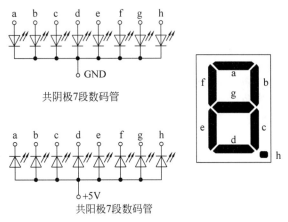

图 7-9　数码管引脚及内部连接

将各段二极管的阴极或阳极连在一起,作为公共端(com)。将阴极连在一起的称为共阴极数码管,此种数码管 com 接低电平,阳极为高电平的相应段点亮。将阳极连在一起的称为共阳极数码管,此种数码管 com 接高电平,阴极为低电平的相应段点亮。

以共阳极数码管为例,共阳极数码管的结构是:将 8 个发光二极管排列成一个"8"的形状,所有发光二极管阳极连接在一起做公共端 com,阴极作为各个段的控制端 a、b、c、d、e、f、g、dp。要显示某数字,就要使此数字的相应段点亮,也就是要送一个用不同 0、1 组合的数据编码给数码管,这种送入数码管的数据编码称为字形码。常用字符字形码如表 7-3 所示。若 P1.0~P1.7 与数码管 a、b、c、d、e、f、g、dp 顺序相连,显示数字 3 时,共阳极数码管应送数据 10110000B 至数据总线,即 P1=0xb0,如图 7-10 所示。

表 7-3　常用数字字形码(十六进制表示)

数字	0	1	2	3	4	5	6	7	8	9
共阳极	C0	F9	A4	B0	99	92	82	F8	80	90
共阴极	3F	06	5B	4F	66	6D	7E	07	7F	6F

注:数据总线 $D_7 \sim D_0$ 与 dp、g、f、e、d、c、b、a 顺序相连,若不是采用该顺序对应相接字型码,则要进行相应调整。

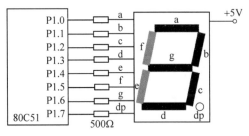

图 7-10　数码管连接方式

例 7-4　电路如图 7-11 所示,编程实现数码管循环显示数字 0～9。

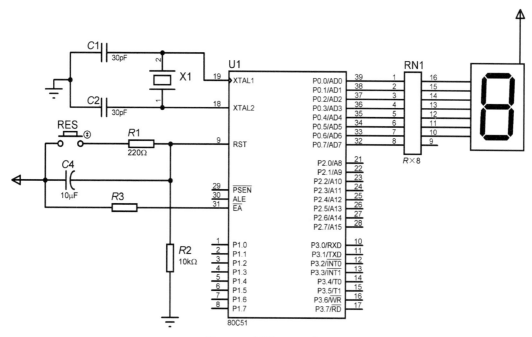

图 7-11　例题 7-4 电路图

程序的源代码如下:

```
#include < reg51.h>                          //包含51单片机寄存器定义的头文件
unsigned char led[ ] = {0xc0,0xf9,0xa4,0xb0,
0x99,0x92,0x82,0xf8, 0x80,0x90};            //共阳接法,字形码
void delay(unsigned int i)                   //延时程序
{
    while(i-- );
}


void main( )
{
    unsigned char j = 0;
    while(1)
    {
        P0 = led[j];                         //送字形码
        j++;
        if(j > = 9)j = 0;
        delay(60000);
    }
}
```

4. 外接蜂鸣器

单片机应用系统使用的蜂鸣器通常有两种:一种是内部含有音频振荡源的蜂鸣器,只要接上额定电压就可以连续发声;另一种是内部没有音频振荡源,工作时需要接入音频方波信号,改变方波信号频率可以得到不同音调的声音。这两种蜂鸣器的连接电路相同,如

图 7-12 所示,可以用 TTL 门电路或者三极管进行驱动。

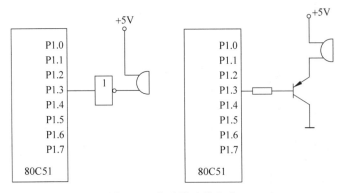

图 7-12 蜂鸣器连接方式

例 7-5 电路如图 7-13 所示,编程实现报警。当开关断开时,绿灯亮;当开关闭合时,红灯闪烁,蜂鸣器响。

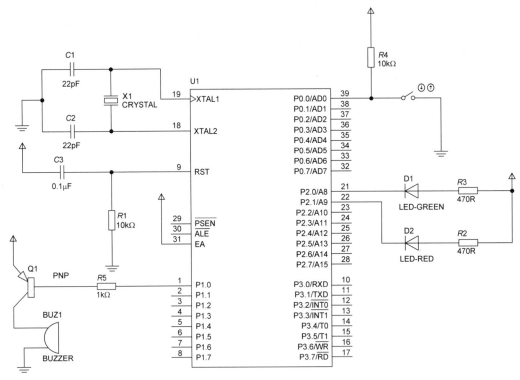

图 7-13 例题 7-5 电路图

程序的源代码如下:

```
#include <reg51.h>
void GREEN_LED_ON(void);
void GREEN_LED_OFF(void);
void RED_LED_BUZZER_ON(void);
void RED_LED_BUZZER_OFF(void);
```

```
void delay(unsigned char i);
void main()
{
    GREEN_LED_ON();
    RED_LED_BUZZER_OFF();
    while(1)
    {
     if(P0_0 == 0)
     {
        GREEN_LED_OFF();
        RED_LED_BUZZER_ON();
        delay(200);
        RED_LED_BUZZER_OFF();
        delay(200);
     }
     else
     {
        GREEN_LED_ON();
        RED_LED_BUZZER_OFF();
     }
    }
}
void delay(unsigned char i)
{
    while(i--);
}
void GREEN_LED_ON(void)
{
    P2_0 = 0;                        //P2_0 低电平点亮 GREEN LED
}
void GREEN_LED_OFF(void)
{
    P2_0 = 1;                        //P2_0 高电平熄灭 GREEN LED
}
void RED_LED_BUZZER_ON(void)
{
    P2_1 = 0;                        //P2_1 低电平点亮 RED LED
    P1_0 = 0;                        //P1_0 低电平 蜂鸣器响
}
void RED_LED_BUZZER_OFF(void)
{
    P2_1 = 1;                        //P2_1 高电平熄灭 RED LED
    P1_0 = 1;                        //P1_0 高电平 蜂鸣器停止
}
```

5. 外接按键

在单片机应用系统中,按键作为简单的输入设备用于进行某项工作开始或结束的命令。按键可接于 80C51 单片机的任意 I/O 口,但接 P0 口时要在 P0 口加外部上拉电阻,其余 I/O 口则不需要。

按键在闭合和断开时触点会存在抖动现象,按键的抖动会产生一次按键的多次处理问题,因此,应采取适当措施消除按键的抖动。通常按键的抖动时间为 10ms 左右,单个按键可以采用硬件去抖电路进行消抖,例如,给按键对地并联消抖电容。多个按键适宜采用软件延时和定时扫描的方法进行消抖。

在按键较少或操作速度较高的场合,可以采用独立式按键。独立式按键就是各按键相互独立,每一个按键占用一根 I/O 口线,只需要检测输入线的电平状态就可以很容易判断出哪个按键被按下了。

例 7-6 电路如图 7-14 所示,编程实现用一个按键实现花样霓虹灯设计,第一次按下全亮、第二次按下交叉亮、第三次按下高 4 位亮、第四次按下低 4 位亮。

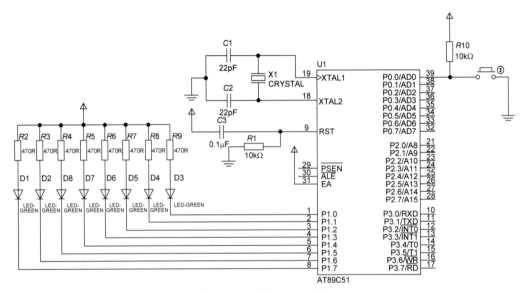

图 7-14　例题 7-6 电路图

程序的源代码如下:

```c
#include <reg51.h>
unsigned char key_value = 0;
unsigned char system_mode = 0;
void key_scan(void);
void key_handle(void);
void LED_RUN_CONTROL(void);
void delay(unsigned char i);
void main()
    {
    while(1)
    {
     key_scan( );
     key_handle( );
     LED_RUN_CONTROL( );
    }

    }
void key_scan(void)
```

```
    {
        if(P0_0 == 1) return;                          //无按键按下
        delay(100);                                    //延时消抖
        if(P0_0 == 0) key_value = 1;                   //再次确认按键
        while(P0_0 == 0);                              //等待按键抬起
    }
void key_handle(void)
    {
        if(key_value == 0)return;
        system_mode++;
        if(system_mode >= 5) system_mode = 1;
        key_value = 0;
    }
void LED_RUN_CONTROL(void)
    {
        if (system_mode == 1) P1 = 0;                  //全亮
        else if(system_mode == 2) P1 = 0x55;           //交叉亮
        else if(system_mode == 3) P1 = 0x0f;           //高 4 位亮
        else if(system_mode == 4) P1 = 0xf0;           //低 4 位亮
    }
void delay(unsigned char i)
    {
        while(i-- );
    }
```

例 7-7 电路如图 7-15 所示,编程实现用按键控制数码管显示,按 K1,数字加 1;按 K2,数字减 1;按 K3,数字清零。

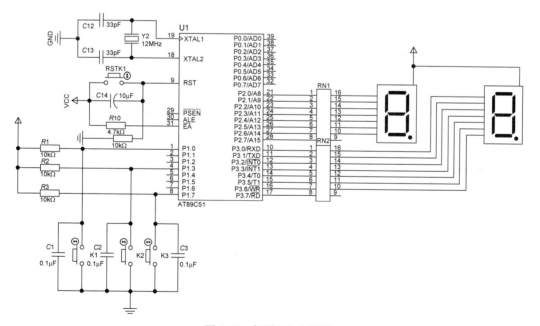

图 7-15 例题 7-7 电路图

程序的源代码如下：

```
#include<reg51.h>
unsigned char key_value=0;
unsigned char number=90;
unsigned char led[10]={0xc0,0xf9,0xa4,
        0xb0,0x99,0x92,0x82,0xf8,0x90};
void display(void)
void key_scan(void)
void key_handle(void)
void main()
{
    while(1)
    {
      key_scan( )
      key_handle( )
      display( )
    }
}
void display (void)
{
    P2 = led[number/10];                //送十位显示
    P3 = led[number % 10];              //送个位显示
}
void key_scan(void)
{
    static unsigned char f1 = 0, f2 = 0, f3 = 0;
    if (P1_0 == 1) f1 = 1;
    if (P1_3 == 1) f2 = 1;
    if (P1_7 == 1) f3 = 1;
    if((P1_0 == 0)&&( f1 == 1))         //检测到 K1 下降沿触发
        {f1 = 0; key_value = 1;}
    if((P1_3 == 0)&&( f2 == 1))         //检测到 K2 下降沿触发
        {f2 = 0; key_value = 2;}
    if((P1_7 == 0)&&( f3 == 1))         //检测到 K3 下降沿触发
        {f1 = 0; key_value = 3;}
}
  void key_handle(void)
  {
    if (key_value == 0) return;
    if (key_value == 1)                 //K1 按下,加 1
      {
        number++;
          if(number >= 100) number = 0;
      }
      if (key_value == 2)               //K2 按下,减 1
        {
          if(number > 0) number -- ;
          else
            number = 99;
        }
```

```
    if (key_value == 3)                        //K3 按下,清零
      {
          number = 0;
      }
    key_value = 0;
  }
```

以上通过实例介绍了 80C51 单片机通过 I/O 接口连接简单的输入/输出设备时,电路连接和程序实现方法。本章中介绍的简单的输出设备是 LED 灯、数码管和蜂鸣器,用单片机驱动时,要考虑口线的负载能力,特别要注意 P0 口上拉电阻的配置;简单的输入设备有按键和拨动开关,用单片机进行检测时,要注意按键的抖动问题,通常有去抖电路和软件延时两种消抖方法。

第8章

CHAPTER 8

单片机应用中的人机交互

很多单片机应用系统都需要有用户交互功能,例如,微波炉的控制面板就是通过按键输入控制命令,通过数码显示屏显示火力、时间等信息。本章介绍几种嵌入式系统中常用的人机交互器件,并通过举例说明它们在 80C51 单片机应用系统中如何实现人机交互功能。

8.1 多位数码管显示

在单片机应用系统设计中,往往需要采用各种显示器件来显示控制信息和处理结果。数码显示器一般是由 7 段数码和一个小数点组成,也可称之为 8 段数码显示器。本章就以这种 8 段数码为例进行讲解。

在进行多位 LED 显示时,需要占用单片机的 8 个端口引脚,这会导致单片机端口引脚不够用,增加了成本和功耗。通常有两种方法解决这个问题:一是使用动态显示方式显示数据;二是在单片机和显示器电路之间通过串并转换芯片连接,单片机串行输出数据,由串并转换芯片转换为并行数据去控制数码管显示数据。

8.1.1 LED 数码管动态显示

动态显示就是按位顺序地轮流点亮各位数码管,即在某一时段,只让其中一位数码管的"位选线"有效,并送出相应的字形显示编码,显示一段时间后采用同样的方法依次顺序显示其他数码管,当循环刷新显示的频率足够高时,因为视觉暂留现象,我们就能看到多位数码同时显示。

数码管动态显示电路通常是将每一位数码管上相对应的段引脚并联起来,分别连接在 8 条数据线(段选线)上,控制每一段的亮灭;每一位数码管的公共引脚(共阴或共阳引脚)分别连接在几条(每一位数码管的公共引脚连接一条)数据线(位选线)上,用于控制这一位数码管是否被点亮。

如果只显示一位数字,则将要显示的 1 位数字的显示段码放到 8 条段选线,然后再选通某一位数码管的位选线,这样数字就会在指定位置上显示;如果要显示多位数字,则需要动态显示,先显示最高数位上的数字,持续大约 1~5ms 后关闭这一位的显示,然后再将第二位数字的显示段码放到 8 条段选线上,选通第二位的位选线,此时,就只有第二位数字显示。以此类推,当几位数字依次显示完一遍后,再开始第二遍的显示刷新。当刷新周期小到一定程度时,人就感觉不出字符的移动和闪烁,看到的效果就是几位数字同时显示。

数码管动态显示电路中所有数码管的8个显示段并联起来,仅用一个并行I/O端口控制,称为"段选端"。各位数码管的公共端,称为"位选端",由另一个I/O端口控制。8个数码管动态显示硬件连接电路如图8-1所示。

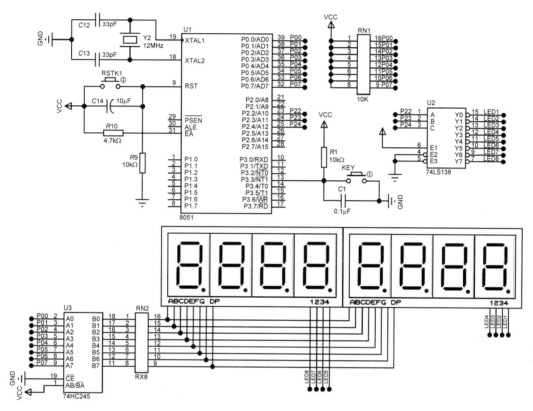

图 8-1　8 位数码管动态显示电路图

在8位数码管动态显示电路图中,将各位共阴数码管的段选控制端并联在一起,使用P0口控制,用三态总线收发器74HC245驱动,将各位数码管的公共端用P2口通过三八译码器74LS138驱动。

例 8-1　使用图 8-1 中 8 位数码管动态显示电路显示祖国的生日 1949 年 10 月 01 日,显示效果为"19491001",让读者通过本例理解数码管动态显示程序设计方法。

表 8-1　19491001 字符在 P0 口、P2 口依次出现的数据

显示字符	1	9	4	9	1	0	0	1
P0 口(段码)	0x06	0x6f	0x66	0x6f	0x06	0x3f	0x3f	0x06
P2 口(位码)	0	1	2	3	4	5	6	7

动态显示"19491001"的源程序如下：

```
# include "reg51.h"
unsigned char DisplayData[8] = {0x06,0x6f,0x66,0x6f,0x06,0x3f,0x3f,0x06};
                                        //设置数字 19491001 共阴极段码

unsigned char i;                        //定义变量,记录显示位置
void delay(void)                        //定义延时函数
{
 unsigned char i = 200;
 while(i -- );
}
void main()                             //主函数
{
    while(1)
    {
    P0 = 0;                             //关显示,消隐
    P2 = i;                             //通过 74LS138 变成位选码
    P0 = DisplayData[i];                //送段码
    delay();                            //延时
    i++;                                //切换显示位置
    if(i > = 8)
        i = 0;
    }
}
```

8.1.2 LED 数码管静态显示

1. 移位寄存器 74HC595

74HC595 是一个 8 位串行输入、并行输出的移位缓存器,并行输出为可控三态输出,其外部引脚如图 8-2 所示,内部逻辑结构如图 8-3 所示。

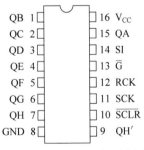

图 8-2 74HC595 外部引脚图

在 SCK 的上升沿,串行数据由 SI 输入到内部的 8 位位移缓存器,并由 QH'输出;并行输出是在 SCK 的上升沿将在 8 位位移缓存器的数据存入到 8 位并行输出缓存器。当并行输出端的控制信号 $\overline{G}$ 为低使能时,并行输出端的输出值等于并行输出缓存器所存储的值。74HC595 引脚功能如表 8-2 所示,真值表如表 8-3 所示,正常工作时序如图 8-4 所示。

2. 使用移位寄存器 74HC595 实现 4 位数码管静态驱动

根据实际需要 74HC595 可以多片级联从而可以扩展出更多并行口用来驱动外部设备,在级联多片 74HC595 时要考虑单片机输出口的驱动能力,在必要时要在电路中增加线路缓冲器提高端口的驱动能力。图 8-5 中使用 4 片 74HC595 级联,每个芯片驱动一个数码管,

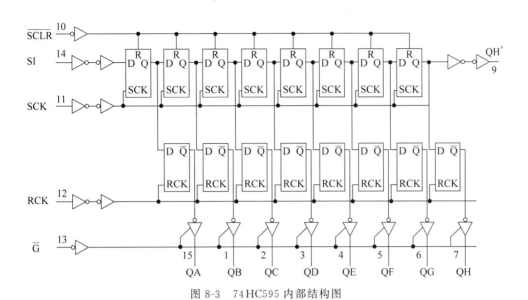

图 8-3　74HC595 内部结构图

表 8-2　74HC595 引脚功能

引 脚 编 号	引 脚 名	引 脚 功 能 定 义
1,2,3,4,5,6,7,15	QA~QH	并行三态输出
8	GND	电源地
9	QH'	串行数据输出
10	SCLR	移位寄存器清零端
11	SCK	数据输入时钟线
12	RCK	输出存储器锁存时钟线
13	$\overline{G}$	输出使能端
14	SI	串行数据输入端
15	VCC	电源端

表 8-3　74HC595 真值表

输 入 引 脚					输 出 引 脚
SI	SCK	SCLR	RCK	$\overline{G}$	
X	X	X	X	H	QA~QH 输出高阻抗
X	X	X	X	X	QA~QH 输出有效值
X	X	L	X	X	移位寄存器清零
L	上升沿	H	X	X	移位寄存器存储 L
H	上升沿	H	X	X	移位寄存器存储 H
X	下降沿	H	X	X	移位寄存器状态保持
X	X	X	上升沿	X	输出存储器锁存移位寄存器中的值
X	X	X	下降沿	X	输出锁存器状态保持

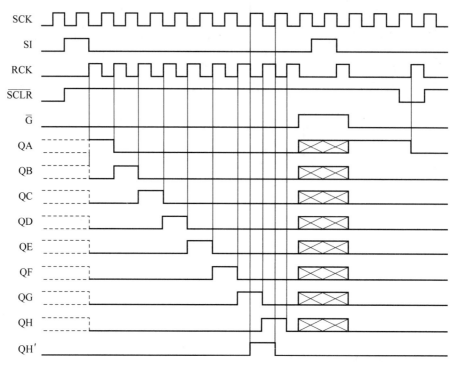

图 8-4　74HC595 的工作时序图

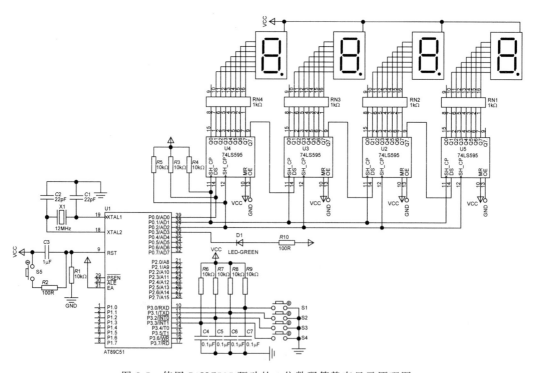

图 8-5　使用 74HC595 驱动的 4 位数码管静态显示原理图

构成 4 位数码管静态显示屏,单片机 P0.0 口接串行数据输入端、P0.1 口接数据输入时钟线、P0.2 口输出存储器锁存时钟线,电路图中使用四个独立按键分别接 P3.0、P3.1、P3.2 和 P3.3 口,同时对地接 104 电容实现按键消抖。

例 8-2　使用图 8-4 中的 4 位数码管模拟工件装箱计数,前两位数码管显示装箱工作的上限,设置范围为 20-60 件,后两位数码管显示当前装箱工件数量。LED 灯指示自动计数,电路中 4 个按键功能如下:

当按下 S1 键时,装箱工件上限值加 1。

当按下 S2 键时,装箱工件上限值减 1。

当按下 S3 键时,启动/停止当前装箱工件计数操作。

当按下 S4 键时,当前装箱工件数值清零,启动计数。

4 位数码管模拟工件装箱计数源程序如下:

```
#include "req51.h"
#define SI P0_0
#define SCK P0_1
#define RCK P0_2
unsigned char code led[] = {                        //定义段码
  0x3F,0x06,0x5B,0x4F,0x66,0x6D,0x7D,0x07,0x7F,0x6F,};    //0 1 2 3 4 5 6 7 8 9
unsigned char disbuf[4];                            //显示缓冲区
unsigned char key_value = 0;                        //按键值
unsigned char set_number = 30, number = 15;         //设定值,计数值
unsigned char run_flag = 1;                         //计数开关
unsigned char data_change = 1;                      //全局变量,数据改变
unsigned int cycle_number = 0;                      //循环次数,做延时用
void tx8bit(unsigned char d);                       //74HC595 驱动程序
void display(void);                                 //显示程序
void key_scan(void);                                //按键扫描程序
void key_handle(void);                              //按键处理程序
void datapros(void);                                //数据处理程序,将数据拆分成个位和十位
void run_();                                        //自动计数程序
/ *********************************
 * 函数名:main()
 * 功能:实现模拟工件计数程序
 *********************************** /
void main()
{
    while(1)
      {
      key_scan();                                   //按键扫描
      key_handle();                                 //按键处理
      if(data_change == 1)                          //数据发生改变,显示数据
        {
        data_change = 0;
        datapros();                                 //数据处理
         display();                                 //显示程序
        }
```

```
            if(run_flag == 0) P0_3 = 1;                    //停止计数,熄灭指示灯
            else
            {
            run_();                                         //计数程序
            P0_3 = 0;                                        //点亮指示灯
            }
            }
}
/ ********************************************
* 函数名 :run_()
* 输入 :无
* 输出 :无
* 功能 :记录循环次数,自动让计数值加 1
********************************************* /
void run_()
{
 cycle_number++;
 if(cycle_number > = 5000)
 {
   cycle_number = 0;
   if(number < set_number) number++;                 //计数值加 1
   data_change = 1;                                   //数据改变,需要显示
 }
}
void datapros(void)
{
      disbuf[3] = set_number/10;                      //设定值十位
      disbuf[2] = set_number % 10;                     //设定值个位
      disbuf[1] = number/10;                          //计数值十位
      disbuf[0] = number % 10;                         //计数值个位
}
/ *********************
* 函数名 :tx8bit(unsigned char d)
* 输入 :形参 d 单片机向 74HC595 发送的数据
* 输出 :无
* 功能 :将 8 位数据通过 8 个时钟移位进入 74HC595
*********************** /
void tx8bit(unsigned char d)
{
      char i;
      for(i = 0;i < 8;i++)
      {
            if(d&0x01)SI = 1;
            else SI = 0;
            SCK = 0;
            SCK = 1;
            d = d >> 1;
      }
}
/ ***********************
* 函数名 :display(void)
```

* 输入 :无
* 输出 :无
* 功能 :将显示缓冲区的 4 字节数据依次发送到 4 个级联的 74HC595 中
** /

```c
void display(void)
{
    char i,c;
    for(i = 0;i < 4;i++)
    {
        c = disbuf[i];                      //查表获得显示数据的段码
        tx8bit(~led[c]);                    //发送数据
    }
    RCK = 0;                                //输出锁存脉冲
    RCK = 1;
    RCK = 0;
}
```

/ ****************************
* 函数名 :key_scan(void)
* 功能 :扫描按键,使用全局变量和引脚输入配合检测端口下降沿确定按键动作
* 输入 :无
* 输出 :无,通过全局变量传递按键值
**************************** /

```c
void key_scan(void)
{
    static unsigned char f1 = 0,f2 = 0,f3 = 0,f4 = 0;
    if( P3_0 == 1)f1 = 1;
    if( P3_1 == 1)f2 = 1;
    if( P3_2 == 1)f3 = 1;
    if( P3_3 == 1)f4 = 1;
    if((P3_0 == 0)&&(f1 == 1)){f1 = 0;key_value = 1;}
    if((P3_1 == 0)&&(f2 == 1)){f2 = 0;key_value = 2;}
    if((P3_2 == 0)&&(f3 == 1)){f3 = 0;key_value = 3;}
    if((P3_3 == 0)&&(f4 == 1)){f4 = 0;key_value = 4;}
}
```

/ ****************************
* 函数名 :key_handle(void)
* 输入 :通过全局变量传递信息
* 输出 :无
* 功能 :按键 1 为加 1 操作,按键 2 为减 1 操作,按键 3 为启动和停止计数操作,按键 4 为计数值清零
并启动计数操作
**************************** /

```c
void key_handle(void)
{
    if(key_value == 0)return;
    if(key_value == 1){if(set_number < 99)set_number++; }       //设定值加 1
    if(key_value == 2){if(number > 20) set_number -- ; }        //设定值减 1
    if(key_value == 3){if(run_flag == 0)run_flag = 1;else run_flag = 0;}     //启动停止标志位
    if(key_value == 4){number = 0;run_flag = 1;}                //计数值清零,启动计数
    data_change = 1;                                            //数据改变
    key_value = 0;
}
```

8.2 矩阵键盘

8.2.1 键盘及其分类

在单片机应用系统中,键盘是人机交互的重要组成部分,用于向单片机应用系统输入数据或控制信息。键盘实质上是一组按键开关的集合。通常,按键所用开关为机械弹性开关,均利用机械触点的合、断作用。

键盘形式一般有独立式键盘和矩阵式键盘两种。独立式键盘的结构简单,但占用的资源多,通常用在按键数量较少的场合,大多数单片机应用采取这种方式;矩阵式键盘的结构相对复杂些,但占用的资源较少,通常用在按键数量较多的场合。

独立式键盘如图 8-6 所示,其中,每个键对应 I/O 端口的一位,在按键未闭合时,各位均处于高电平。当有键按下时,就使对应位接地而成为低电平,而其他位仍为高电平。这样,CPU 只要检测到某位或某些位为 0,便可判别出对应键是否按下。

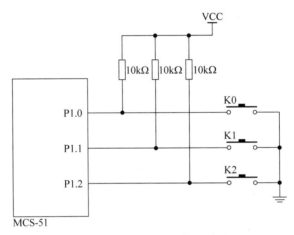

图 8-6 独立式键盘结构电路图

从图 8-6 的结构来看,独立式键盘一个按键对应一个 I/O 端口,当键盘上的键较多时,占用的 I/O 端口就多。比如,一个有 16 个键的键盘,采用这种方法来设计时,就需要 16 条连线,即需用 2 个 8 位并行端口。因此,这种结构通常用在键盘数量较少的小键盘中。独立式按键检测程序在第 7 章节中已有介绍,此处省略该程序。

8.2.2 矩阵按键扫描

矩阵式键盘电路如图 8-7 所示,该键盘由 4 行 4 列(4×4)构成了 16 个键阵,每一行线与列线的交叉处是互不相通的,而是通过一个按键来接通。D0~D3 作为行线,D4~D7 作为列线,只要用 8 条引线便可以完成键盘的连接。如需要实现 $M×N$ 个键,采用矩阵式结构只要 $M+N$ 条引线就行了。

无论是独立键盘还是矩阵键盘,单片机检测其是否被按下的依据都是一样的,也就是检测与该键对应的 I/O 口是否为低电平。独立键盘有一端固定为低电平,此种方式编程比较简单。而矩阵键盘中按键的两端都与单片机 I/O 口相连,因此在检测时需要编程通过单片机I/O口在按键的一端送出低电平,一端送高电平,通过读入高电平端口来判断是否有按键按下。检测方法有多种,最常用的是行列扫描法和线翻转法。

(1)行列扫描法:检测时,先送一列为低电平,其余几列全为高电平(此时确定了列数),然后立即轮流检测一次各行是否有低电平,若检测到某一行为低电平(这时又确定了行数),则可确认当前被按下的键是哪一行哪一列,用同样方法轮流送各列一次低电平,再轮流检测一次各行是否变为低电平,这样即可检测完所有的按键,当有键被按下时便可判断出按下的键是哪一个键。当然也可以将行线置低电平,扫描列是否有低电平,从而达到整个键盘的检测。

(2)线翻转法:首先使所有行线为低电平时,检测所有列线是否有低电平,如果没有检测到,则表示没有按键按下;如果检测到有,则记录列线值。然后再翻转,使所有列线都为低电平,检测所有行线的值,由于有按键按下,行线的值也会有变化,因此记录行线的值就可以检测到全部按键。

例8-3 4×4矩阵键盘设计实例。

从图8-7中可以看出,4×4矩阵键盘引出的8根控制线直接连接到51单片机的P1口上。电路中的P1.7连接矩阵键盘的第1行,P1.3连接矩阵键盘第1列。

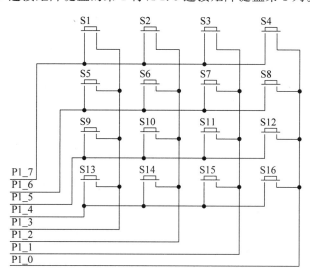

图8-7　4×4矩阵键盘电路图

4×4矩阵键盘扫描法检测源程序代码如下:

```
#include "reg52.h"
typedef unsigned int u16;                //对系统默认数据类型进行重定义
typedef unsigned char u8;
#define KEY_MATRIX_PORT P1               //使用宏定义矩阵按键控制口
#define SMG_A_DP_PORT P0                 //使用宏定义数码管段码口
u8 usmg_code[17] = {0x3f,0x06,0x5b,0x4f,0x66,    //共阴极数码管显示0~F的段码数据
0x6d,0x7d,0x07,0x7f,0x6f,0x77,0x7c,0x39,0x5e,0x79,0x71};
void delay_10us(u16 ten_us)             //延时函数,ten_us=1时,大约延时10μs
{
    while(ten_us--);
}
```

```
u8 key_matrix_ranks_scan(void)
{
    u8 key_value = 0;
    KEY_MATRIX_PORT = 0xf7;                  //给第一列赋值 0,其余全为 1
if(KEY_MATRIX_PORT!= 0xf7)                   //判断第一列按键是否按下
{
    delay_10us(1000);                        //消抖
    switch(KEY_MATRIX_PORT)                  //保存第一列按键按下后的键值
    {
        case 0x77: key_value = 1;break;
        case 0xb7: key_value = 5;break;
        case 0xd7: key_value = 9;break;
        case 0xe7: key_value = 13;break;
    }
}
while(KEY_MATRIX_PORT!= 0xf7);               //等待按键松开
KEY_MATRIX_PORT = 0xfb;
if(KEY_MATRIX_PORT!= 0xfb)                   //给第二列赋值 0,其余全为 1
{
    delay_10us(1000);                        //判断第二列按键是否按下
    switch(KEY_MATRIX_PORT)                  //消抖
    {                                        //保存第二列按键按下后的键值
    case 0x7b: key_value = 2;break;
    case 0xbb: key_value = 6;break;
    case 0xdb: key_value = 10;break;
    case 0xeb: key_value = 14;break;
    }
}
while(KEY_MATRIX_PORT!= 0xfb);               //等待按键松开
KEY_MATRIX_PORT = 0xfd;
if(KEY_MATRIX_PORT!= 0xfd)                   //给第三列赋值 0,其余全为 1
{                                            //判断第三列按键是否按下
    delay_10us(1000);                        //消抖
    switch(KEY_MATRIX_PORT)                  //保存第三列按键按下后的键值
    {
        case 0x7d: key_value = 3;break;
        case 0xbd: key_value = 7;break;
        case 0xdd: key_value = 11;break;
        case 0xed: key_value = 15;break;
    }
}
while(KEY_MATRIX_PORT!= 0xfd);               //等待按键松开
KEY_MATRIX_PORT = 0xfe;                      //给第四列赋值 0,其余全为 1
if(KEY_MATRIX_PORT!= 0xfe)                   //判断第四列按键是否按下
{
    delay_10us(1000);                        //消抖
    switch(KEY_MATRIX_PORT)                  //保存第四列按键按下后的键值
    {
    case 0x7e: key_value = 4;break;
    case 0xbe: key_value = 8;break;
    case 0xde: key_value = 12;break;
    case 0xee: key_value = 16;break;
```

```
        }
        }
    while(KEY_MATRIX_PORT!= 0xfe);          //等待按键松开
    return key_value;
}


void main()
{
u8 key = 0;
while(1)
{
key = key_matrix_ranks_scan();
if(key!= 0)
SMG_A_DP_PORT = gsmg_code[key - 1];     //得到的按键值减 1 换算成数组下标对应 0～F 段码
}
}
```

8.3 LED 点阵显示屏

LED 点阵屏由 LED(发光二极管)组成,以灯珠亮灭来显示文字、图片、动画、视频等,是各部分组件都模块化的显示器件,通常由显示模块、控制系统及电源系统组成。LED 不仅有单色显示还有彩色显示,LED 点阵显示屏因制作简单,安装方便,被广泛应用于各种公共场合,如汽车报站器、广告屏以及公告牌等。

1. LED 点阵介绍

LED 点阵应用较多的是 8×8 点阵,然后使用多个 8×8 点阵可组成不同分辨率的 LED 点阵显示屏,比如 16×16 点阵可以使用 4 个 8×8 点阵构成。因此理解了 8×8 LED 点阵的工作原理,其他分辨率的 LED 点阵显示屏都是一样的。8×8 点阵实物图及内部结构图如图 8-8 所示。

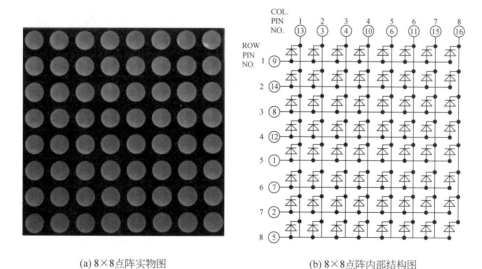

(a) 8×8点阵实物图   (b) 8×8点阵内部结构图

图 8-8   8×8 点阵实物及内部结构图

8×8 点阵共由 64 个发光二极管组成,且每个发光二极管是放置在行线和列线的交叉点上,当对应的某一行置高电平,某一列置低电平,则相应的二极管点亮;在 8×8 LED 点阵上稳定显示一个字符的程序设计方法如下:首先选中 8×8 LED 的第一行,然后将该行点亮状态所对应的字型码,送到列控制端口,延时约 1ms 后,选中第二行,并传送该行对应的显示状态字型码,延时后再选中第三行,重复上述过程,直至 8 行均显示一遍,时间约为 8ms,即完成一遍扫描显示。然后再次从第一行开始循环扫描显示,利用视觉驻留现象,就可以看到一个稳定的图形。实际上点阵 LED 扫描和动态数码管的显示方法相似,只不过数码管的 LED 灯是段值。这里使用 LED 点阵显示字符,也是多个 LED 同时点亮。

2. 8×8 LED 点阵显示字符设计实例

8×8 LED 点阵驱动电路原理图如图 8-9 所示,移位寄存器 74HC595 输出端连接到 LED 点阵模块的行端口上(LED 发光二极管的阳极),LED 点阵模块的列端口(发光二极管的阴极)接 P0 口。

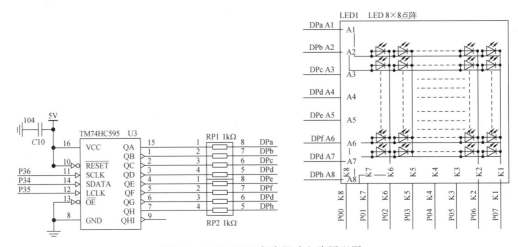

图 8-9　8×8 LED 点阵驱动电路原理图

在 8×8 点阵上显示"0"的源程序代码如下:

```
# include "reg52.h"
u8 gled_col[8] = {0x7f,0xbf,0xdf,0xef,0xf7,0xfb,0xfd,0xfe};
//LED 点阵显示数字 0 的列数据
u8 gled_row[8] = {0x18,0x24,0x24,0x24,0x24,0x24,0x24,0x18};
//LED 点阵显示数字 0 的行数据
/**************************************************
* 函 数 名 : delay_10us
* 函数功能 : 延时函数,ten_us = 1 时,大约延时 10μs
* 输入 : ten_us
* 输出 : 无
************************************************** /
void delay_10us(u16 ten_us)
{
while(ten_us -- );
}
/**************************************************
```

```
* 函 数 名  : hc595_write_data(u8 dat)
* 函数功能  : 向 74HC595 写入一个字节的数据
* 输入  : dat:数据
* 输出  : 无
********************************************************************** /
void hc595_write_data(u8 dat)
{
u8 i = 0;
for(i = 0;i < 8;i++)          //循环 8 次即可将一个字节写入寄存器中
{
SER = dat >> 7;              //优先传输一个字节中的高位
dat << = 1;                  //将低位移动到高位
SRCLK = 0;
delay_10us(1); SRCLK = 1;
delay_10us(1);              //移位寄存器时钟上升沿将端口数据送入寄存器中
}
RCLK = 0;
delay_10us(1);
RCLK = 1;                   //存储寄存器时钟上升沿将前面写入到寄存器的数据输出
}
/ *****************************************************************
* 函 数 名  : main
* 函数功能  : 主函数
********************************************************************** /
void main()
{
u8 i = 0;
while(1)
{
for(i = 0;i < 8;i++)                //循环 8 次扫描行、列
{
LEDDZ_COL_PORT = gled_col[i];       //传送列选数据
hc595_write_data(gled_row[i]);      //传送行选数据
delay_10us(100);                    //延时一段时间,等待显示稳定
hc595_write_data(0x00);             //消影
}
}
}
```

通过上述代码不难看出,显示一个字符重点要理解动态扫描,main()函数中主要是在 while 循环内从上至下,从左至右不断扫描行、列,即首先设置左边第一列有效(P0.7 输出低电平),其余列无效(P0.6~P0.0 输出高电平),然后通过 74HC595 输出该列对应的行数据,延时一段时间等待显示稳定,最后清除列对应的行数据,即消影。从整个流程下来与动态数码管显示程序是很相似的。

8.4　字符型 LCD 液晶显示器

液晶显示器是一种低功耗液晶显示器件。工作电流小,适合于仪表和低功耗系统。常用的有笔画型液晶显示器、点阵字符型液晶显示器和点阵图形式液晶显示器。

8.4.1 液晶显示器的特点

(1) 低压微功耗。工作电压仅 $3\sim6V$,功耗极小(每平方厘米仅 $10\sim80\mu W$),同样的显示面积其功耗只是 LED 显示器的几百分之一。

(2) 被动显示。液晶显示器可在明亮环境下正常使用,其显示清晰度不像 LED 显示器那样会随环境光的增强而减弱,它在太阳光下也能正常显示;本身不发光,在黑暗环境下不能显示,需要辅助光源。

(3) 平板型结构。体积小、外型薄,使用极为方便。

(4) 显示信息量大。液晶显示器显示面积和字形大小以及字符的多少在一定范围内不受限制。

(5) 响应速度较慢。液晶显示器响应时间和余辉时间较长,为毫秒级。

(6) 寿命长。器件本身几乎没有什么劣化问题。

(7) 工作温度范围较窄。通常为 $-10\sim+60℃$。

8.4.2 LCD1602 字符点阵液晶显示器

从显示形式分类,可分成字段型(笔段型)、点阵字符型和点阵图型 3 种。

笔段型液晶显示器用笔段组成字符,每一个字符的笔段都很有限,所以它的译码电路、驱动电路都相对简单,早期便携式仪器使用的大多是这种液晶显示器。但是这种液晶显示器只能显示数字和极少量的字符,显示信息量太少,不能适应智能仪器需要显示大量信息的要求。

点阵字符型液晶显示器是专门用于显示字母、数字、图形符号及少量自定义符号的显示器。这类显示器把 LCD 控制器、点阵驱动器、字符存储器全放在一块印制板上,构成便于应用的液晶显示器模块。它是由若干个 5×7 或 5×10 点阵字符位组成的。点阵字符之间空有一个点距的间隔起到了字符间距和行距的作用。这类模块大多做成通用形式,接口格式比较统一。

1. LCD1602 字符点阵液晶显示器的结构特点

LCD1602 可实现字符移动、闪烁等功能。与 CPU 的数据传输可采用 8 位并行传输或 4位并行传输两种方式,LCD1602 不仅作为控制器,而且还具有驱动 40×16 点阵液晶像素的能力。其内部的自定义字符发生器 RAM(CGRAM)的部分未用位还可作一般数据存储器使用。

LCD1602 字符点阵液晶显示模块外形和外部引脚图如图 8-10 所示,该模块有 16 个引脚,引脚功能如表 8-4 所示。

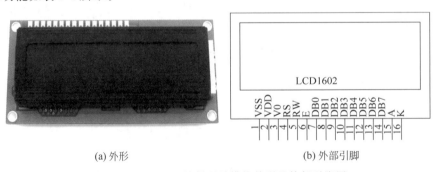

(a) 外形   (b) 外部引脚

图 8-10 LCD1602 液晶显示模块外形及外部引脚图

表 8-4 LCD1602 液晶显示模块引脚的功能说明表

引脚号	符号	引脚功能说明
1	Vss	电源地引脚(GND)
2	VDD	+5V 电源引脚(VCC)
3	VO	液晶显示亮度调节电压输入
4	RS	指令和数据寄存器选择。RS=0,指令寄存器;RS=1,数据寄存器
5	$R/\overline{W}$	读/写控制,$R/\overline{W}$=0:写操作 $R/\overline{W}$=1:读操作
6	E	使能信号,$R/\overline{W}$=0,E 下降沿有效;$R/\overline{W}$=1,E=1 有效
7~14	DB0~DB7	数据线,可以用 8 位连接也可以用只用高 4 位
15	A	背光控制正电源
16	K	背光控制地

LCD1602 的接口形式有两种:一种是 8 位数据总线形式;另一种是 4 位数据总线形式。分别适应于 8 位和 4 位数据总线的计算机。由于控制器内部是 8 位总线结构,所以在 8 位数据总线的形式下,数据总线 DB7~DB0 均有效,数据及指令代码一次操作完成;在 4 位数据总线形式下,数据总线 DB7~DB4 有效,DB3~DB0 呈高阻状态,数据及指令代码分两次操作完成。

控制线 RS、$R/\overline{W}$ 及使能端 E 的组合使用如表 8-5 所示。

表 8-5 控制线的组合状态

RS	$R/\overline{W}$	E	DB7~DB0	功　能
0	0	╲	输入状态	写指令代码
0	1	⊓	输出状态	读 BF 及 AC 值
1	0	╲	输入状态	写数据
1	1	⊓	输出状态	读数据

2. LCD1602 的内部结构

控制电路主要由指令寄存器(IR)、数据寄存器(DR)、忙标志(BF)、地址寄存器(AC)、显示数据寄存器(DDRAM)、字符发生器 ROM(CGROM)、字符发生器 RAM(CGRAM)和时序发生器电路构成。

1) 指令寄存器(IR)和数据寄存器(DR)

IR:用于寄存指令码。只能写入,不能读出。

DR:用于寄存数据。DR 的数据由内部操作自动写入 DDRAM 和 CGRAM,或寄存从 DDRAM 和 CGRAM 读出的数据。

2) 忙标志(BF)

BF=1 时,表示组件正在进行内部操作,此时组件不接收任何外部数据和指令。当 RS=0,$R/\overline{W}$=1 时,在 E 信号高电平的作用下,BF 输出到 DB7。

3) 地址计数器(AC)

AC 地址计数器作为 DDRAM 和 CGRAM 的地址指针,具有自动加 1 和减 1 的功能。

如果地址码随指令写入 IR,则 IR 的地址码自动装入 AC,同时选择 DDRAM 或 CGRAM。

4) 显示数据寄存器(DDRAM)

DDRAM 用于存储显示数据,能存储 80 个字符码。DDRAM 地址与字符位置的对应关系如下:

(1) 一行显示

字符列位置	1	2	3	…	78	79	80
第一行	00	01	02	…	65	66	67

注:前 40 字符和后 40 字符 DDRAM 地址不连续。

(2) 两行显示

字符列位置	1	2	3	…	38	39	40
第一行	00	01	02	…	25	26	27
第二行	40	41	42	…	65	66	67

(3) 四行显示

字符列位置	1	2	3	…	18	19	20
第一行	00	01	02	…	11	12	13
第二行	40	41	42	…	51	52	53
第三行	14	15	16	…	25	26	27
第四行	54	55	56	…	65	66	67

这种地址分配是 LCD1602 内定的,是不可更改的。

5) 字符发生器 ROM(CGROM)

CGROM 由 8 位字符码生成 5×7 点阵字符 160 种和 5×10 点阵字符 32 种。

6) 字符发生器 RAM(CGRAM)

LCD1602 的 CGRAM 允许用户建立 8 个 5×8 点阵的字符,用户可以使用 CGRAM 建立用户所需要的但 CGROM 没有的专用字符或符号,LCD1602 留给用户自定义字符代码为 00H~07H,规定 CGRAM 的地址为 00H~3FH,它的容量仅 64 字节,但是作为字符字模使用的仅是一个字节中的低 5 位,每个字节的高 3 位可留给用户作数据存储器应用。自定义的字符量最大为 8 个。若用户自定义字符由 5×10 点阵组成,则仅能定义 4 个字符。

3. LCD1602 的指令。

1) 清屏指令代码 01H

该指令使 DDRAM 的内容全部被清除;光标回原位,地址计数器 AC=0。

2) 光标归位指令代码 02H

该指令使光标或光标闪烁位回原点(屏幕的左上角),DDRAM 地址为 00H 位置。

3) 设置输入模式指令代码 000001 I/D S

I/D:当数据写入 DDRAM(CGRAM)或从 DDRAM(CGRAM)中读出数据,AC 自动加

1 或自动减 1。I/D＝1,自动加 1；I/D＝0,自动减 1。

S：S＝1 时,数据写入 DDRAM,显示将全部左移。此时光标看上去未动,仅显示内容移动;但从 DDRAM 中读数据时,显示不移动。S＝0,显示不移动,光标左移。

4) 显示开关控制指令代码 00001 D C B

D：显示控制。D＝1,开显示；D＝0,关显示,此时 DDRAM 的内容保持不变。

C：光标控制。C＝1,开光标显示；C＝0,关光标显示。

B：闪烁控制。B＝1,光标所指的字符同光标一起以 0.4s 间隔交变闪烁；B＝0,不闪烁。

5) 光标或显示移位指令代码 0001 S/C R/L 00

此指令使光标或显示画面在没有对 DDRAM 进行读、写操作时被左移或右移。在两行显示方式时,光标或闪烁的位置从第一行移到第二行。移动情况如表 8-6 所示。

表 8-6 光标或显示移位表

S/C	R/L	说　　　明
0	0	光标左移,AC 自动减 1
0	1	光标右移,AC 自动加 1
1	0	光标和显示一起左移
1	1	光标和显示一起右移

6) 功能设置指令代码 001 DL N F 00

这条指令设置数据接口位数等,即采用 4 位总线还是采用 8 位总线,显示行数及点阵是57 还是 510。

DL＝1：8 位数据总线 DB7～DB0。

DL＝0：4 位数据总线 DB7～DB4,DB3～DB0 不用。在此方式下数据操作需两次完成。

N＝0：两行显示；N＝1：一行显示。

F＝0：5×7 点阵；F＝1：5×10 点阵。

由于 LCD1602 内部复位电路启动对电源的要求有时系统满足不了,为了工作可靠,建议在软件编程时首先对 LCD1602 进行软件的初始化,然后再进行显示的使用。

7) CGRAM 地址设置指令代码 01 A5 A4 A3 A2 A1 A0

这条指令设置 CGRAM 地址指针。地址码 00H～3FH 被送入 AC。在此后,就可以将用户自定义的显示字符数据写入 CGRAM 或从 CGRAM 中读出。

8) DDRAM 地址设置指令代码 1A6A5A4 A3A2A1A0

这条指令设置 DDRAM 地址指针。地址码 00H～27H、40H～67H 有效。此后,就可以将显示字符码写入 DDRAM 或从 DDRAM 中读出。

9) 读标志 BF 和 AC 值

当 RS＝0、R/$\overline{W}$＝1 时,在 E 信号高电平的作用下,BF 和地址 A6～A0 被读到 DB7～DB0 的相应位。BF 为内部操作忙标志。BF＝1 时,表示组件正在进行内部操作,此时组件不接收任何外部指令和数据。直到内部操作结束(BF＝0)为止。

AC6～AC0 为地址计数器 AC 的内容。BF＝0 时,送到 DB6～DB0 的数据(AC6～

AC0)才有效。

10）写数据到 DDRAM 或 CGRAM

D7～D0 为字符码（写入 DDRAM）或字符图形数据（用户自定义的特殊字符图形数据，写入 CGRAM）。它被写入 DR,再由内部操作写入地址指针所指的 DDRAM 单元或 CGRAM 单元。

11）读 DDRAM 或 CGRAM 数据

它将 DDRAM(CGRAM)的内容读到数据总线 DB7～DB0。

8.4.3 LCD1602 液晶显示模块应用设计实例

LCD1602 液晶显示模块电路原理图如图 8-11 所示,编程实现在第一行显示"Hello World!",在第二行显示"0123456789"。

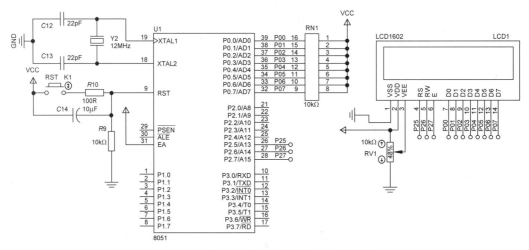

图 8-11 LCD1602 液晶显示模块电路原理图

LCD1602 液晶显示模块应用源程序代码如下:

```
lcd1602.h ==================================================================
#ifndef _lcd1602_H
#define _lcd1602_H
#include "public.h"
//LCD1602 数据口 4 位和 8 位定义,若为 1,则为 LCD1602 四位数据口驱动,反之为 8 位
#define LCD1602_4OR8_DATA_INTERFACE0          //默认使用 8 位数据口 LCD1602
//引脚定义
sbit LCD1602_RS = P2^6;                       //数据命令选择
sbit LCD1602_RW = P2^5;                       //读写选择
sbit LCD1602_E = P2^7;                        //使能信号
#define LCD1602_DATAPORT P0                    //宏定义 LCD1602 数据端口
//函数声明
void lcd1602_init(void);
void lcd1602_clear(void);
void lcd1602_show_string(u8 x,u8 y,u8 * str);
#endif
```

```c
# include "lcd1602.h"
/ **************************************************************************
*  函 数 名   : lcd1602_write_cmd
*  函数功能   : LCD1602 写命令
*  输   入    : cmd:指令
*  输   出    : 无
  ************************************************************************** /
# if (LCD1602_4OR8_DATA_INTERFACE == 0)        //8 位 LCD
void lcd1602_write_cmd(u8 cmd)
{
    LCD1602_RS = 0;                            //选择命令
    LCD1602_RW = 0;                            //选择写
    LCD1602_E = 0;
    LCD1602_DATAPORT = cmd;                    //准备命令
    delay_ms(1);
    LCD1602_E = 1;                             //使能引脚 E 前上升沿写入
    delay_ms(1);
    LCD1602_E = 0;                             //使能引脚 E 后负跳变完成写入
}
# else                                         //4 位 LCD
void lcd1602_write_cmd(u8 cmd)
{
    LCD1602_RS = 0;                            //选择命令
    LCD1602_RW = 0;                            //选择写
    LCD1602_E = 0;
    LCD1602_DATAPORT = cmd;                    //准备命令
    delay_ms(1);
    LCD1602_E = 1;                             //使能引脚 E 前上升沿写入
    delay_ms(1);
    LCD1602_E = 0;                             //使能引脚 E 后负跳变完成写入
    LCD1602_DATAPORT = cmd << 4;               //准备命令
    delay_ms(1);
    LCD1602_E = 1;                             //使能引脚 E 前上升沿写入
    delay_ms(1);
    LCD1602_E = 0;                             //使能引脚 E 后负跳变完成写入
}
# endif


/ **************************************************************************
*  函 数 名   : lcd1602_write_data
*  函数功能   : LCD1602 写数据
*  输   入    : dat:数据
*  输   出    : 无
  ************************************************************************** /
# if (LCD1602_4OR8_DATA_INTERFACE == 0)        //8 位 LCD
void lcd1602_write_data(u8 dat)
{
```

```
        LCD1602_RS = 1;                          //选择数据
        LCD1602_RW = 0;                          //选择写
        LCD1602_E = 0;
        LCD1602_DATAPORT = dat;                  //准备数据
        delay_ms(1);
        LCD1602_E = 1;                           //使能引脚 E 前上升沿写入
        delay_ms(1);
        LCD1602_E = 0;                           //使能引脚 E 后负跳变完成写入
    }
    #else
    void lcd1602_write_data(u8 dat)
    {
        LCD1602_RS = 1;                          //选择数据
        LCD1602_RW = 0;                          //选择写
        LCD1602_E = 0;
        LCD1602_DATAPORT = dat;                  //准备数据
        delay_ms(1);
        LCD1602_E = 1;                           //使能引脚 E 前上升沿写入
        delay_ms(1);
        LCD1602_E = 0;                           //使能引脚 E 后负跳变完成写入
        LCD1602_DATAPORT = dat << 4;             //准备数据
        delay_ms(1);
        LCD1602_E = 1;                           //使能引脚 E 前上升沿写入
        delay_ms(1);
        LCD1602_E = 0;                           //使能引脚 E 后负跳变完成写入
    }
    #endif
LCD1602.C
    ================================================================


/ ********************************************************************
* 函 数 名  : lcd1602_init
* 函数功能  : LCD1602 初始化
* 输   入  : 无
* 输   出  : 无
********************************************************************* /
#if (LCD1602_4OR8_DATA_INTERFACE == 0)           //8 位 LCD
void lcd1602_init(void)
{
        lcd1602_write_cmd(0x38);                 //数据总线 8 位,显示 2 行,5×7 点阵/字符
        lcd1602_write_cmd(0x0c);                 //显示功能开,无光标,光标闪烁
        lcd1602_write_cmd(0x06);                 //写入新数据后光标右移,显示屏不移动
        lcd1602_write_cmd(0x01);                 //清屏
}
    #else
    void lcd1602_init(void)
    {
        lcd1602_write_cmd(0x28);                 //数据总线 4 位,显示 2 行,5×7 点阵/字符
```

```
        lcd1602_write_cmd(0x0c);              //显示功能开,无光标,光标闪烁
        lcd1602_write_cmd(0x06);              //写入新数据后光标右移,显示屏不移动
        lcd1602_write_cmd(0x01);              //清屏
}
#endif


/ * * * * * * * * * * * * * * * * * * * * * * * * * * * * * * * * * * * * * * * * * * * * * * * * * * * * *
 * 函 数 名    : lcd1602_clear
 * 函数功能    : LCD1602 清屏
 * 输  入      : 无
 * 输  出      : 无
 * * * * * * * * * * * * * * * * * * * * * * * * * * * * * * * * * * * * * * * * * * * * * * * * * * * * * /
void lcd1602_clear(void)
{
        lcd1602_write_cmd(0x01);
}
/ * * * * * * * * * * * * * * * * * * * * * * * * * * * * * * * * * * * * * * * * * * * * * * * * * * * * *
 * 函 数 名    : lcd1602_show_string
 * 函数功能    : LCD1602 显示字符
 * 输  入      : x,y:显示坐标,x = 0~15,y = 0~1;
               str:显示字符串
 * 输  出      : 无
 * * * * * * * * * * * * * * * * * * * * * * * * * * * * * * * * * * * * * * * * * * * * * * * * * * * * * /
void lcd1602_show_string(u8 x,u8 y, u8 * str)
{
        u8 i = 0;
        if(y > 1||x > 15)return;        //行列参数不对,则强制退出
        if(y < 1)                       //第 1 行显示
        {
            while( * str!= '\0')         //字符串是以'\0'结尾,只要前面有内容就显示
            {
                if(i < 16 - x)          //如果字符长度超过第一行显示范围,则在第二行继续显示
                {
                    lcd1602_write_cmd(0x80 + i + x);              //第一行显示地址设置
                }
                else
                {
                    lcd1602_write_cmd(0x40 + 0x80 + i + x - 16);   //第二行显示地址设置
                }
                lcd1602_write_data( * str);                       //显示内容
                str++;                  //指针递增
                i++;
            }
        }
        else                            //第二行显示
        {
            while( * str!= '\0')
            {
```

```
                if(i < 16 - x)          //如果字符长度超过第二行显示范围,则在第一行继续显示
                {
                    lcd1602_write_cmd(0x80 + 0x40 + i + x);
                }
                else
                {
                    lcd1602_write_cmd(0x80 + i + x - 16);
                }
                lcd1602_write_data( * str);
                str++;
                i++;
            }
        }
}
```

public. h ==

```
#ifndef _public_H
#define _public_H
#include "reg52. h"
typedef unsigned int u16;              //对系统默认数据类型进行重定义
typedef unsigned char u8;
typedef unsigned long u32;
void delay_10us(u16 ten_us);
void delay_ms(u16 ms);
#endif
```

public. c ==

```
#include "public. h"
/ ********************************************************************
* 函 数 名    : delay_10us
* 函数功能    : 延时函数,ten_us = 1 时,大约延时 10μs
* 输  入      : ten_us
* 输  出      : 无
 ******************************************************************** /
void delay_10us(u16 ten_us)
{
    while(ten_us -- );
}


/ ********************************************************************
* 函 数 名    : delay_ms
* 函数功能    : ms 延时函数,ms = 1 时,大约延时 1ms
* 输  入      : ms:ms 延时时间
* 输  出      : 无
 ******************************************************************** /
void delay_ms(u16 ms)
{
    u16 i,j;
    for(i = ms;i > 0;i -- )
        for(j = 110;j > 0;j -- );
```

```
}
main.c =============================================================
# include "public.h"
# include "lcd1602.h"
/ *********************************************************************
 * 函 数 名   : main
 * 函数功能   : 主函数
 * 输  入    : 无
 * 输  出    : 无
 ********************************************************************* /
void main()
{
    lcd1602_init();                          //LCD1602 初始化
    lcd1602_show_string(0,0,"Hello World!"); //第一行显示
    lcd1602_show_string(0,1,"0123456789");   //第二行显示
    while(1)
    {

    }
}
```

## 第 9 章

80C51 单片机的中断

本章主要介绍了中断的基本概念,以及 80C51 单片机的中断系统结构,详细叙述了与中断相关的特殊功能寄存器各位的功能和作用、中断响应的条件及响应过程、外部中断响应时间、中断请求撤销的方法,最后给出了设计中断程序的具体方法和实例。

80C51 单片机有 5 个中断源,2 个中断优先级,可实现两级中断嵌套,具备完善的中断系统。在单片机系统中,中断技术主要用于实时监测与控制,要求单片机能及时地响应中断请求源提出的服务请求,进行快速响应并及时处理。

9.1 中断概述

在生活中经常会遇到这样的情况:正在书房看书时,突然客厅的电话响了,人们往往会停止看书,转而去接电话,接完电话后又回书房接着看书。这种中止当前工作,转而去做其他工作,做完后又返回来继续做先前工作的现象称为中断。

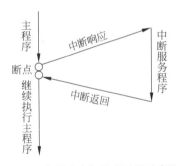

图 9-1 中断响应与处理过程示意图

单片机也有类似的中断现象,当单片机正在执行程序时,如果有中断源发出中断请求,单片机将暂时中止当前正在执行的程序,转到中断服务程序中处理中断服务请求,处理完中断服务请求后,再回到原来被中止的程序处(断点),继续执行被中断的程序。中断响应与处理过程如图 9-1 所示。

其中,发出中断请求的来源称为中断请求源,简称中断源。单片机暂停当前正在执行的程序,转向执行中断服务程序的过程称为中断响应。处理完中断服务程序返回到断点处继续执行程序的过程称为中断返回。

如果不采用中断,CPU 对事件的处理通常只能采用程序查询方式,CPU 需不断地查询是否有事件发生,在查询操作上浪费了大量的时间。单片机采用中断技术后,能够对发生的事件进行及时的处理,完全消除了查询方式中的时间浪费现象,大大提高了单片机的实时性和工作效率。

9.2 80C51 单片机的中断系统结构

80C51 单片机中断系统有 5 个中断源和 2 个中断优先级,可以实现两级中断服务的嵌套。80C51 单片机的中断系统由中断请求标志位(在各中断的控制寄存器中进行设置)、中断允许控制寄存器 IE、中断优先级控制寄存器 IP 以及内部硬件查询电路组成,如图 9-2 所示。在中断的控制寄存器中可对各中断请求进行设置,中断允许控制寄存器 IE 控制 CPU 是否允许响应中断请求,中断优先级控制寄存器 IP 设置各中断源的优先级。当同一优先级内各中断同时提出中断请求时,则按自然优先级顺序查询。

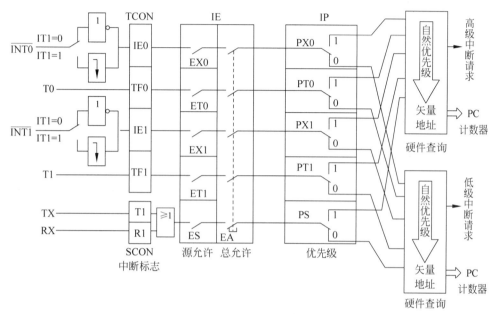

图 9-2　80C51 单片机的中断系统结构示意图

9.2.1　中断源

80C51 单片机的中断系统共有 5 个中断源,如表 9-1 所示。

表 9-1　80C51 单片机的中断源

中断源	中断请求标志位	说　　明
外部中断 0	IE0	中断请求信号由 P3.2($\overline{\text{INT0}}$)引脚输入,通过 IT0 来决定是低电平有效还是负跳变有效。一旦输入信号有效,硬件自动将中断请求标志位 IE0 置 1,请求中断处理
外部中断 1	IE1	中断请求信号由 P3.3($\overline{\text{INT1}}$)引脚输入,通过 IT1 来决定是低电平有效还是负跳变有效。一旦输入信号有效,硬件自动将中断请求标志位 IE1 置 1,请求中断处理
T0 溢出中断	TF0	当定时/计数器 T0 计数溢出时,硬件自动将中断请求标志位 TF0 置 1,请求中断处理
T1 溢出中断	TF1	当定时/计数器 T1 计数溢出时,硬件自动将中断请求标志位 TF1 置 1,请求中断处理
串行口中断	TI/ RI	当发送或接收一个串行数据帧时,内部串行口中断请求标志位 TI(发送中断请求标志位)或 RI(接收中断请求标志位)由硬件自动置 1,请求中断处理

9.2.2 中断相关寄存器

5 个中断源的中断请求标志分别由特殊功能寄存器 TCON 和 SCON 的相应位锁存。通过 TCON 和 SCON 中相应的中断请求标志位的状态,CPU 可以判断出是哪个中断源发出了中断请求。

1. TCON 寄存器

TCON 是定时/计数器的控制寄存器,字节地址是 88H,可位寻址。该寄存器中不仅包括了定时/计数器 T0 和 T1 的溢出中断请求标志位,还包括了 $\overline{INT0}$ 和 $\overline{INT1}$ 两个外部中断的中断请求标志位以及两个外部中断请求源的触发方式选择位,特殊功能寄存器 TCON 的格式如图 9-3 所示。本章只介绍与中断相关的标志位。

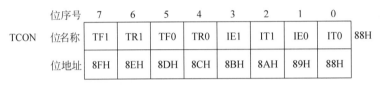

位序号	7	6	5	4	3	2	1	0	
TCON 位名称	TF1	TR1	TF0	TR0	IE1	IT1	IE0	IT0	88H
位地址	8FH	8EH	8DH	8CH	8BH	8AH	89H	88H	

图 9-3　特殊功能寄存器 TCON 的格式

TCON 寄存器中与中断系统有关的各标志位的功能如下。

(1) TF1:定时/计数器 T1 的溢出中断请求标志位。

当启动定时/计数器 T1 后,T1 从初值开始加 1 计数,当计数溢出时,由硬件自动将 TF1 置 1。该位的使用有两种情况:当采用中断方式时,TF1 作为中断请求标志位使用,CPU 响应定时/计数器 T1 中断请求后,程序转向中断服务程序,同时由硬件自动对 TF1 标志位清零;当采用查询方式时,TF1 作为查询状态位使用,查询后要使用软件及时将该位清零。

(2) TF0:定时/计数器 T0 的溢出中断请求标志位,功能与 TF1 相同。

(3) IE1:外部中断 1 的中断请求标志位。当 CPU 检测到 $\overline{INT1}$ 引脚上有中断请求信号时,由硬件自动将 IE1 置 1,向 CPU 申请中断。CPU 响应中断后,IE1 标志位由硬件自动清零。

(4) IE0:外部中断 0 的中断请求标志位,功能与 IE1 相同。

(5) IT1:外部中断 1 的中断请求触发方式控制位。

当 IT1=0 时,外部中断 1 的中断请求方式被设置为电平触发方式,CPU 在每个机器周期的 S5P2 期间采样 $\overline{INT1}$ 引脚的输入电平。若采样到低电平,表示外部中断 1 有中断请求,硬件自动将 IE1 置 1,直到 CPU 响应中断时,由硬件将 IE1 清零。

当 IT1=1 时,外部中断 1 的中断请求方式被设置为负跳变触发(跳沿触发)方式,CPU 在每个机器周期的 S5P2 期间采样 $\overline{INT1}$ 引脚的输入电平。在相邻的两个机器周期采样过程中,若一个机器周期采样到该引脚为高电平,下一个机器周期采样到该引脚为低电平,表示外部中断 1 有中断请求,则由硬件自动将 IE1 置 1,直到 CPU 响中断时,由硬件将 IE1 清零。需要注意的是,输入的负脉冲宽度至少要保持 1 个机器周期才能被 CPU 采样到。外部中断若设置为负跳变触发方式,外部中断请求触发器能锁存外部中断输入线上的负跳变,也就是说,即使 CPU 暂时不能响应该外部中断请求,中断请求标志也不会清零,这样就不会丢失中断。

（6）IT0：外部中断0的中断请求触发方式控制位，功能与IT1相同。

2. SCON寄存器

SCON是串行口控制寄存器，字节地址是98H，可位寻址。SCON的低两位TI和RI锁存串行口的发送和接收中断的中断请求标志位，特殊功能寄存器SCON的格式如图9-4所示。本章只介绍与中断相关的标志位。

位序号	7	6	5	4	3	2	1	0	
SCON 位名称	SM0	SM1	SM2	REN	TB8	RB8	TI	RI	98H
位地址	9FH	9EH	9DH	9CH	9BH	9AH	99H	98H	

图9-4　特殊功能寄存器SCON的格式

SCON寄存器中与中断系统有关的各标志位的功能如下。

（1）TI：串行口发送中断请求标志位。当CPU将1字节的数据写入串行口的发送缓冲器SBUF时，就启动一帧串行数据的发送，每发送完一帧串行数据后，由硬件自动将TI位置1。需要注意的是，CPU响应串行口发送中断时，硬件并不能清除TI标志位，TI标志位必须在中断服务程序中用指令对其清零。

（2）RI：串行口接收中断请求标志位。当串行口接收完一个串行数据帧时，由硬件自动将RI位置1，并通知CPU将数据帧从接收缓冲器SBUF中取走。同样，CPU响应串行口接收中断时，硬件并不能清除RI标志位，RI标志位必须在中断服务程序中用指令对其清零。

串行口中断由TI和RI的逻辑"或"得到，因此，无论是TI置1还是RI置1，都会产生串行口中断请求。

单片机复位后，特殊功能寄存器TCON和SCON中的各个标志位均被清零。此外，所有能产生中断的中断标志位均可以通过软件来置1或者清零，效果与硬件相同。

3. 中断允许寄存器IE

当某一中断源发出中断请求时，相应的中断请求标志位置1，但该中断能否被CPU识别，则由中断控制寄存器IE控制，IE可以控制各中断请求的允许和禁止。IE的字节地址是A8H，可进行位寻址，格式如图9-5所示。

位序号	7	6	5	4	3	2	1	0	
IE 位名称	EA	—	—	ES	ET1	EX1	ET0	EX0	A8
位地址	AFH			ACH	ABH	AAH	A9H	A8H	

图9-5　特殊功能寄存器IE的格式

中断允许寄存器IE对中断的允许和禁止实施两级控制。两级控制就是有一个总的中断开关控制位EA，当EA＝0时，所有的中断请求被禁止，CPU不接受任何中断请求；当EA＝1时，CPU开放中断，但5个中断源的中断请求是否被允许还要由IE中的低5位所对应的5个中断请求允许控制位的状态来决定。

IE中各标志位的功能如下。

(1) EA：中断允许总开关控制位。EA＝1 时所有中断请求被允许；EA＝0 时所有中断请求被禁止。

(2) ES：串行口中断允许控制位。ES＝1 时串行口中断被允许；ES＝0 时串行口中断被禁止。

(3) ET1：定时/计数器 T1 溢出中断允许控制位。ET1＝1 时 T1 溢出中断被允许；ET1＝0 时 T1 溢出中断被禁止。

(4) EX1：外部中断 1 中断允许位。EX1＝1 时外部中断 1 被允许；EX1＝0 时外部中断 1 被禁止。

(5) ET0：定时/计数器 T0 溢出中断允许控制位。ET0＝1 时 T0 溢出中断被允许；ET0＝0 时 T0 溢出中断被禁止。

(6) EX0：外部中断 0 中断允许位。EX0＝1 时外部中断 0 被允许；EX0＝0 时外部中断 0 被禁止。

单片机复位后,IE 被清零,所有中断都被禁止。IE 中各个中断源相应的控制位可由用户程序置 1 或清零。需要注意的是,要想使某个中断源被允许,除了 IE 中相应的中断请求允许位需要被置 1 之外,还需要将 EA 置 1。

4. 中断优先级寄存器 IP

当多个中断源同时向 CPU 发出中断请求时,CPU 该如何响应呢? 这就涉及到中断优先级的问题。80C51 单片机中每个中断源都有两个中断优先级,即高优先级和低优先级。每个中断源的中断优先级由中断优先级寄存器 IP 统一管理。IP 的字节地址是 B8H,可进行位寻址,格式如图 9-6 所示。

	位序号	7	6	5	4	3	2	1	0	
IP	位名称	—	—	—	PS	PT1	PX1	PT0	PX0	B8H
	位地址	—	—	—	BCH	BBH	BAH	B9H	B8H	

图 9-6　特殊功能寄存器 IP 的格式

中断优先级寄存器 IP 各标志位的功能如下。

(1) PS：串行口中断优先级控制位。PS＝1 时设串行口为高优先级；PS＝0 时设串行口为低优先级。

(2) PT1：定时/计数器 T1 中断优先级控制器。PT1＝1 时设 T1 为高优先级；PT1＝0 时设 T1 为低优先级。

(3) PX1：外部中断 1 中断优先级控制器。PX1＝1 时设外部中断 1 为高优先级；PX1＝0 时设外部中断 1 为低优先级。

(4) PT0：定时/计数器 T0 中断优先级控制器。PT0＝1 时设 T0 为高优先级；PT0＝0 时设 T0 为低优先级。

(5) PX0：外部中断 0 中断优先级控制器。PX0＝1 时设外部中断 0 为高优先级；PX0＝0 时设外部中断 0 为低优先级。

单片机复位后,IP 被清零,所有中断都被设为低优先级。中断优先级控制寄存器 IP 的各位都可由用户程序置 1 和清零,从而改变各中断源的中断优先级。

80C51 单片机有两个中断优先级,可实现两级中断嵌套。所谓两级中断嵌套,就是 CPU 正在执行低优先级中断服务程序时,可被高优先级中断请求所中断,待高优先级中断服务程序执行完毕后,再返回低优先级中断服务程序。也就是说,只有在执行低优先级中断程序时出现高优先级中断请求,才会有两级中断嵌套。两级中断嵌套的过程如图 9-7 所示。

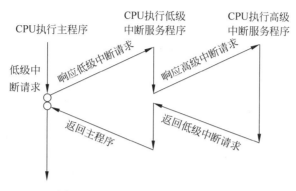

图 9-7 两级中断嵌套的过程示意图

综上所示,80C51 单片机中各中断源的中断优先级关系,可归纳为以下 3 点:

(1) CPU 同时接收到几个中断请求时,首先响应高优先级的中断请求。

(2) 正在进行的低优先级中断服务程序能被高优先级中断请求所打断。

(3) 正在进行的中断服务程序不能被同级或低优先级的中断请求打断。

为了保证上述原则,中断系统内部设有两个不可寻址的"优先级激活触发器",其中一个触发器指示某高优先级的中断正在执行,所有后来的中断均被阻止;另一个触发器指示某低优先级的中断正在执行,所有同级的中断都被阻止,但不阻止高优先级的中断请求。

如果有多个同一优先级的中断源同时向 CPU 发出中断请求,CPU 该如何响应呢? CPU 的响应顺序取决于内部的自然优先级查询顺序。相当于在同一优先级内,同时存在另一个辅助优先级结构。同级中断中自然优先级查询顺序如表 9-2 所示。

表 9-2 自然优先级查询顺序

中 断 源	中 断 级 别
外部中断 0	最高
T0 溢出中断	
外部中断 1	↓
T1 溢出中断	
串行口中断	最低

由表 9-2 可以看出,各中断源在同一优先级的条件下,外部中断 0 的中断优先级最高,串行口中断的中断优先级最低。

9.3 中断响应

CPU 收到中断源发出的中断请求后,暂停当前正在执行的程序,转向处理中断服务请求的过程称为中断响应。

9.3.1 中断响应条件

单片机运行时,并不是任何时刻都会响应中断源发出的中断请求,而是需要满足一定的条件后才会进行响应。一个中断源的中断请求被响应,必须满足以下 3 个基本条件,CPU 才有可能响应中断。

(1) 该中断源发出中断请求,即该中断源对应的中断请求标志位为 1。

(2) 总中断允许开关打开,即 IE 寄存器中的总中断允许控制位 EA 为 1。

(3) 该中断允许开关打开,即该中断源所对应的中断允许控制位为 1。

满足这 3 条之后,CPU 只是具备了中断响应的必要条件。当遇到下列 3 种情况之一时,中断会延迟响应。

(1) CPU 正在处理同级或更高优先级的中断。因为当一个中断被响应时,要把对应的中断优先级状态触发器置 1,该触发器指出正在处理的中断优先级别,从而封锁了低级中断请求和同级中断请求。

(2) 查询出中断请求的机器周期不是当前正在执行指令的最后一个机器周期。为保证指令执行的完整性,只有在该指令执行完毕后,才能进行中断响应。

(3) 正在执行的指令是 RETI(中断返回指令)、IE 或 IP 指令。系统规定,在执行完这些指令后,需要再执行一条指令,才能响应新的中断请求。

9.3.2 中断响应过程

当 CPU 查询到有效中断并满足中断响应条件时,紧接着就会进行中断响应。中断响应的主要过程是由硬件自动生成一条长调用指令"LCALL addr16",这里的 addr16 是中断源位于程序存储器中固定的中断入口地址。每个中断源的中断入口地址都是固定的,如表 9-3 所示。

表 9-3 中断入口地址表

中 断 源	中断入口地址	中 断 源	中断入口地址
外部中断 0	0003H	T1 溢出中断	001BH
T0 溢出中断	000BH	串行口中断	0023H
外部中断 1	0013H		

每个中断源的入口地址由系统统一规定,且各中断入口地址之间仅仅间隔了 8 字节,一般情况下无法存储一个完整的中断服务程序。因此,通常中断入口地址放置的是一条无条件转移指令,使程序执行转向在其他地址存放的中断服务程序入口。

CPU 执行 LCALL 指令时,首先将程序计数器 PC 中的内容压入堆栈中,以保护断点位置,再将 addr16 所指向的中断入口地址装入 PC 中,使程序转向响应中断请求的中断入口地址,之后便开始执行中断服务程序。

中断服务的基本流程如图 9-8 所示。

1. 现场保护和现场恢复

现场是指进入中断时,单片机中某些寄存器和存储器单元中的数据或状态。为了使中断服务程序的执行不破坏这些数据或状态,以免在中断返回后影响主程序的运行,因此要把它们送入堆栈保存起来,这就是现场保护。现场保护一定要位于中断处理程序的前面。中断处理结束后,在返回主程序前,需要把保存的现场内容从堆栈中弹出,恢复原有内容,这就是现场恢复。现场恢复一定要位于中断处理的后面。

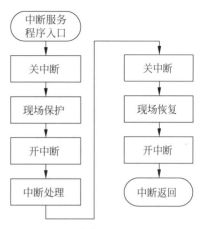

图 9-8 中断服务基本流程

2. 关中断和开中断

现场保护前和现场恢复前关中断,是为了防止此时有更高级的中断进入破坏现场。在现场保护和现场恢复之后的开中断是为下一次的中断做好准备,也为了允许有更高级的中断进入。这样,中断处理可以被打断,但原来的现场保护和现场恢复不允许更改,除了现场保护和现场恢复的片刻外,仍然保持着中断嵌套的功能。但有的时候,对于一个重要的中断,必须执行完毕,不允许被其他的中断嵌套。对此,可在现场保护之前先关闭总中断开关位,彻底关闭其他中断请求,待中断处理完毕后再打开总中断开关位。这样,就需要把"中断处理"这一步前后的"开中断"和"关中断"去掉。

3. 中断处理

中断处理是中断源请求中断的具体目的。设计者应根据任务的具体要求来编写中断处理部分的程序。

4. 中断返回

中断服务程序的最后一条指令必须是返回指令 RETI,它是中断服务程序结束的标志。CPU 执行完这条指令后,把响应中断时所置 1 的不可寻址的优先级状态触发器清零,然后从堆栈中弹出栈顶的两个字节的断点地址送到程序计数器 PC,弹出的第一个字节送入 PCH,弹出的第二个字节送入 PCL,从而使 CPU 从断点处继续执行被中断的主程序。

9.3.3 中断响应时间

在使用外部中断时,有时需要考虑外部中断的响应时间,即从中断请求有效到 CPU 开始执行中断服务程序的第一条语句所需要的时间。CPU 查询中断请求标志位占 1 个机器周期,如果这个机器周期恰好处于正在执行指令的最后一个机器周期,那么这个机器周期结束后,中断可以立即被响应。CPU 响应中断时执行 LCALL 指令转到中断服务程序的入口,这个过程需要 2 个机器周期。因此,外部中断的最短响应时间为 3 个机器周期。

CPU 进行中断请求标志位查询时,如果刚好开始执行 RETI、IE 或 IP 指令,按照规定需要执行完这些指令后,再执行一条指令才能响应新的中断请求。执行 RETI、IE 或 IP 指令最长需要 2 个机器周期,若接着执行的指令是 1 条最长的指令(比如乘法指令 MUL 或除法指令 DIV),需要的是 4 个机器周期。再加上 LCALL 指令的执行需要 2 个机器周期,此时,外部中断响应的时间是 8 个机器周期。

因此,在一个单一的中断系统中,单片机对外部中断请求的响应时间为 3~8 个机器周期。

9.3.4 中断请求的撤销

CPU 响应某中断请求后,在中断返回之前,应该撤销该中断请求,否则会再次引起中断。不同的中断源对中断请求的撤销方法是不同的。

1. 定时/计数器中断请求的撤销

定时/计数器中断请求的撤销只有中断请求标志位清零的问题。CPU 响应中断后,硬件会自动将标志位 TF0 或 TF1 清零。

2. 串行口中断请求的撤销

串行口中断请求的撤销也只有中断请求标志位清零的问题。但是硬件不会自动将 TI 和 RI 标志位清零,因此串行口中断请求的撤销只能用指令在中断服务程序中把中断标志位清零。

3. 外部中断请求的撤销

外部中断请求的撤销除了中断请求标志位清零的问题,还包括外中断信号撤销的问题。外部中断请求的触发方式有负跳变触发方式和电平触发方式两种,这两种情况下外部中断请求的撤销方法是不同的。

1) 负跳变触发方式外部中断请求的撤销

对于负跳变触发方式外部中断请求的撤销,中断标志位 IE0 和 IE1 的清零是在响应中断后硬件自动清零的,外中断信号在负跳变信号过后也会自动消失,因此,负跳变触发方式的外部中断请求撤销是自动的。

2) 电平触发方式外部中断请求的撤销

对于电平触发方式外部中断请求的撤销,中断标志位 IE0 和 IE1 的清零也是在响应中断后硬件自动清零的,但是中断请求信号的低电平可能继续存在,在以后的机器采样周期采样时,又会把已清零的 IE0 或 IE1 标志位重置置 1,从而再次引起中断。因此,要彻底解决电平方式外部中断请求的撤销,除了标志位清零之外,必要时还需在中断响应后通过硬件电路将中断请求信号输入引脚从低电平强制改变为高电平。

9.4 中断程序的设计

中断程序设计的主要任务有以下 4 点。
(1) 设置中断允许控制寄存器 IE,允许相应的中断源中断。
(2) 设置中断优先级控制寄存器 IP,确定中断源的优先级。
(3) 若是外部中断源,还需要设置中断请求的触发方式标志位 IT0 或 IT1。
(4) 编写中断服务程序,处理中断请求。
其中前 3 条一般放在主程序的初始化程序段中。

9.4.1 中断函数

为了方便设计者直接使用 C51 编写中断服务程序,C51 中定义了中断函数。由于 C51

编译器在编译时对声明为中断服务程序的函数自动添加了相应的现场保护、阻断其他中断、返回时自动恢复现场等处理的程序段,因而在编写中断服务程序时可不必考虑这些问题,这在一定程度上减小了用户编写中断服务程序的烦琐程度。

中断服务函数的一般形式为:

函数类型　函数名(形式参数表) interrupt n using n

对其中各项说明如下。

(1) 中断函数既不传递参数,也没有返回值,因此函数类型与形式参数表均为 void。

(2) 中断函数的命名只要符合标识符的命名规则即可。

(3) 关键字 interrupt 后面的 n 是中断号,对于 80C51 单片机,n 的取值为 0～4,编译器从 $8 \times n + 3$ 处产生中断向量。

(4) C51 扩展了一个关键字 using,using 后面的 n 用于选择片内 RAM 中的 4 个不同的工作寄存器组,n 的取值范围是 0～3。using 是一个可选项,如果不选用该项,那么中断函数中的所有工作寄存器的内容将被保存到堆栈中。

关键字 using 对函数目标代码的影响:在中断函数的入口处将当前工作寄存器区的内容保存到堆栈中,函数返回前将被保存在寄存器区中的内容从堆栈中恢复。使用关键字 using 在函数中确定一个工作寄存器区时必须十分小心,要保证任何工作寄存器区的切换都只在指定的控制区域中发生,否则将产生不正确的函数结果。

中断函数的调用与标准 C 中的函数调用是不同的,当中断发生后,相应的中断函数将会被自动调用。C51 程序编译时,编译器会为中断函数自动生成中断向量。退出中断函数时,所有保存在堆栈中的工作寄存器及特殊功能寄存器被恢复。

编写中断函数时,应遵循以下规则。

(1) 中断函数没有返回值,如果定义了一个返回值,那么将会得到不正确的结果。因此建议将中断函数定义为 void 类型,以明确说明没有返回值。

(2) 中断函数不能进行参数传递,若中断函数包含任何形参的声明,都将导致编译错误。

(3) 在任何情况下都不能直接调用中断函数,否则会产生编译错误。因为中断函数的返回是由汇编语言指令 RETI 完成的。在没有实际中断请求的情况下直接调用中断函数,就不会执行 RETI 指令,该操作可能会产生一个致命的错误。

9.4.2　中断应用实例

下面通过几个案例具体介绍中断应用程序的编写。

例 9-1　单一中断的应用。

电路图如图 9-9 所示。在单片机的 P2 口上接有 8 只 LED 灯。在外部中断 0 输入引脚 $\overline{\text{INT0}}$(P3.2)接有一只按钮开关 K3。要求将外部中断 0 设置为负跳变触发方式。程序启动时,8 只 LED 灯全亮。每按一次按钮开关 K3,产生一次外部中断 0 请求,在中断服务程序中,让小灯由 D1～D8 呈流水灯显示 5 次。

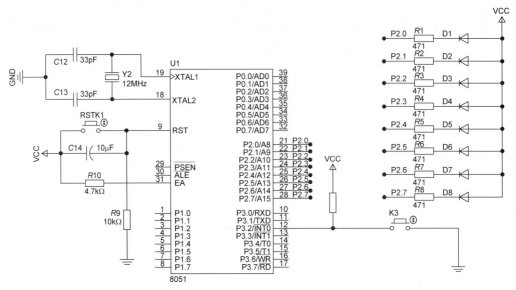

图 9-9 单一外部中断控制小灯电路

程序的源代码如下:

```
# include < reg51.h >
# include < intrins.h >
# define uint unsigned int
# define uchar unsigned char
void delay(uint i)                          //延时函数
{
    uchar j;
    for(;i > 0;i--)
    for(j = 0;j < 125;j++)
    {;}
}
void exti0_init(void)                       //外部中断 0 初始化函数
{
    IT0 = 1;                                //负跳变触发方式
    EX0 = 1;                                //打开外部中断 0 的中断允许
    EA = 1;                                 //打开总中断
}
void main()
{
    exti0_init();                           //初始化外部中断 0
    while(1)
    {
        P2 = 0x00;                          //8 只小灯全亮
    }
}
void exti0(void) interrupt 0                //外部中断 0 中断函数
{
    uchar m,n;
    P2 = 0xfe;
```

```
    for(m = 0;m < 5;m++)                    //循环5次
    {

        for(n = 0;n < 8;n++)                //由 D1 至 D8 流水灯点亮
        {
            P2 = _crol_(P2,1);              //P2 中的数据循环右移
            delay(1000);
        }
    }
}
```

例 9-2 两个外中断的应用。

电路图如图 9-10 所示。在单片机的 P2 口上接有 8 只 LED 灯。在外部中断 0 输入引脚 INT0(P3.2)接有一只按钮开关 K3,在外部中断 1 输入引脚 INT1(P3.3)接有一只按钮开关 K4。要求将这两个外部中断的触发方式均设置为负跳变触发方式,优先级均设置为低优先级。程序启动时,8 只 LED 呈流水灯显示。按下 K3 时,上下 4 只 LED 灯交替闪烁 5 次。按下 K4 时,8 只 LED 灯全部闪烁 5 次。

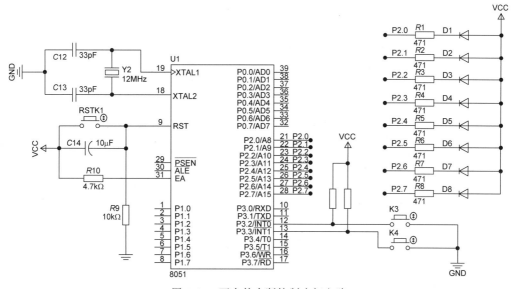

图 9-10 两个外中断控制小灯电路

程序的源代码如下:

```
#include < reg51.h >
#include < intrins.h >
#define uint unsigned int
#define uchar unsigned char
void delay(uint i)                         //延时函数
{
    uchar j;
    for(;i > 0;i--)
    for(j = 0;j < 125;j++)
    {;}                                    //空函数
```

```
                                             }
    void exti_init()                         //两个外部中断的初始化函数
    {
        EA = 1;                              //总中断允许
        EX0 = 1;                             //允许外部中断 0 中断
        EX1 = 1;                             //允许外部中断 1 中断
        IT0 = 1;                             //选择外部中断 0 为负跳变触发方式
        IT1 = 1;                             //选择外部中断 1 为负跳变触发方式
        IP = 0;                              //两个外部中断均为低优先级
    }
    void main( )
    {
        uchar temp;
        P2 = 0xfe;
        temp = P2;
        exti_init();                         //初始化两个外部中断
        while(1)
        {
            delay(500);
            temp = _crol_(temp,1);           //将已经定义的流水灯显示数据送到 P2 口
            P2 = temp;
        }
    }
    void exti0(void) interrupt 0             //外部中断 0 的中断服务函数
    {
        uchar n;
        for(n = 0;n < 5;n++)
        {
            P2 = 0x0f;                       //低 4 位 LED 灭,高 4 位 LED 亮
            delay(500);
            P2 = 0xf0;                       //高 4 位 LED 灭,低 4 位 LED 亮
            delay(500);
        }
    }
    void exti1 (void) interrupt 2            //外部中断 1 的中断服务函数
    {
        uchar m;
        for(m = 0;m < 5;m++)
        {
            P2 = 0xff;                       //8 只小灯全灭
            delay(500);
            P2 = 0x00;                       //8 只小灯全亮
            delay(500);
        }
    }
```

例 9-3　中断嵌套的应用。

电路图如图 9-10 所示。在单片机的 P2 口上接有 8 只 LED 灯。在外部中断 0 输入引脚 $\overline{INT0}$(P3.2)接有一只按钮开关 K3,在外部中断 1 输入引脚 $\overline{INT1}$(P3.3)接有一只按钮开关 K4。要求将这两个外部中断的触发方式均设置为负跳变触发方式,设置外部中断 0 为

低优先级,外部中断 1 为高优先级。程序启动时,8 只 LED 呈流水灯显示。按下 K3 时,产生一个低优先级的外部中断 0,进入外部中断 0 的中断服务程序,使上下 4 只 LED 灯交替闪烁 5 次。按下 K4 时,产生一个高优先级的外部中断 1,进入外部中断 1 的中断服务程序,使 8 只 LED 灯全部闪烁 5 次。

该例子的程序源代码只需在例 9-2 程序源代码的基础上,修改外部中断 1 的中断优先级为高优先级即可,其他部分代码不变。

程序修改部分的源代码如下:

```
void exti_init()                          //两个外部中断的初始化函数
{
    EA = 1;                               //总中断允许
    EX0 = 1;                              //允许外部中断 0 中断
    EX1 = 1;                              //允许外部中断 1 中断
    IT0 = 1;                              //选择外部中断 0 为负跳变触发方式
    IT1 = 1;                              //选择外部中断 1 为负跳变触发方式
    PX0 = 0;                              //外部中断 0 为低优先级
    PX1 = 1;                              //外部中断 1 为高优先级
}
```

实验时,若先按下 K3,再按下 K4,那么高优先级中断 $\overline{INT1}$ 会打断低优先级中断 $\overline{INT0}$。若先按下 K4,再按下 K3,那么低优先级中断 $\overline{INT0}$ 无法打断高优先级中断 $\overline{INT1}$。

中断嵌套只发生在单片机正在执行一个低优先级中断服务程序的场合,此时若有一个高优先级中断产生,则高优先级中断会打断正在执行的低优先级中断,待高优先级中断服务程序执行完成后,再继续执行低优先级中断服务程序。

<table>
<tr><td>第 10 章</td><td rowspan="2">80C51 单片机的
定时/计数器</td></tr>
<tr><td>CHAPTER 10</td></tr>
</table>

在检测与控制系统中,定时和计数功能应用十分广泛,如实现定时控制、对外界事件进行计数等。80C51 单片机内有两个 16 位可编程定时/计数器 T0 和 T1,它们既可以实现定时功能,又可以实现对外部事件计数的功能,同时还可以作为串行口的波特率发生器。

10.1 定时/计数器工作原理

了解单片机定时/计数器的功能和工作原理,首先要从了解定时/计数器结构开始,只有了解其结构,才能对定时/计数器的功能和工作原理有更加深入的了解。

10.1.1 定时/计数器结构

80C51 单片机的定时/计数器结构如图 10-1 所示。

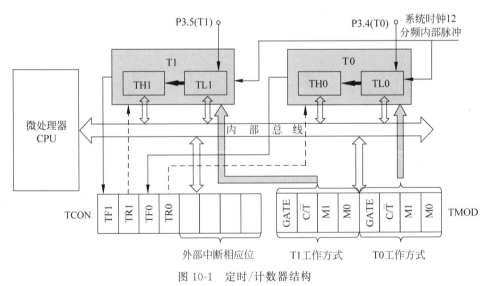

图 10-1 定时/计数器结构

T0、T1 是两个 16 位的定时/计数器,其中 T0 由特殊功能寄存器 TH0(T0 高 8 位)和 TL0(T0 低 8 位)组成,T1 由特殊功能寄存器 TH1(T1 高 8 位)和 TLI(T1 低 8 位)组成。TMOD 用于控制定时/计数器的功能和工作模式;TCON 用于控制定时/计数器 T0、T1 启动和停止计数,同时包含定时/计数器的状态。T0、T1、TMOD、TCON 属于特殊功能寄存器,用户可通过编程进行设置。系统复位时,这 4 个特殊功能寄存器的所有位都被清零。

10.1.2　定时/计数器工作原理

定时/计数器 T0、T1 本质上都是加 1 计数器,其计数脉冲有两个来源:一个是来自单片机外部引脚(T0 为 P3.4,T1 为 P3.5)上的脉冲信号;一个是由系统时钟信号经过 12 分频后的内部脉冲信息(计数脉冲信号周期=机器周期)。当控制信号有效时,计数器从初值开始加 1 计数,每输入一个计数脉冲,计数器加 1;当计数器全为 1 时,再输入下一个计数脉冲后,就会发生溢出,即计数器清零,同时 TCON 寄存器中的 TF0 或 TF1 置位,向 CPU 发出中断申请,表示定时时间已到或计数值已满。

10.1.3　定时/计数器功能

T0 和 T1 都具有定时和计数两种功能。TMOD 中的模式选择位($C/\overline{T}$)分别用于选择 T0 和 T1 是工作在计数器模式还是定时器模式。

当选择计数器模式时,计数脉冲必须从单片机外部的引脚 T0(P3.4)或 T1(P3.5)输入。每个机器周期,单片机对外部引脚输入的脉冲信号进行采样且加 1 计数。

当选择定时器模式时,计数脉冲来自于单片机内部时钟脉冲,每个机器周期使计数器加 1。计数值乘以单片机的机器周期就是定时时间。T0、T1 的定时功能也是通过计数实现的。

10.2　定时/计数器相关寄存器

特殊功能寄存器 TMOD 和 TCON 分别是定时/计数器 T0 和 T1 的工作方式寄存器和控制寄存器,用于设置定时/计数器的工作方式和功能控制等。

10.2.1　定时/计数器工作方式寄存器 TMOD

80C51 单片机的定时/计数器工作方式寄存器 TMOD 用于选择定时/计数器的工作模式和工作方式,其地址为 89H,不能位寻址,只能按字节访问,位定义格式如图 10-2 所示。

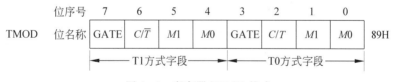

图 10-2　寄存器 TMOD 格式

寄存器 TMOD 为 8 位寄存器,分为两组,其中低 4 位用于控制 T0,高 4 位用于控制 T1。寄存器 TMOD 各位的功能如下。

1. GATE:门控位

当 GATE=0 时,定时/计数器是否计数,仅由运行控制位 TRx 来控制,其中 x 为 0 或 1。

当 GATE=1 时,定时/计数器是否计数,由外中断引脚 $\overline{INTx}$ 上的电平与运行控制位

TRx 共同控制,其中 x 为 0 或 1。

2. C/T̄:定时/计数器工作模式选择位

T0、T1 都有定时器和计数器两种工作模式,这两种工作模式的实质都是对计数脉冲信号进行计数,区别是计数脉冲信号来源不同。

1) 定时器工作模式

当 C/T̄＝0,T0/T1 为定时器工作模式,对系统时钟 12 分频后的内部脉冲进行计数,系统时钟频率是由系统时钟电路确定的。

例 10-1 若单片机外接晶振工作频率为 6MHz,当 T1 在定时器工作模式时,求多长时间计一次数。

单片机外接晶振工作频率为 6MHz,即系统时钟频率 $f_{osc}＝6$MHz,则:

当 T1 在定时器工作模式时,计数脉冲信号的频率为 6MHz/12＝0.5MHz,因此计一次数的时间为 1/0.5MHz＝2μs。

2) 计数器工作模式

当 C/T̄＝1,T0/T1 为计数器工作模式,计数器对引脚 T0(P3.4)或 T1(P3.5)的外部脉冲(负跳变)进行计数。每个机器周期,都对引脚的外部输入信号进行采样,当输入信号产生由 1 至 0 的跳变(即负跳变)时,计数器的值加 1。由于确认一次负跳变最短需要 2 个机器周期,即 24 个振荡周期,因此外部输入的计数脉冲的最高频率为系统振荡器频率的 1/24。例如,当系统选用振荡器的频率为 12MHz 时,允许输入的计数脉冲信号频率最高为 12MHz/24＝0.5MHz。

3. M1、M0:工作方式选择位

定时/计数器的 4 种工作方式由 M1、M0 选择,具体对应选择关系见表 10-1。

表 10-1　工作方式选择

M1	M0	工作方式	功　　能
0	0	方式 0	13 位定时/计数器
0	1	方式 1	16 位定时/计数器
1	0	方式 2	8 位的自动重新装载初值的定时/计数器
1	1	方式 3	仅适用于 T0,T0 分成两个独立的 8 位计数器

10.2.2　定时/计数器控制寄存器 TCON

寄存器 TCON 用来控制 T0 和 T1 的启动和停止,并给出相应的状态。其字节地址为 88H,可位寻址,格式如图 10-3 所示。这里仅介绍寄存器 TCON 中与本章内容相关的高 4 位。

位序号	7	6	5	4	3	2	1	0	
TCON 位名称	TF1	TR1	TF0	TR0	IE1	IT1	IE0	IT0	88H
位地址	8FH	8EH	8DH	8CH	8BH	8AH	89H	88H	

图 10-3　寄存器 TCON 格式

1. TF1、TF0：计数溢出标志位

当定时/计数器溢出时,由硬件自动置1。通过软件可以查询该位是否为1,并使用软件将其清零;在使用中断方式时,此位作为中断请求标志位,进入中断服务程序后,由硬件自动将其清零。

2. TR1、TR0：计数运行控制位

TR0、TR1 分别是控制定时/计数器 T0、T1 启动和停止的控制位。TR0/TR1 为 1 时,是启动 T0/T1 计数的必要条件;为 0 时,T0/T1 停止计数。TR0、TR1 这两个控制位由软件置 1 或清零。

10.3　定时/计数器工作方式

定时/计数器 T0 有工作方式 0～工作方式 3 四种工作方式,但定时/计数器 T1 只有工作方式 0～工作方式 2 三种工作方式。

10.3.1　定时/计数器工作方式 0

当工作方式选择位 M1、M0 为 00 时,定时/计数器被设置为工作方式 0。如图 10-4 所示是定时/计数器在方式 0 下的等效逻辑结构框图(以定时/计数器 T1 为例,对 T0 也适用)。方式 0 为 13 位计数器,由 TL1 的低 5 位和 TH1 的高 8 位构成。TL1 低 5 位溢出时,则向 TH1 进位;当 TH1 计数溢出,即全部 13 位计数器溢出时,则计数器归零,同时把 TCON 中的溢出标志位 TF1 置 1,向 CPU 发中断请求或供 CPU 查询。

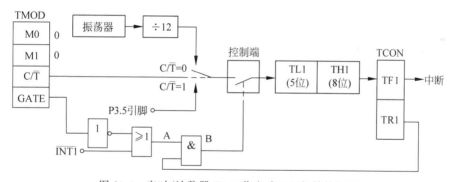

图 10-4　定时/计数器 T1 工作方式 0 逻辑结构框图

在图 10-4 中,$C/\overline{T}$ 位用于设置定时/计数器的 2 种工作模式。

(1) $C/\overline{T}=0$ 时,T1(或 T0)为定时器工作模式,系统时钟 12 分频后的脉冲作为计数信号,此时 13 位计数器对机器周期进行计数。

(2) $C/\overline{T}=1$ 时,T1(或 T0)为计数器工作模式,对 P3.5(或 P3.4)引脚上的外部输入脉冲计数,当引脚上发生负跳变时,计数器加 1。

在图 10-4 中,GATE 位的状态决定定时/计数器运行控制取决于 TR1 一个条件,还是取决于 TR1 和 $\overline{INT1}$ 引脚状态两个条件。

(1) GATE＝0 时,A 点(见图 10-4)电位恒为 1,B 点电位仅取决于 TR1 状态。TR1＝1,

B 点为高电平,允许 T1 对脉冲计数。TR1=0,B 点为低电平,禁止 T1 计数。

(2) GATE=1 时,B 点电位由 $\overline{INT1}$ 的电平和 TR1 的状态两个条件来确定。当 $\overline{INT1}$=1 时,A 点电位为 1,若 TR1=1,B 点为 1,允许 T1 计数;当 $\overline{INT1}$=0 时,A 点电位为 0,无论 TR1 是何状态,B 点电位都为 0,禁止 T1 计数。

10.3.2　定时/计数器工作方式 1

当工作方式选择位 M1、M0 为 01 时,定时/计数器被设置为工作方式 1。如图 10-5 所示是定时/计数器在方式 1 下的等效逻辑结构框图(以定时/计数器 T1 为例,对 T0 也适用)。方式 1 与方式 0 在结构和工作过程几乎完全相同,唯一区别是计数器的位数不同,方式 1 为 16 位计数器,由 TH1 高 8 位和 TL1 低 8 位组合,方式 0 则为 13 位计数器,有关控制状态位含义与方式 0 相同。

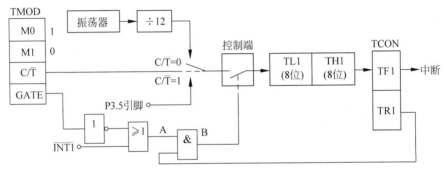

图 10-5　定时/计数器 T1 工作方式 1 逻辑结构框图

10.3.3　定时/计数器工作方式 2

当工作方式选择位 M1、M0 为 10 时,定时/计数器被设置为工作方式 2。如图 10-6 所示是定时/计数器在方式 2 下的等效逻辑结构框图(以定时/计数器 T1 为例,对 T0 也适用)。方式 0 和方式 1 最大特点是计数溢出后,计数器为零,因此在循环定时或循环计数应用时就存在用指令反复装入计数初值的问题,这会影响定时精度,方式 2 恰恰解决了此问题。

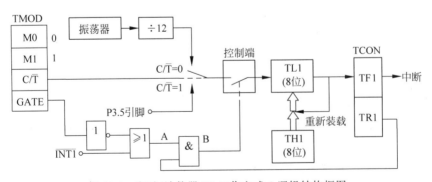

图 10-6　定时/计数器 T1 工作方式 2 逻辑结构框图

如图 10-6 所示,工作方式 2 为自动恢复初值(初值自动装载)的 8 位定时/计数器。该方式将 16 位的 T1 分解成 2 个 8 位的寄存器,其中 TL1 做 8 位加 1 寄存器,TH1 保存由软件设置的初值。当 TL1 计数溢出时,在溢出标志 TF1 置 1 的同时,由硬件自动把 TH1 中的初值重新装载到 TL1 中,使 TL1 重新开始计数。

10.3.4　定时/计数器工作方式 3

工作方式 3 只适用于定时/计数器 T0,T0 被拆成两个独立的 8 位定时/计数器 TH0 和TL0 使用,此时 80C51 单片机具有 3 个定时/计数器。定时/计数器 T1 不能使用工作方式3,若将 T1 设置为方式 3,T1 将停止计数并保持原有的计数值,其作用等同于 TR1=0。

1. 工作方式 3 下的 T0

当工作方式选择位 M1(TMOD.1)、M0(TMOD.0)为 11 时,定时/计数器 T0 被设置为工作方式 3。如图 10-7 所示是定时/计数器 T0 在方式 3 下的等效逻辑结构框图。

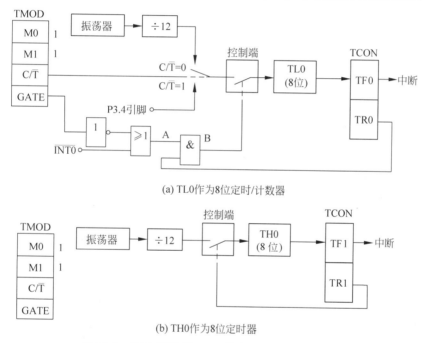

(a) TL0作为8位定时/计数器

(b) TH0作为8位定时器

图 10-7　定时/计数器 T0 工作方式 3 逻辑结构框图

如图 10-7 所示,T0 分为两个独立的 8 位计数器 TL0 和 TH0,其中 TL0 使用 T0 的状态控制位 C/T̄、GATE、TR0 和 TF0,可以作 8 位定时器,也可以作 8 位计数器;而 TH0 只能作为 8 位定时器,不能作计数器,占用 T1 的状态控制位 TR1 和 TF1。

2. T0 在工作方式 3 时,T1 的工作方式

当 T0 在工作方式 3 时,由于 TH0 占用了 TR1 和 TF1,使得 T1 的启动不受 TR1 的控制,也不能向 CPU 发出中断申请,因此 T1 只能工作在不需要中断的场合。一般情况下,当T1 在工作方式 2 用作串行口波特率发生器时,T0 才能在工作方式 3 下。

当工作方式选择位 M1(TMOD.5)、M0(TMOD.4)为 10 时,定时/计数器 T1 被设置为工作方式 2,如图 10-8 所示是此时 T1 的工作等效逻辑结构框图。

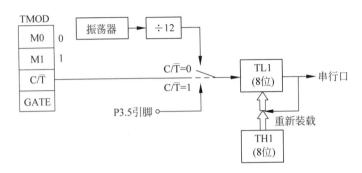

图 10-8　T0 在工作方式 3 时 T1 为方式 2 的逻辑结构框图

10.4　定时/计数器应用实例

在定时/计数器的 4 种工作方式中,方式 0 与方式 1 只是计数位数不同,方式 0 是 13 位计数器,方式 1 是 16 位计数器。由于方式 0 是为兼容 MCS-48 而设计的,且其计数初值计算复杂,所以在实际应用中,一般不使用方式 0,而常使用方式 1。

10.4.1　定时/计数器初始化配置

1. 定时/计数器初始化配置步骤

80C51 单片机的定时/计数器是可编程的,因此在使用定时/计数器之前需要用程序进行初始化配置。初始化配置的一般过程包括以下 4 个步骤:

(1) 设置定时/计数器工作方式寄存器 TMOD,对定时/计数器的工作方式进行选择,即设置 GATE 门控位、$C/\overline{T}$ 定时/计数器工作模式选择位、M1M0 工作方式选择位。

(2) 设置定时/计数器 T0 或 T1 的初值 X,即直接将初值写入 TH0、TL0 或 TH1、TL1。

(3) 根据需要对寄存器 IE 置初值,使能定时器中断。

(4) 对定时/计数器控制寄存器 TCON 中的 TR0 或 TR1 置位,启动定时/计数器。

2. 定时/计数器计算初值

在定时/计数器初始化配置的第 2 步设置计数初值时,需要计算初值 X。由于 T0、T1 都是加 1 计数器,并在溢出时申请中断,因此不能直接输入所需的计数初值,要从计数最大值倒退回去,才是需要的初值。

不同工作方式的最大值不同,计数器的最大值 M 如下:

(1) 方式 0,$M=2^{13}=8192$。

(2) 方式 1,$M=2^{16}=65\,536$。

(3) 方式 2,$M=2^8=256$。

(4) 方式 3,$M=2^8=256$。

在计数器工作模式下,计数初值 $X=M-$计数值。

在定时器工作模式下,由于 $(M-X)\times Y_{cy}=$定时值,所以计数初值 $X=M-$定时值/Y_{cy}。其中,Y_{cy} 为机器周期=12×时钟周期=12/时钟频率。

例如,单片机的时钟频率为12MHz,定时/计数器 T0 在定时器模式下,使用工作方式0,即 T0 为 13 位计数器,由 TL0 的低 5 位和 TH0 的高 8 位构成。机器周期=12/时钟频率=1μs,假设 T0 定时 5ms,定时初值 X=8192-5000/1=3192,将 X 转换为十六进制就是 0x0C78,则 TL0=0x18,TH0=0x63。

10.4.2　间隔定时器

定时/计数器的工作方式 1 为 16 位计数方式,T0/T1 从计数初值开始加 1,计数器溢出后,计数溢出标志位 TF0/TF1 置 1。在程序中使用中断方式时,TF0/TF1 作为中断请求标志位,进入中断服务程序后,TF0/TF1 由硬件自动清零。

例 10-2　在 80C51 单片机的 P2 口上接有 8 只 LED,电路图如图 10-9 所示。下面使用定时器 T1 的方式 1 的定时中断方式,使 P2 口外接的 8 只 LED 每隔 1s 闪烁 1 次。

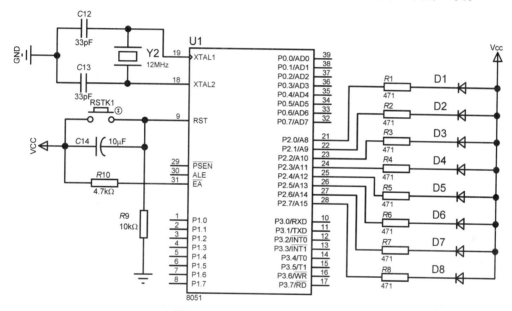

图 10-9　间隔定时器电路原理图

1. 定时/计数器初始化配置

1) 设置 TMOD 寄存器

T1 在工作方式 1,应使 TMOD 寄存器 T1 组的 M1M0=01;应设置 C/$\overline{\text{T}}$=0,T1 为定时器工作模式;对 T1 的运行控制仅由 TR1 来控制,应使相应的 GATE 位为 0。定时器 T0 不使用,各相关位均设为 0。所以,TMOD 寄存器应初始化为 0x10。

2) 计算定时器 T1 的计数初值

本例要求每 1s 闪烁一次,则定时器定时时间为 500ms。由于计数器最大值的限定,设定时时间为 5ms=5000μs,设 T1 计数初值为 X,图 10-9 中晶振的频率为 12MHz,则定时初值 X 的计算如下:

$$X=M-\frac{定时值}{Y_{cy}}=M-\frac{定时值}{\dfrac{12}{时钟频率}}=2^{16}-\frac{定时值\times 时钟频率}{12}=65\,536-\frac{5000\times 12}{12}$$

得 $X = 60\,536$,转换成十六进制数为 0xEC78,则 TH1=0XEC,TL1=0X78。

3）设置 IE 寄存器

由于采用定时器 T1 中断,因此需将 IE 寄存器中的 EA、ET1 位置 1。

4）启动和停止定时器 T1

将定时器控制寄存器 TCON 中的 TR1=1,则启动定时器 T1;TR1=0,则停止定时器 T1 定时。

2. 程序的源代码

```
# include < reg51.h>                  //包含 51 单片机寄存器定义的头文件
char i_n = 100;                        //定义全局变量 i_n 为循环次数,初始化为 100
int main()                             //主函数
{
     TMOD = 0x10;                      //定时器 T1 为方式 1
     TH1 = 0XEC;                       //设置定时器初值
     TL1 = 0X78;
     P2 = 0x00;                        //P2 口 8 个 LED 点亮
     EA = 1;                           //总中断开
     ET1 = 1;                          //开 T1 中断
     TR1 = 1;                          //启动 T1
     while(1)                          //无条件循环
          ;                            //空语句
}
void timer1() interrupt 3             //T1 中断程序,5ms 一次中断
{
     TH1 = 0XEC;                       //定时器重新赋初值
     TL1 = 0X78;
     i_n--;                            //循环次数减 1
     if(i_n <= 0)                      //若循环次数减到 0,即已循环 100 次
     {
          P2 = ~P2;                    //P2 口按位取反,即 8 个 LED 状态取反
          i_n = 100;                   //重置循环次数
     }
}
```

10.4.3 定时器控制蜂鸣器

当定时/计数器开始加 1 计数,计数溢出后,计数溢出标志位 TF0/TF1 置 1。在程序中使用查询方式时,TF0/TF1 供 CPU 查询,但应注意查询后,应使用软件及时将 TF0/TF1 清零。

例 10-3　如图 10-10 所示,单片机系统时钟频率为 12MHz,利用定时/计数器 T0 中断控制 P2.5 引脚输出频率为 1kHz 的方波音频信号,驱动蜂鸣器发声。并利用示波器观察方波波形。

1. 定时/计数器初始化配置

1）设置 TMOD 寄存器

T0 工作在定时器工作模式下的方式 1,只由 TR0 控制定时器的运行,因此,TMOD 寄

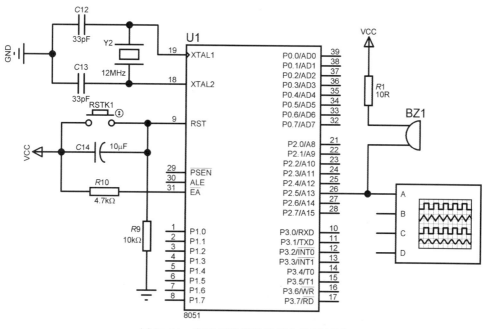

图 10-10 定时器控制蜂鸣器电路原理图

存器应初始化为 0x01。

2）计算定时器 T0 的计数初值

本例要求在 P2.5 引脚输出频率为 1kHz 的方波音频信号，方波音频的周期为 1ms，因此 T0 的定时中断时间为 0.5ms（即 500μs），定时时间到则在中断服务程序中对 P2.5 引脚状态取反。单片机系统时钟频率为 12MHz，所以机器周期 $Y_{cy}=1\times10^{-6}s=1\mu s$，则计数初值 X 的计算如下：

$$X = M - \frac{\text{定时值}}{Y_{cy}} = 2^{16} - \frac{500\mu s}{1\mu s}$$

得 $X=65\,036$，转换成十六进制数为 0XFE0C，则 TH1＝0XFE，TL1＝0X0C。

3）设置 IE 寄存器

由于采用定时器 T0 中断，因此需将 IE 寄存器中的 EA、ET0 位置 1。

4）启动和停止定时器 T0

由定时器控制寄存器 TCON 中的 TR0 启动或停止定时器。

2. 程序的源代码

```
# include < reg51.h>              //包含 51 单片机寄存器定义的头文件
sbit BEEP = P2^5;                 //将 BEEP 位定义为 P2.5
void time0_init()                 //定时器 T0 初始化函数
{
    TMOD = 0x01;                  //定时器 T0 为方式 1
    TH0 = 0xFE;                   //定时器 T0 的高 8 位赋初值
    TL0 = 0x0C;                   //定时器 T0 的低 8 位赋初值
    TR0 = 1;                      //启动定时器 T0
    EA = 1;                       //总中断开
    ET0 = 1;                      //开 T0 中断
```

```
}
void main()                               //主函数
{
    time0_init();                         //调用定时器 T0 初始化函数
    while(1)                              //无限循环,等待中断
    {
        while(!TF0);                      //使用查询方式查询 T0 的中断标志位 TF0
        TF0 = 0;                          //中断标志位 TF0 清零
        TH0 = 0xFE;                       //重新给定时器 T0 赋初值
        TL0 = 0x0C;
        BEEP = ~BEEP;                     //将 P2.5 引脚输出电平取反,产生音频方波
    }
}
```

10.4.4 外部事件计数

当定时/计数器 T0/T1 在计数器工作模式时,可以对 P3.4/P3.5 引脚上的外部脉冲(负跳变)进行计数。在按下如图 10-11 所示的按键开关 K1 后,会产生负跳变脉冲信号。

例 10-4 如图 10-11 所示,单片机系统时钟频率为 12MHz,定时器 T1 采用计数器工作模式,使用工作方式 2 中断,计数输入引脚 T1(P3.5)上外接按键开关 K1,作为计数信号输入。按 4 次按键开关 K1 后,P1 口的 8 只 LED 闪烁 5 次。

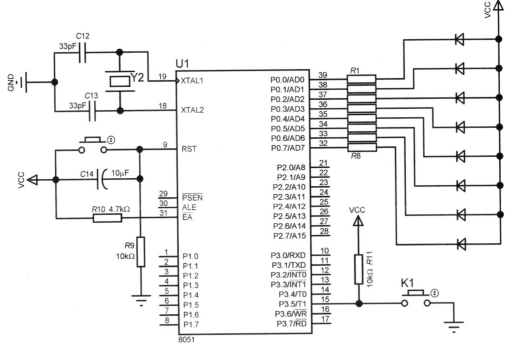

图 10-11 外部事件计数电路原理图

1. 定时/计数器初始化配置

1) 设置 TMOD 寄存器

T1 在工作方式 2,应使 TMOD 的 M1M0=10;设置 C/$\overline{T}$=1,为计数器工作模式;对

T1 运行控制仅由 TR1 来控制,应使 GATE1＝0。定时器 T0 不使用,各相关位均设为 0。所以,TMOD 寄存器应初始化为 0x60。

2) 计算定时器 T1 的计数初值

由于每按 1 次按键开关 K1,计数 1 次,按 4 次后,P0 口的 8 只 LED 闪烁 5 次。因此计数器初值 X 为 256－4＝252,将其转换成十六进制数为 0xFC,则 TH1＝0xFC,TL1＝0xFC。

3) 设置 IE 寄存器

本例由于采用 T1 中断,因此需将 IE 寄存器的 EA、ET1 位置 1。

4) 启动和停止定时器 T1

由定时器控制寄存器 TCON 中的 TR1＝1 启动定时器工作,TR1＝0 停止定时器工作。

2. 程序的源代码

```
#include <reg51.h>                    //包含51单片机寄存器定义的头文件
void Delay(unsigned int i)            //延时函数,i是形式参数
{
    unsigned int j;
    for(;i>0;i--)                     //变量 i 由实际参数传入一个值,因此 i 不能赋初值
    for(j=0;j<125;j++);
}
void main()                           //主函数
{
    TMOD = 0x60;                      //设置定时器 T1 为方式 2 计数
    TH1 = 0xfc;                       //向 TH1 写入初值
    TL1 = 0xfc;                       //向 TL1 写入初值
    EA = 1;                           //总中断允许
    ET1 = 1;                          //定时器 T1 中断允许
    TR1 = 1;                          //启动定时器 T1
    while(1);                         //无穷循环,等待定时中断
}
void T1_count(void) interrupt 3       //定时器 T1 的中断服务程序
{
    char i;
    for(i=0;i<5;i++)                  //5 次循环
    {
        P0 = 0x00;                    //8 位 LED 全灭
        Delay(500);                   //延时 500ms
        P0 = 0xff;                    //8 位 LED 全亮
        Delay(500);                   //延时 500ms
    }
}
```

10.4.5 LED 数码管秒表

利用定时器工作模式,在 LED 数码管上设计实现一个秒表。

例 10-5 如图 10-12 所示,单片机系统时钟频率为 12MHz。制作一个 LED 数码管秒

实操
演示讲解

表,使用 6 位数码管显示分、秒、毫秒,最小计时单位为"十毫秒",计时范围为 0 分 0 秒 10 毫秒～59 分 59 秒 990 毫秒。

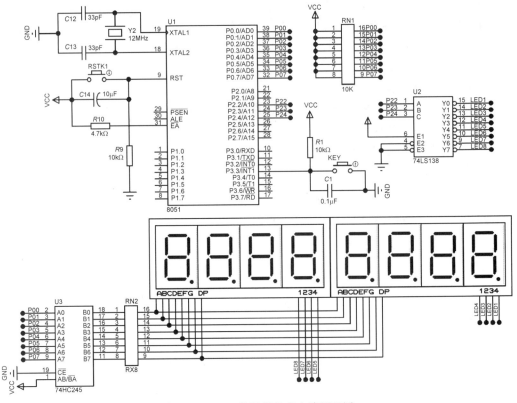

图 10-12 　LED 数码管秒表电路原理图

程序启动后,秒表显示 0 分 0 秒 0 毫秒;第 1 次按一下 KEY 按键时,秒表开始计时并显示;第 2 次按一下 KEY 按键时,停止计时,秒表显示计时时间;第 3 次按一下 KEY 按键时,秒表归零;再次按一下 KEY 按键,则重复上述计时过程;如果秒表计时到 59 分 59 秒 990 毫秒,则秒表同样归零。

1. 定时/计数器初始化配置

1) 设置 TMOD 寄存器

使用定时器 T0,T0 工作在定时器工作模式下的方式 1,由 TR0 控制定时器的运行,因此,TMOD 寄存器应初始化为 0x01。

2) 计算定时器 T0 的计数初值

本例要求最小计时单位为"十毫秒",因此定时器应产生 10ms(即 10 000μS)的定时中断,定时时间到则在中断服务程序中对显示时间进行修改。对计数初值的计算同上例题,得计数初值 $X=55\ 536$,转换成十六进制数为 0xD8F0,则 TH1=0xD8,TL1=0xF0。

3) 设置 IE 寄存器

由于采用定时器 T0 中断,因此需将 IE 寄存器中的 EA、ET0 置 1。

4) 启动和停止定时器 T0

由定时器控制寄存器 TCON 中的 TR0=1 启动定时器工作,TR0=0 停止定时器工作。

2. 程序的源代码

```c
# include "reg51.h"                              //包含 51 单片机寄存器定义的头文件
typedef unsigned int uint;                       //对数据类型进行声明定义
typedef unsigned char uchar;
uchar code smgduan[10] = {0x3f,0x06,0x5b,        //数组 smgduan 存储数码管显示 0~9 的段码表
0x4f,0x66,0x6d,0x7d,0x07,0x7f,0x6f};

uchar ssec = 0, sec = 0, min = 0;                //定义变量记录时间毫秒、秒、分
uchar key_value = 0;                             //全局变量,传递按键动作
uchar key_num = 0;                               //定义变量记录按键次数
uchar DisplayData[8];                            //定义数组存储 LED 数码管各位显示的数字
uchar _1s_flag = 0;                              //进入中断函数标志

void key_scan(void);                             //按键扫描
void key_handle(void);                           //按键处理程序
void Timer0Init();                               //定时器初始化
void datapros();                                 //时间数字处理函数
void DigDisplay();                               //数码管动态扫描函数

void main()                                      //主函数
{

  P3 = 0X08;                                     //将 P3.3 设置输入状态
    Timer0Init();                                //定时器 T0、T1 初始化函数
    while(1)                                     //无限循环,等待中断
    {
        datapros();                              //调用 datapros()函数
        DigDisplay();                            //调用 DigDisplay()函数
        key_scan( );                             //扫描按键函数
      key_handle();                              //处理按键程序
    }
}
void DigDisplay()                                //数码管动态扫描函数,循环扫描 8 个数码管
{
  static uchar i = 0;
  if(_1s_flag == 0)return;                       //未进入过中断函数,返回退出函数
  _1s_flag = 0;                                  //进入过中断函数,延时 10ms,_1s_flag 清零
  P0 = 0x00;                                     //LED 数码管消隐
  P2 = (7 - i)<< 2;                              //位选,选择点亮的数码管
    P0 = DisplayData[i];                         //发送段码
    i++;
  if(i > = 8)i = 0;                              //8 位 LED 数码管已全部扫描
}
void datapros()                                  //向数组 DisplayData 中的各元素赋值
{
    DisplayData[0] = smgduan[min/10];            //"分"值在数组 DisplayData 的 0、1 下标位置
    DisplayData[1] = smgduan[min % 10];
    DisplayData[2] = 0x40;                       //数组 DisplayData 的 2 下标位置存储"-"段码
    DisplayData[3] = smgduan[sec/10];            //"秒"值在数组 DisplayData 的 3、4 下标位置
    DisplayData[4] = smgduan[sec % 10];
    DisplayData[5] = 0x40;                       //数组 DisplayData 的 5 下标位置存储"-"段码
```

```
        DisplayData[6] = smgduan[ssec/10];        //"毫秒"值在数组 DisplayData 的 6、7 下标位置
        DisplayData[7] = smgduan[ssec % 10];
}
void key_scan(void)                                //检测按键,由全局变量 key_value 传递按键值
{
 static unsigned char flag = 0;
 if(P3_3 == 1)flag = 1;
 if((P3_3 == 0)&&(flag == 1)){                     //检测到 P3.3 引脚上按键的下降沿
    flag = 0;key_value = 1;                         //按键按下后,key_value = 1
 }
}
void key_handle(void)                              //按键按下处理函数
{
   if(key_value == 0) return;                      //若按键没有按下,则返回
   key_value = 0;
   key_num++;                                      //按键次数加 1
     switch(key_num)                               //根据按键次数分 3 种情况
     {
        case 1:                                    //第一次按下为启动秒表计时
        TH0 = 0Xd8;                                //给定时器赋初值,定时 10ms
        TL0 = 0Xf0;
            TR0 = 1;                                //打开定时器
            break;
        case 2:                                    //按下两次停止秒表,关闭定时器
            TR0 = 0;
            break;
        case 3:                                    //按下 3 次秒表清零,key_num 按键次数清零
            key_num = 0;
            min = 0;                               //秒表显示时间存储变量清零
            sec = 0;
            ssec = 0;
            break;
     }
}
void Timer0Init()                                  //定时器 0 初始化函数
{
    TMOD | = 0X11;                                 //设定 T0、T1 为工作方式 1
    TH0 = 0Xd8;                                    //给定时器 T0 赋初值,定时 10ms
    TL0 = 0Xf0;
    ET0 = 1;                                       //打开 T0 中断允许
    TH1 = (65 536 − 1000)/256;                     //给定时器 T1 赋初值,定时 1ms
    TL1 = (65 536 − 1000) % 256;
    ET1 = 1;                                       //打开 T1 中断允许
    TR1 = 1;                                       //启动 T1 开始工作
    EA = 1;                                        //打开总中断
}
void Timer0() interrupt 1                          //定时器 0 中断函数
{
    TH0 = 0Xd8;                                    //给定时器 T0 赋初值,定时 10ms
    TL0 = 0Xf0;                                    //一旦进去中断,重新给定时器赋初值
    ssec++;                                        //"十"毫秒加 1
```

```
    if(ssec >= 100) //1s                    //中断 100 次,共计时 1s
    {
        ssec = 0;                           //"十"毫秒清零
        sec++;                              //秒加 1
        if(sec >= 60)                       //判断是否 60 秒
        {
            sec = 0;                        //秒清零
            min++;                          //分加 1
            if(min >= 60)                   //判断是否 60 分
            {
                TR0 = 0;                    //分清零
                min = 0;                    //关闭定时器
                key_num = 0;                //按键次数清
            }
        }
    }
}
void Timer1() interrupt 3                    //T1 中断函数,产生数码管动态扫描信号
{
    TH1 = (65 536 - 1000)/256;              //给定时器 T1 赋初值,定时 1ms
    TL1 = (65 536 - 1000) % 256;
    _1s_flag = 1;                           //进入中断函数标志置 1
}
```

10.4.6 测量脉冲宽度

下面介绍定时器中寄存器 TMOD 中的门控位 GATEx 的应用,以定时器 T1 为例,利用门控位 GATEx 测量加在 $\overline{INT1}$ 引脚上正脉冲的宽度。

例 10-6 门控位 GATE1 可使 T1 的启动计数受 $\overline{INT1}$ 的控制,当 GATE1=1,TR1=1 时,只有 $\overline{INT1}$ 引脚输入高电平时,T1 才被允许计数。利用 GATE1 的这一功能,可测量 P3.3/$\overline{INT1}$ 引脚上正脉冲的宽度,方法如图 10-13 所示。

图 10-13 利用 GATE1 位测量正脉冲宽度的方法

利用定时/计数器门控制位 GATE1 来测量正脉冲的宽度的原理图如图 10-14 所示,将 P3.0 引脚连接 P3.3 引脚,P3.0 引脚输出脉冲信号,测量 P3.3 引脚输入的正脉冲宽度,并在 LED 数码管上以机器周期数显示出来。单片机系统时钟频率为 12MHz。

1. 分析

(1) 产生被测量信号。T0 使用定时器模式,T0 从 P3.0 引脚输出周期为 0.1ms 的方波作为被测脉冲,单片机系统时钟频率为 12MHz,设置定时器 T0 在工作方式 2,则计数初值 X 为 TH0=TL0=256-50=206。

(2) 测量正脉冲宽度。利用 GATE 位测量正脉冲的宽度电路如图 10-14 所示,P3.0 输

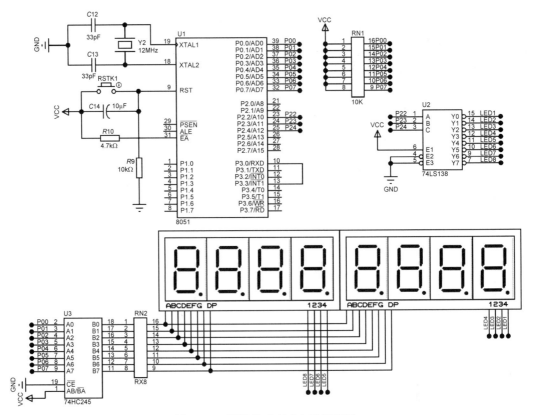

图 10-14　测量脉冲宽度电路原理图

出信号连接到 P3.3 引脚,测量 P3.3 口引脚输入的正脉冲宽度。设置定时/计数器 T1 工作在方式 1 下,从 0 开始计数,计数初值 TH1=TL1=0。GATE1=1,利用 TR1 和 P3.3 引脚控制 T1 计数的启停,当 GATE1=1,$\overline{INT1}$=1 且 TR1=1 时,启动定时器 1 计数,若 $\overline{INT1}$=0,或者 TR1=0 时,禁止定时器计数,读取 T1 的计数值,并送到 LED 数码管显示。

(3) 从启动 T1 计数到停止 T1 计数所记录的计数值乘以机器周期就是正脉冲的宽度。周期 0.1ms 的方波,正脉冲宽度为 $50\mu s$,即 50 个机器周期,则 LED 数码管显示 50(读取 T1 的计数值可能会有一个脉冲的误差)。定时器 T0 采用方式 2,测量正脉冲宽度最大为 255 个机器周期,因此只需要 3 位 LED 数码管显示结果。

2. 程序的源代码

```
# include "reg51.h"                       //包含 51 单片机寄存器定义的头文件
typedef unsigned int uint;                //对数据类型进行声明定义
typedef unsigned char uchar;
sbit LSA = P2^2;                          //将 LSA 位定义为 P2.2
sbit LSB = P2^3;                          //将 LSB 位定义为 P2.3
sbit LSC = P2^4;                          //将 LSC 位定义为 P2.4
sbit P3_0 = P3^0;                         //将 P3_0 位定义为 P3.0
sbit P3_3 = P3^3;                         //将 P3_3 位定义为 P3.3
uchar code smgduan[10] = {0x3f,0x06,0x5b, //定义数组存储 LED 数码管 0～9 的段码
0x4f,0x66,0x6d,0x7d,0x07,0x7f,0x6f};
uchar count_high = 0;                     //定义计数变量,用来读取 TH1
```

```
uchar count_low = 0;                        //定义计数变量,用来读取 TL1
uint count = 0;                             //定义计数变量,存储全部计数值
uchar DisplayData[8];                       //定义数组存储 LED 数码管各位显示的数字
void delay(uint i)                          //延时函数,i = 1 时,大约延时 10μs
{
    while(i -- );
}
void DigDisplay()                           //LED 动态扫描函数,循环扫描 8 个数码管
{
    uchar i;
    for(i = 5;i < 8;i++)                    //只需要用 3 位 LED 数码管,循环 3 次
    {
        switch(i)                           //位选,选择点亮的数码管
        {
            case 5:LSA = 0;LSB = 1;         //显示第 2 位
                LSC = 0;break;
            case 6:LSA = 1;LSB = 0;         //显示第 1 位
                LSC = 0;break;
            case 7:LSA = 0;LSB = 0;         //显示第 0 位
                LSC = 0;break;
        }
        P0 = DisplayData[i];                //发送段码
        delay(1000);                        //间隔一段时间扫描
        P0 = 0x00;                          //LED 数码管消隐
    }
}
void datapros()                             //count 中的 3 位数字处理函数
{
    DisplayData[5] = smgduan[count/100];
    DisplayData[6] = smgduan[(count % 100)/10];
    DisplayData[7] = smgduan[count % 10];
}
void read_count()                          //读取 T1 计数寄存器的内容
{
    do
    {
        count_high = TH1;                   //读高字节
        count_low = TL1;                    //读低字节
    }while(count_high!= TH1);               //等待读取成功
    count = count_high * 256 + count_low;   //可将两字节的机器周期数进行显示处理
}
void main()                                 //主函数
{
    TMOD = 0X92;                            //设置 T1、T0 的工作方式
    ET0 = 1;                                //开 T0 中断
    EA = 1;                                 //总中断开
    while(1)
    {
        TH0 = 206;                          //设定 T0 的计数初值,T0 定时 0.1ms
        TL0 = 206;
        TR0 = 1;                            //打开定时器 T0
```

```
        TH1 = 0;                              //设定 T1 计数初值
        TL1 = 0;
        while(P3_3 == 1) ;                    //等待 INT1 变低
        TR1 = 1;                              //若 INT1 为低,启动 T1,并未真正开始计数
        while(P3_3 == 0);                     //等待 INT1 变高,变高后 T1 真正开始计数
        while(P3_3 == 1);                     //等待 INT1 变低,变低后 T1 停止计数
        TR1 = 0;                              //停止 T1
        TR0 = 0;                              //停止 T0
        read_count();                         //读计 T1 计数寄存器内容的函数
        datapros();                           //调用 datapros()函数
        DigDisplay();                         //调用 DigDisplay()函数
    }
}
void Timer0() interrupt 1                     //定时器 0 中断服务函数
{
    P3_0 = ~P3_0;                             //P3.0 引脚输出周期为 0.1ms 的方波
}
```

10.4.7　LCD 液晶时钟的设计

利用定时器工作模式,使用 LCD 液晶显示器设计实现一个时钟,显示小时、分、秒。

例 10-7　时钟显示器显示采用 LCD1602,LCD1602 液晶的具体使用方法见第 8 章的介绍。LCD 液晶时钟设计的原理电路如图 10-15 所示。

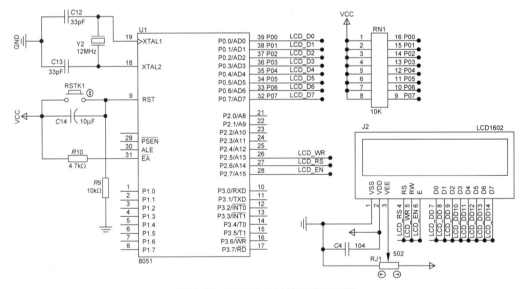

图 10-15　LCD 液晶时钟电路原理图

1. 分析

先将定时器以及各计数变量设定完毕,然后调用时间显示子程序。秒计时由 T0 中断服务子程序来实现。

LCD 时钟的最小计时单位是秒,将 T0 定时时间定为 50ms,采用中断方式进行累计,累计 20 次,则秒计数变量 second 加 1;若秒计满 60,则分计数变量 minute 加 1,同时将秒计

数变量 second 清零；若分钟计满 60,则小时计数变量 hour 加 1；若小时计数变量满 24,则将小时计数变量 hour 清零。

2. 程序的源代码

液晶显示器 LCD1602 的相关代码参见第 8 章,此处只展示主函数程序的源代码。

```
#include "reg51.h"                      //包含 51 单片机寄存器定义的头文件
#include "lcd1602.h"                    //包含液晶显示器 LCD1602 定义的头文件
uchar int_time;                         //定义中断次数计数变量
uchar second,minute,hour;               //定义秒、分、小时计数变量
uchar code date[] = " H.I.T. CHINA ";   //LCD 第 1 行显示的内容
uchar code time[] = " TIME 23:59:55 ";  //LCD 第 2 行显示的内容
void clock_init()                       //初始化 LCD1602 时钟显示
{
    uchar i,j;
    for(i = 0;i < 16;i++)               //初始化 LCD 第 1 行显示的字符内容
    {
        write_data(date[i]);
    }
    write_com(0x80 + 0x40);             //写入指令数据到 LCD 液晶
    for(j = 0;j < 16;j++)               //初始化 LCD 第 2 行显示的时间内容
    {
        write_data(time[j]);
    }
}
void clock_write(uint s, uint m, uint h)   //函数向液晶 LCD 的指定地址写入秒分时
{
    write_sfm(0x47,h);
    write_sfm(0x4a,m);
    write_sfm(0x4d,s);
}
void main()                             //主函数
{
    init1602();                         //LCD1602 初始化
    clock_init();                       //时钟初始化
    TMOD = 0x01;                        //设置定时器 T0 为方式 1
    EA = 1;                             //总中断开
    ET0 = 1;                            //允许 T0 中断
    TH0 = (65536 - 46483)/256;          //给 T0 装初值
    TL0 = (65536 - 46483)%256;
    TR0 = 1;                            //开启定时器 T0
    int_time = 0;                       //中断次数清零
    second = 55;                        //初始化秒、分、小时计数变量
    minute = 59;
    hour = 23;
    while(1){                           //无限循环
        clock_write(second,minute,hour);  //调用函数向液晶 LCD 指定地址写入秒分时
    }
}
void int_T0(void) interrupt 1 using 1   //定时器 T0 中断服务子程序
{
```

```
    int_time++;                          //中断次数加 1
    if(int_time == 20){                  //若中断次数计满 20 次
        int_time = 0;                    //中断次数变量清零
        second++;                        //秒计数变量加 1
    }
    if(second == 60){                    //若计满 60 秒
        second = 0;                      //秒计数变量清零
        minute++;                        //分计数变量加 1
    }
    if(minute == 60){                    //若计满 60 分钟
        minute = 0;                      //分计数变量清零
        hour++;                          //小时计数变量加 1
    }
    if(hour == 24){                      //小时计数计满 24,将小时计数变量清零
        hour = 0;
    }
    TH0 = (65536 - 46083)/256;           //定时器 T0 重新赋值
    TL0 = (65536 - 46083) % 256;
}
```

本章介绍了 80C51 单片机定时/计数器的功能和工作原理,详细介绍与定时/计数器相关的特殊功能寄存器的使用方法和寄存器中每一位的物理意义。介绍了定时/计数器 T0 和 T1 的 4 种工作方式、电路结构模型以及它们适合应用范围。对定时/计数器的脉冲信号、初始化配置步骤进行了介绍。使用案例对定时/计数器的各种编程应用加以介绍。本章重点掌握定时/计数器的配置步骤和编程应用。

第 11 章
CHAPTER 11

80C51 单片机的串行通信

串行通信是单片机与外界交换信息的一种基本通信方式。80C51 单片机内部有一个可编程的全双工异步串行通信接口,该串行通信接口有 4 种工作方式,串行通信的波特率可用软件设置,串行通信在接收、发送数据时均可产生中断请求信号,使用非常方便。

11.1 串行通信基础

随着单片机的广泛应用与普及,单片机与个人计算机或单片机与单片机之间的通信使用较多。基本的通信方式可分为并行通信和串行通信两种,其中,串行通信又有两种方式:异步通信与同步通信。

11.1.1 串行通信与并行通信

单片机与外部电路进行通信时,数据通信有并行通信与串行通信两种方式。

1. 并行通信

并行通信是将数据字节的各位用多条数据线同时进行传送。一般来说,在计算机内部,CPU 和并行存储器、并行 I/O 接口之间采用并行数据传输方式。通常 CPU 的位数与并行数据宽度对应,例如,80C51 的 CPU 是 8 位的,其数据总线宽度为 8,即有 8 条数据线。在数据传送时,8位二进制数据同时进行输入或输出。并行通信的示意图如图 11-1 所示。

并行通信这种方式逻辑清晰,控制简单,接口方便,相对传输速度快、效率高,适合于短距离的数据传输;其缺点是数据有多少位,就需要多少根数据线。在长距离传送时,并行通信这种方式成本高,可以采用串行通信方式。

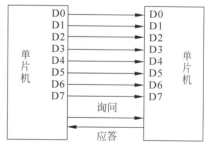

图 11-1 单片机并行通信的示意图

2. 串行通信

串行通信是将数据的各个位一位一位地依次传送。一次只能传送一位,对于一个字节的数据,至少要分 8 位才能传送完毕。如图 11-2 所示。串行通信在发送时,要把并行数据变成串行数据发送到线路上去,接收时要把串行数据再变成并行数据。

串行通信传输线少,长距离传送时占用硬件资源少、成本低,因此在以单片机为核心的

图 11-2　单片机串行通信的示意图

系统之间的数据通信中,串行通信的使用非常普遍。

11.1.2　同步通信与异步通信

在串行数据通信中,有同步和异步两种基本方式。

1. 同步通信

在同步通信中,以数据块为单位连续传送,数据块由同步字符、数据流和校验字符组成,同步通信的格式如图 11-3 所示。同步通信的基本特征是要求发送和接收的时钟始终保持严格同步。

图 11-3　同步通信的数据块格式

发送方先发送 1~2 个字节的同步字符,接收方检测到同步字符(一般由硬件实现)后,即准备接收后续的数据流。数据流由多个字节数据组成,在传送过程中,多字节数据之间没有间隙,每字节数据占用的时间相等,在数据块的末尾加校验字符。由于同步通信数据块传送时由于中间没有停顿,传输速度较快,因此要求有准确的时钟来实现收发双方的严格同步,对硬件结构要求较高,适用于成批数据传送。

2. 异步通信

异步通信中,发送和接收的时钟不需要始终保持严格同步,可以使用不同的时钟源,使得通信连接方式变得更加容易实现。当然,为使双方通信更加容易协调,要求收发双方的时钟尽量一致。异步通信的示意图如图 11-4 所示。

图 11-4　异步通信的示意图

异步通信的基本特征是数据传送以帧为单位进行,帧和帧之间可以任意停顿,收发双方依据各自的时钟源来控制数据的收发。最常见的数据帧格式由 4 部分组成:1 个起始位、8 个数据位、1 个校验位和 1 个停止位,异步通信的数据帧格式如图 11-5 所示。起始位约定为0,停止位和空闲位约定为1。校验位是可编程的,是用户自定义的特征位。数据位一般为5～8位,由低位到高位依次传输。

| 起始位 | D0 | D1 | … | D7 | 校验位 | 停止位 |

图 11-5 异步通信的数据帧格式

由于异步通信不要求收、发双方时钟严格一致,而且每发送一帧数据,收发双方只需按约定的帧格式来发送和接收数据,所以硬件结构要求简单、实现容易,成本低;另外它还能对数据位进行错误校验,所以这种通信方式应用比较广泛。

11.1.3 串行通信的传输模式

串行通信按照数据传送方向和时间关系,串行通信可分为单工、半双工和全双工3种数据传输模式。

1. 单工

单工传输模式下,数据传输是单向的,不能反向传输,如图 11-6(a)所示。

2. 半双工

半双工传输模式下,数据传输是双向的,但是不能同时进行传输,如图 11-6(b)所示。

3. 全双工

全双工传输模式下,数据传输是双向的,而且可以同时进行传输,如图 11-6(c)所示。

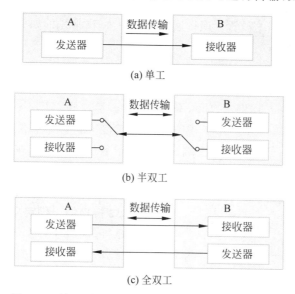

(a) 单工

(b) 半双工

(c) 全双工

图 11-6 单工、半双工和全双工的数据传输模式示意图

11.1.4 串行通信的校验

在数据通信的过程中,会受到各种各样的干扰和影响,使得数据产生差错。为了控制传输过程中的差错,通信系统就需要采用有效措施来控制差错的产生。校验就是保证传输数据准确无误的关键。在串行通信中,常用的校验方法有奇偶校验、代码和校验与循环冗余校

验等方法。

1. 奇偶校验

奇偶校验是指在串行发送数据时,在数据位的后面跟 1 位奇偶校验位(1 或 0)。当设置为奇校验时,数据位和校验位中 1 的总个数为奇数个;当设置为偶校验时,数据位和校验位中 1 的总个数为偶数个;通信的收发双方应一致。接收方收到数据后,对 1 的个数进行校验,若发现不一致,则说明数据传输过程中出现差错。

2. 代码和校验

代码和校验是指发送方将所有发送的数据块求和或各字节异或,产生 1 个字节的校验字符附加到数据块末尾。接收方接收数据时,用同样的方法处理数据块,将所得结果与发送方的校验字符进行比较,若相等则无传输差错,否则即出现了差错。

3. 循环冗余校验

循环冗余校验(Cyclic Redundancy Check,CRC)是一种基于模 2 运算建立编码规则的校验码,检错、纠错能力强,并且实现编码和检码的电路比较简单,常用于磁介质存储器和计算机通信方面。

11.1.5 串行通信协议

通信协议是指在计算机之间进行数据传输时的约定,包括数据格式、波特率的约定等,为保证计算机之间的通信准确性、可靠性,通信双方必须遵循统一的通信协议。数据格式的约定是指通信双方对数据的编码形式、校验方式以及起始位和停止位的约定;波特率的约定是指通信双方对波特率的设置。串行通信有多种协议,常见的如 RS-232、RS-422、RS-485 等,这里以 RS-232 为例进行讲解。

1. RS-232 协议简介

RS-232 协议是异步串行数字通信电气标准,由美国电子工业协会(Electronics Industry Association,EIA)于 1962 年发布,1969 年,EIA 将该协议修订成 RS-232C 协议。RS-232C 作为串行通信接口的电气标准,该标准定义了数据终端设备和数据通信设备之间按位串行传输的接口信息,合理安排了接口的电气信号和机械要求,在世界范围内得到了广泛的应用。

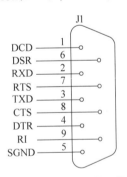

图 11-7 EIA-RS-232C 接口信号线示意图

2. RS-232 接口的引脚定义

RS-232C 接口有 25 针和 9 针两种,接口的尺寸和每个信号线的排列位置都有明确的定义。9 针 EIA-RS-232C 接口如图 11-7 所示,接口信号线定义如表 11-1 所示。最常用的引脚有 3 根,分别是 2 引脚 RXD、3 引脚 TXD 和 5 引脚 SGND。

表 11-1 9 芯 EIA-RS-232C 接口信号线定义

插 针 序 号	信 号 名 称	功 　 能
3	TXD	发送数据(输出)
2	RXD	接收数据(输入)

插针序号	信号名称	功　　能
7	RTS	请求发送数据(输出)
8	CTS	允许发送数据(输入)
6	DSR	对方准备好(输入)
5	SGND	信号接地
1	DCD	载波检测(输入)
4	DTR	本方准备好(输出)
9	RI	振铃提示(输入)

3. 电气特性

RS-232 协议对数字信号真值与逻辑电平的对应关系进行了定义,3～15V 信号对应逻辑电平 0,−3～−15V 信号对应为逻辑电平 1。80C51 单片机串行通信引脚上电压为 TTL 标准,TTL 标准对数字信号真值与逻辑电平的对应关系也进行了定义,2.7～5V 信号对应逻辑电平 1,0～0.5V 信号对应逻辑电平 0。TTL 标准与 RS-232 协议二者对逻辑电平的定义完全不同,因此两者进行通信时,中间必须插入一个电平和逻辑转换环节。近年来出现了许多单电源电平转换芯片,其中最为流行的是 MAXIM 公司的 MAX232 芯片。

11.2　串行口的结构

80C51 单片机内有一个可编程的全双工的异步串行通信接口,能同时进行串行发送和接收数据,可以作为通用异步收发器(UART),也可以作同步移位寄存器用。80C51 单片机的串行口的内部结构如图 11-8 所示,主要包括发送缓冲器(SBUF)、发送控制器、接收控制器、接收缓冲器(SBUF)、输入移位寄存器等。

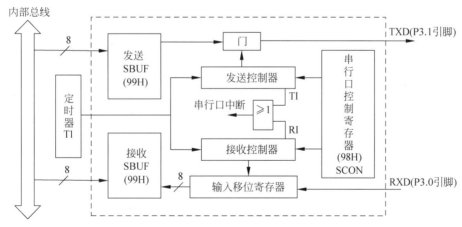

图 11-8　串行口内部结构图

发送缓冲器和接收缓冲器是两个物理上独立的特殊功能寄存器,使用同一个名字 SBUF,共用同一个地址 99H,可同时发送、接收数据。发送缓冲器只能写入不能读出,接收缓冲器只能读出不能写入。

发送控制器的作用是在门电路和定时器 T1 的配合下,将发送缓冲器 SBUF 中的并行数据转为串行数据,并自动添加起始位、停止位。这一过程结束后自动使发送中断请求标志位 TI 置 1,用以通知 CPU 已将发送缓冲器 SBUF 中的数据输出到了 TXD 引脚。

接收控制器的作用是在输入移位寄存器和定时器 T1 的配合下,使来自 RXD 引脚的串行数据转为并行数据,并自动过滤掉起始位、停止位。这一过程结束后自动使接收中断请求标志位 RI 置 1,用来通知 CPU 接收的数据已存入接收缓冲器 SBUF 中。

串行口通信以定时器 T1 作为波特率信号发生器,其溢出脉冲经过分频单元后送到收、发控制器中。RXD(P3.0 引脚)和 TXD(P3.1 引脚)用于串行信号的输入和输出。与串行口控制有关的特殊功能寄存器有 2 个,分别是 SCON、PCON。

11.3　串行口特殊功能寄存器

80C51 单片机的串行口是通过对特殊功能寄存器 SCON、PCON 的设置来管理串行通信的。下面详细介绍这两个特殊功能寄存器各位的功能。

11.3.1　串行口控制寄存器 SCON

串行口控制寄存器 SCON 用来存放串行口的控制和状态信息,字节地址 98H,可位寻址,位地址为 98H~9FH。SCON 寄存器的所有位都可用软件来进行清零或置 1 的位操作,SCON 格式如图 11-9 所示。

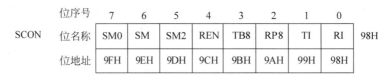

图 11-9　寄存器 SCON 格式

寄存器 SCON 中各位功能介绍如下。

1. SM0、SM1:串行口的工作方式选择位

串行口根据 SM0、SM1 的设置选择工作方式,串行口的 4 种工作方式如表 11-2 所示。

表 11-2　串行口的 4 种工作方式

SM0 SM1	工作方式	功能说明	波特率
0 0	方式 0	同步移位寄存器,常用于扩展 I/O 口	$f_{osc}/12$
0 1	方式 1	10 位异步串行通信方式,数据帧包括 8 位数据位,1 位起始位,1 位停止位	由定时器 T1 控制
1 0	方式 2	11 位异步串行通信方式,数据帧包括 8 位数据位,1 位起始位,1 位停止位和 1 位奇偶校验位	$f_{osc}/64$ 或 $f_{osc}/32$
1 1	方式 3	11 位异步串行通信方式,数据帧包括 8 位数据位,1 位起始位,1 位停止位和 1 位奇偶校验位	由定时器 T1 控制

2. SM2:多机通信控制位

多机通信是指多个单片机之间进行通信,主要在方式 2 或方式 3 下进行,因此 SM2 位主要用于方式2或方式3。在主-从式多机通信中,SM2用于从机的接收控制。

当在方式2或方式3下从机接收数据时,若SM2＝1,则只有当接收到第9位数据(RB8)为1时,才使RI置1,产生中断请求,并将接收到的前8位数据送入SBUF;当接收到的第9位数据(RB8)为0时,则将接收到的前8位数据丢弃。若SM2＝0,从机可接收所有信息,即无论接收到第9位数据是1还是0,都将接收到的前8位数据送入SBUF,并使RI置1,产生中断请求。

当在方式1时,若SM2＝1,则只有收到有效的停止位时才会激活RI。

当在方式0时,SM2必须为0。

3. REN：允许串行接收控制位

REN由软件置1或清零,当REN＝1,允许串行口接收数据;当REN＝0,禁止串行口接收数据。

4. TB8：发送的第9位数据

在方式2和方式3时,TB8是发送的第9位数据。其值由软件置1或清零。在双机串行通信中,一般作为奇偶校验位使用;在多机串行通信中,用来标识主机发送的是地址帧还是数据帧,TB8＝1表示地址帧,TB8＝0表示数据帧。在方式0和方式1中,不使用TB8。

5. RB8：接收的第9位数据

在方式2和方式3时,RB8存储接收到的第9位数据。在方式1时,若SM2＝0,RB8是接收到的停止位。在方式0时,不使用RB8。

6. TI：发送中断标志位

在方式0时,串行发送的第8位数据结束时,TI由硬件置1。在其他工作方式时,串行口发送完停止位时,TI由硬件置1。

TI＝1表示一帧数据发送完毕,发送缓冲区SBUF已空,可以向CPU申请中断,CPU响应中断后,在中断服务程序中向发送SBUF写入要发送的下一帧数据。TI位的状态也可供软件查询。TI必须由软件清零。

7. RI：接收中断标志位

在工作方式0下,接收完第8位数据时,RI由硬件置1。在其他工作方式时,串行接收到停止位时,RI由硬件置1。

RI＝1表示一帧数据接收完毕,数据已装入接收缓冲区SBUF,并向CPU申请中断,要求CPU从接收SBUF取走数据。RI位的状态也可供软件查询。RI同样必须由软件清零。

对TI、RI有以下3点需要特别注意:

(1)在传输数据过程中,可以通过查询方式查询TI、RI的状态,判断数据是否发送、接收结束;也可以通过中断方式,在中断函数中判断数据是否发送或接收结束。

(2)如图11-8所示,串行口中断信号的产生取决于TI与RI的"或"运算结果,即当TI＝1,或RI＝1,或TI、RI同时为1时,串行口都可以向CPU发出中断申请。因此,当CPU响应串行口中断请求进入中断函数后,应首先判断是RI＝1还是TI＝1,然后再进入相应的发送或接收处理子程序。

(3)如果TI、RI同时为1,一般而言,需优先处理接收子程序。这是因为接收数据时,CPU处于被动状态,虽然串行口有接收缓冲器,但若处理不及时,仍然会造成数据重叠覆盖而丢失数据,所以应当尽快处理接收的数据。而发送数据时CPU处于主动状态,完全可以稍后处理,不会发生差错。

11.3.2 电源控制寄存器 PCON

电源控制寄存器 PCON 用来改变串行通信的波特率,字节地址为 87H,不可位寻址,格式如图 11-10 所示。寄存器 PCON 中仅最高位 SMOD 与串行口功能有关。

位序号	7	6	5	4	3	2	1	0	
PCON 位名称	SMOD	—	—	—	GF1	GF0	PD	IDL	87H

图 11-10 寄存器 PCON 格式

SMOD 位为波特率倍增选择位,选择串行口的波特率是否提高一倍。当串行口在工作方式 1~工作方式 3 时,若 SMOD=1,则波特率提高一倍; 若 SMOD=0,则波特率不加倍。

11.4 串行口工作方式

串行口有 4 种工作方式,由特殊功能寄存器 SCON 中的 SM0、SM1 位进行设置,下面对 4 种工作方式的工作原理进行详细介绍。

11.4.1 串行口工作方式 0

在工作方式 0 下,串行口为同步移位寄存器输入/输出方式,将串行传输转换成并行传输。这种工作方式并不是用于两个单片机之间的异步串行通信,而是用于外接移位寄存器,用来扩展并行 I/O 口。

工作方式 0 以 8 位数据为一帧,没有起始位和停止位,低位在前,高位在后,其数据帧格式如图 11-11 所示。每个机器周期发送或接收 1 位,故波特率是固定的,为 $f_{osc}/12$。8 位串行数据输入或输出都是通过 RXD(P3.0)端,而 TXD(P3.1)端用于送出同步移位脉冲,作为外部器件的同步移位信号。

…	D0	D1	D2	D3	D4	D5	D6	D7	…

图 11-11 方式 0 的数据帧格式

在工作方式 0 下,SCON 寄存器中的 SM0、SM1 设置为 00,而 SM2、RB8、TB8 都不起作用,一般设它们为 0 即可。

1. 工作方式 0 发送

当 CPU 将数据写入发送缓冲器 SBUF 时,产生一个正脉冲,串行口将 8 位数据以 $f_{osc}/12$ 固定波特率从 RXD 脚串行输出,TXD 脚输出同步移位脉冲,当 8 位数据发送完,中断标志位 TI 置 1。工作方式 0 的发送时序如图 11-12 所示。

2. 工作方式 0 接收

以工作方式 0 接收数据时,当 CPU 向 SCON 寄存器写入控制字(SM0、SM1=00,设置为方式 0; REN=1,允许接收; RI=0,中断标志清零)时,产生一个正脉冲,串行口开始接收数据。

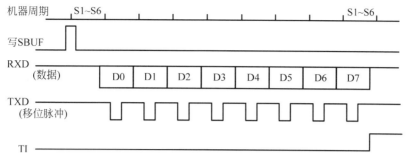

图 11-12 工作方式 0 发送时序图

引脚 RXD 为数据输入端,TXD 为移位脉冲信号输出端,接收器以 $f_{osc}/12$ 固定波特率对 RXD 引脚的数据信息采样,当接收器接收完 8 位数据时,中断标志 RI 置 1,表示一帧数据接收完毕,可进行下一帧数据的接收,时序如图 11-13 所示。

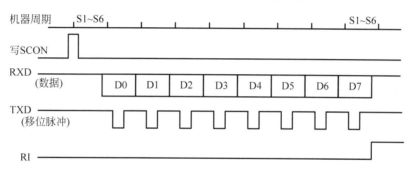

图 11-13 工作方式 0 接收时序图

11.4.2 串行口工作方式 1

当 SM0、SM1 两位为 01 时,串行口设置为方式 1,即双机异步串行通信方式,TXD(P3.0) 引脚和 RXD(P3.1)引脚用于发送和接收数据。数据传输以帧为单位,一帧数据包括 1 位起始位 0,8 位数据位和 1 位停止位 1,先发送或接收最低位,波特率由定时器 T1 控制。数据帧格式如图 11-14 所示。

图 11-14 工作方式 1 的数据帧格式

1. 工作方式 1 发送

串行口以工作方式 1 发送数据,数据位由 TXD 引脚发送,工作方式 1 发送时序如图 11-15 所示。

图 11-15 中 TX 为发送时钟,TX 时钟频率就是发送波特率,由定时器 T1 控制。当 CPU 执行写数据到发送缓冲器 SBUF 的命令后,产生一个正脉冲,启动发送,内部逻辑先将起始位从 TXD 引脚输出,此后每经过 1 个 TX 时钟周期,便产生 1 个移位脉冲,并由 TXD 脚输出下一个数据位。8 位数据位全部发送完毕后,中断标志位 TI 置 1。

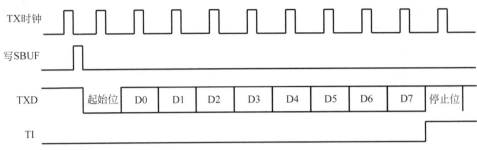

图 11-15 工作方式 1 发送时序图

2. 工作方式 1 接收

串行口以工作方式 1 接收数据时(REN＝1),数据从 RXD(P3.0)脚输入。当检测到起始位负跳变时,则开始进行接收数据采样。工作方式 1 接收时序如图 11-16 所示。

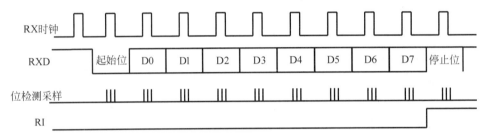

图 11-16 工作方式 1 接收时序图

工作方式 1 接收数据时,定时控制信号有两种:一种是接收移位时钟(RX 时钟),它的频率和传送的波特率相同;另一种是位检测器采样脉冲,频率是 RX 时钟的 16 倍,即在 1 位数据期间,有 16 个采样脉冲,以波特率的 16 倍速率对 RXD 引脚状态进行采样。当采样到 RXD 引脚从 1 到 0 的负跳变时就启动检测器,接收的值是 3 次连续采样(第 7、8、9 个脉冲时采样)取两次相同的值,以确认起始位(负跳变)的开始,这样能较好地消除干扰引起的影响,以保证可靠无误地开始接收数据。

当确认起始位有效时,开始接收一帧信息。接收每一位数据时,也都要进行 3 次连续采样(第 7、8、9 个脉冲时采样),接收的值是 3 次采样中至少两次相同的值,以保证接收到的数据位的准确性。当一帧数据接收完毕后,必须同时满足以下两个条件,这次接收才真正有效。

(1) RI＝0,即上一帧数据接收完成时,RI＝1 发出的中断请求已被响应,SBUF 中的数据已被取走,说明“接收 SBUF”已空。

(2) SM2＝0 或收到的停止位＝1(方式 1 时,停止位已进入 RB8),则将接收到的数据装入 SBUF 和 RB8(装入的是停止位),且中断标志 RI 置 1。

若不能同时满足这两个条件,则收到的数据不能装入 SBUF,这意味着该帧数据将丢失。

11.4.3 串行口工作方式 2 和工作方式 3

工作方式 2 和工作方式 3 都是 11 位异步通信方式,两种方式的共同点是发送和接收时具有第 9 位数据,正确运用 SM2 位能实现多机通信。两种方式的不同点在于:工作方式 2 的波特率是固定的,而工作方式 3 的波特率是由定时器 T1 的溢出率决定的。用户可以根据不同通信距离和应用场合的需要,在范围内选择不同波特率。

当 SM0、SM1 两位为 10 时,串行口设置为方式 2;当 SM0、SM1 两位为 11 时,串行口设置为方式 3。工作方式 2 和工作方式 3 的一帧数据均由 11 位组成,包括 1 位起始位、8 位数据位、1 位可编程位,1 位停止位,其帧格式如图 11-17 所示。

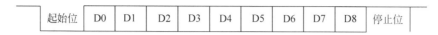

图 11-17 工作方式 2、工作方式 3 的数据帧格式

下面以工作方式 2 为例对数据的发送和接收进行介绍。

1. 工作方式 2 发送

发送前,先根据通信协议由软件设置 TB8(如奇偶校验位或多机通信的地址/数据的标志位),然后将要发送的数据写入 SBUF,即可启动发送过程。串行口能自动从 TB8 取出数据,并装入到第 9 位数据位的位置,再逐一发送出去。发送完毕,则使 TI 位置 1。工作方式 2 发送时序如图 11-18 所示。

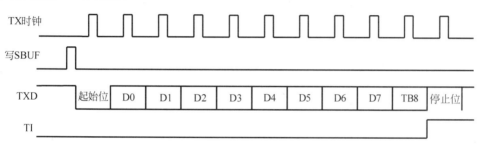

图 11-18 工作方式 2 的发送时序图

2. 工作方式 2 接收

串行口以工作方式 2 接收数据时(REN=1),数据从 RXD(P3.0)引脚输入,接收 11 位信息。当位检测逻辑采样到 RXD 引脚从 1 到 0 的负跳变,并判断起始位有效后,便开始接收一帧数据。在接收完第 9 位数据后,需满足以下两个条件,才将接收到的数据送入接收缓冲器 SBUF。

(1) RI=0,意味着接收缓冲器为空。

(2) SM2=0 或接收到的第 9 位数据位 RB8=1。

当满足上述两个条件时,接收到的数据送入 SBUF(接收缓冲器),第 9 位数据送入 RB8,且 RI 置 1。若不满足这两个条件,则接收的信息将被丢弃。工作方式 2 接收时序如图 11-19 所示。

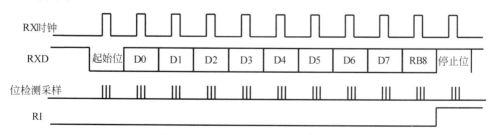

图 11-19 工作方式 2 的接收时序图

11.5 波特率的设定与计算

在单片机的串行通信中,比特率和波特率往往数值相同,波特率是串行口每秒发送(或接收)的二进制位数,是异步串行通信中数据传送速率的单位。设发送一位二进制数所需要的时间为 T,则波特率值为 $1/T$。

在串行通信中,收、发双方发送或接收的波特率必须一致。在串行口的 4 种工作方式中,工作方式 0 和工作方式 2 的波特率是固定的,而工作方式 1 和工作方式 3 的波特率是可变的,由定时/计数器 T1 溢出率决定。对于定时器的不同工作方式,得到的波特率的范围是不一样的,这是由于定时/计数器 T1 在不同工作方式下的计数位数不同。

1. 工作方式 0 的波特率

串行口在工作方式 0 时,波特率与系统时钟频率 f_{osc} 有关,一旦系统时钟频率选定,工作方式 0 的波特率固定不变。在工作方式 0 时,每个机器周期产生一个移位脉冲,发送或接收一位数据。1 个机器周期等于 12 个时钟周期,所以波特率为时钟频率的 $1/12$,即

$$工作方式 0 的波特率 = f_{osc}/12 \tag{11-1}$$

2. 工作方式 2 的波特率

串行口在工作方式 2 时,波特率由系统的时钟频率 f_{osc} 和 PCON 的最高位 SMOD 位决定,当 SMOD=0 时,波特率为 $f_{osc}/64$;当 SMOD=1 时,波特率为 $f_{osc}/32$,即

$$工作方式 2 的波特率 = \frac{2^{SMOD}}{64} \times f_{osc} \tag{11-2}$$

3. 工作方式 1 和工作方式 3 的波特率

串行口在工作方式 1 和工作方式 3 时,移位时钟脉冲是由定时/计数器 T1 的溢出率决定,所以波特率由 T1 的溢出率和 PCON 的最高位 SMOD 共同决定,其计算公式为

$$工作方式 1、工作方式 3 的波特率 = \frac{2^{SMOD}}{32} \times T1 的溢出率 \tag{11-3}$$

当 T1 作为波特率发生器使用时,最典型的用法是使 T1 作为定时器在工作方式 2 下,即 8 位自动重装载模式,并且不允许 T1 中断。定时器的工作方式 2 不需要用软件来设置初值,可避免因软件重装初值带来的定时误差,且算出的波特率比较准确,因此确定波特率比较理想。若计数初值为 X,则每过 $256-X$ 个机器周期 T_{cy},T1 就会溢出一次,为了避免定时器溢出引起中断,因此禁止 T1 中断,则溢出周期为

$$T1 的溢出周期 = (256 - X) \times \frac{12}{f_{osc}} \tag{11-4}$$

溢出率即溢出周期的倒数,所以

$$工作方式 1、工作方式 3 的波特率 = \frac{2^{SMOD} \times f_{osc}}{32 \times 12 \times (256 - X)} \tag{11-5}$$

在实际使用时,常根据已知波特率和时钟频率 f_{osc} 来计算 T1 的初值 X。为避免繁杂初值计算,将 T1 在工作方式 2 下常用波特率和初值 X 间关系列成表供查询使用,如表 11-3 所示。

表 11-3　用定时器 T1 产生的常用波特率

波　特　率	f_{osc}	SMOD 位	初值 X
62.5kbps	12MHz	1	FFH
19.2kbps	11.0592MHz	1	FDH
9.6kbps	11.0592MHz	0	FDH
4.8kbps	11.0592MHz	0	FAH
2.4kbps	11.0592MHz	0	F4H
1.2kbps	11.0592MHz	0	E8H

对表 11-3 有两点需要注意：

(1) 在时钟振荡频率 f_{osc} 为 12MHz 或 6MHz 时，将初值 X 和 f_{osc} 代入式(11-5)，不能整除，因此算出的波特率有一定误差。要消除误差可通过调整 f_{osc} 实现，例如采用的时钟频率为 11.0592MHz。因此，为减小波特率误差，应该使用的时钟频率必须为 11.0592MHz。

(2) 如果串行通信选用很低波特率(如波特率选为 55)，可将定时器 T1 设置为方式 1 定时。但在这种情况下，T1 溢出时，需在中断服务程序中重新装入初值。中断响应时间和执行指令时间会使波特率产生一定的误差，可用改变初值的方法加以调整。

例 11-1 已知 80C51 系列单片机的系统时钟频率为 11.0592MHz，选择定时器 T1 在工作方式 2 下作波特率发生器，产生 9600bps 的波特率，求其计数初值 X。

设 T1 为工作方式 2 时，选 SMOD=0。

将已知条件带入式(11-5)

$$波特率 = \frac{2^{SMOD} \times f_{osc}}{32 \times 12 \times (256 - X)} = 9600$$

从中解得 $X = 253 = $ FDH。

只要把 FDH 装入 TH1 和 TL1，则 T1 发出的波特率为 9600bps。这里时钟振荡频率选为 11.0592MHz，即可使初值为整数，从而产生精确的波特率。在实际编程中，该结果也可直接从表 11-3 中查到。

11.6　串行口应用实例

本节将介绍 80C51 单片机的串行通信接口的应用设计实例。单片机的串行通信接口设计时，需先考虑如下问题。

(1) 确定通信双方的数据传输速率和通信距离。

(2) 由数据传输速率和通信距离确定采用的串行通信接口标准。

(3) 在通信接口标准允许的范围内确定通信的波特率。为减小波特率的误差，通常选用 11.0592MHz 的晶振频率。

(4) 通信线的选择。一般选用双绞线较好，并根据传输的距离选择纤芯的直径。如果空间的干扰较多，还要选择带有屏蔽层的双绞线。

在这些问题考虑确定后，再进行串行通信软件设计。80C51 单片机串行口通信是可编程的，在使用串行口通信之前需要对其进行初始化配置，初始化配置的一般过程如下：

(1) 配置串行口的工作方式。

（2）配置定时器 T1,设置串行口的通信波特率。配置定时器 T1 为工作方式 2,即自动重装模式;根据波特率计算 TH1 和 TL1 的初值,如果有需要可以使用 PCON 的最高位 SMOD 进行波特率的加倍。

（3）根据需要对寄存器 IE 赋初值,使能串行口中断,禁止定时器 T1 中断。

（4）启动定时器 T1。

11.6.1 串行口工作方式 0 应用设计

串行口的工作方式 0 是用于扩展并行 I/O 口。当串行口在工作方式 0 的输出状态下时,实现并行输出端口的扩展,将串行输出转换成并行输出;当串行口在工作方式 0 的输入状态下时,实现并行输入端口的扩展,将并行输入转换成串行输入。串行口的工作方式 0 的数据传输波特率固定为 $f_{osc}/12$,因此在方式 0 的应用设计中不需要使用定时器。

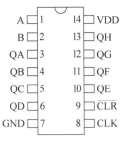

图 11-20　74LS164 芯片引脚
封装图

1. 串行口并行输出扩展

74LS164 为 8 位同步移位寄存器,具有与门使能控制串行口输入和一个异步复位输入的特点。当 74LS164 的 9 脚复位信号为低电平时,不管其他信号为何状态,其输出均为低电平;当 9 脚复位信号为高电平时,寄存器从第一位开始在每个时钟信号的上升沿对输入数据依次移位存储。74LS164 芯片引脚封装图如图 11-20 所示,各引脚功能定义如表 11-4 所示。

表 11-4　74LS164 芯片引脚功能定义

引脚符号	引脚号	引脚名称、功能
A、B	1、2	数据输入,为与门输入
QA～QH	3～6、10～13	数据输出,并行输出口
CLK	8	时钟输入,在上升沿读取串行数据
$\overline{CLR}$	9	复位,输入为低时,所有输入无效,所有输出清零;输入为高时,发送数据
VDD	14	逻辑电源
GND	7	逻辑地

例 11-2　如图 11-21 所示,利用 80C51 单片机串行口外接串行输入/并行输出的同步移位寄存器 74LS164,实现并行输出端口的扩展。74LS164 的并行输出口连接 8 个 LED 灯,要求控制 8 个 LED 灯循环流水点亮。当串行口设置在方式 0 输出时,串行数据由 RXD 端(P3.0)送出,移位脉冲由 TXD 端(P3.1)送出。在移位脉冲的作用下,串行口发送缓冲器的数据逐位地从 RXD 端串行地移入 74LS164 中。

74LS164 的 1、2 脚连接单片机的 P3.0,8 脚连接单片机的 P3.1,9 脚连接单片机的 P2.7。

（1）串行口初始化配置如下:

设置 SCON 寄存器参数配置串行口的工作方式。串行口在工作方式 0 的输出状态,应使 SCON 寄存器的 SM0、SM1=00;禁止串行口接收数据,REN=0;将发送中断标志位 TI 清零,TI=0;将接收中断标志位 RI 清零,RI=0;而 SM2、RB8、TB8 都不起作用,均设置为 0。所以,SCON 寄存器应初始化为 0x00。

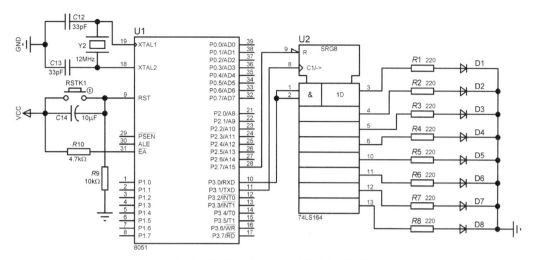

图 11-21 串行口扩展并行口输出电路原理图

（2）程序的源代码如下：

```
#include <reg51.h>              //包含51单片机寄存器定义的头文件
sbit M_R = P2^7;               //定义位变量MR,P2.7引脚连接74LS164的9脚
unsigned char nSendByte;       //定义全局变量nSendByte为显示字模
unsigned char count = 0;
void delay(unsigned int i);    //延时函数声明
main( )                        //主函数
{
    SCON = 0x00;               //设置串行口为工作方式0
    nSendByte = 0x01;          //LED灯初始状态为0000 0001送入nSendByte
    MR = 1;
    while(1)                   //无条件循环
    {
        SBUF = nSendByte << count;  //发送数据移位后,写入SBUF,启动串行发送
        delay(500);            //延时,点亮LED灯持续一段时间
        count++;               //移位位数加1
        if(count >= 8)count = 0;  //若点亮数据左移8次,count清零
    }
}
void delay(unsigned int i)     //延时函数
{
    unsigned char j;
    for(;i>0;i--)              //变量i由实际参数传入一个值,因此i不能赋初值。
    for(j=0;j<125;j++) ;
}
```

2. 串行口并行输入扩展

74HC165 是 8 位并行输入串行输出移位寄存器。当 74HC165 的 1 脚（移位/置位控制端）为低时，从 D0～D7 口输入的并行数据将被异步地读取进寄存器内；当 1 脚为高时，数据将从 SI（10 脚）输入端串行进入寄存器，在每个时钟脉冲的上升沿向右移动一位。74HC165 芯片引脚封装图如图 11-22 所示，各引脚功能定义如表 11-5 所示。

```
SH/LD ☐ 1      16 ☐ VCC
  CLK ☐ 2      15 ☐ INH
   D4 ☐ 3      14 ☐ D3
   D5 ☐ 4      13 ☐ D2
   D6 ☐ 5      12 ☐ D1
   D7 ☐ 6      11 ☐ D0
   QH ☐ 7      10 ☐ SI
  GND ☐ 8       9 ☐ SO
```

图 11-22   74HC165 芯片引脚封装图

表 11-5   74HC165 芯片引脚功能定义

引脚符号	引脚号	引脚名称、功能
$SH/\overline{LD}$	1	移位/置位控制端,当输入低时,并行数据将被异步地读取进寄存器内;当输入为高时,数据将从 SI 输入端串行进入寄存器
CLK	2	时钟输入端,上升沿有效
D0～D7	3～6、11～14	并行数据输入端
$\overline{Q}_H$	7	互补输出端
GND	8	逻辑地
SO	9	输出端
SI	10	串行数据输入端
INH	15	时钟允许输入端,低电平有效
VCC	16	逻辑电源

例 11-3   如图 11-23 所示,单片机串行口外接一片 8 位并行输入、串行输出同步移位寄存器 74HC165,在 74HC165 的 8 位并行输入口连接 8 个按键。单片机使用串行口读取 74HC165 的并行口输入数据,并判断按键值。单片机在接收到新的按键值后,由 P2 连接的 LED 数码管显示按键值,并且一次按键动作,只显示一次。

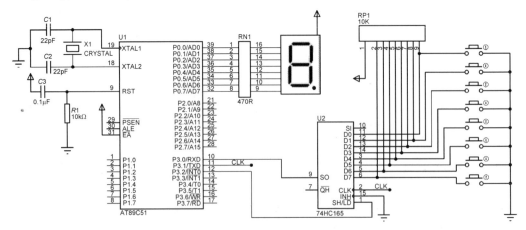

图 11-23   串行口扩展并行口输入电路原理图

74HC165 的 1 脚连接单片机的 P3.2，2 脚连接单片机的 P3.1，9 脚连接单片机的 P3.0。

(1) 串行口初始化配置如下：

① 配置串行口的工作方式。

设置 SCON 寄存器参数配置串行口的工作方式。串行口在工作方式 0 的输入状态，应使 SCON 寄存器的 SM0、SM1＝00；允许串行口接收数据，REN＝1；将发送中断标志位 TI 清零，TI＝0；将接收中断标志位 RI 清零，RI＝0；而 SM2、RB8、TB8 都不起作用，均设置为 0。所以，SCON 寄存器应初始化为 0x10。

② 设置 IE 寄存器。

由于采用串行口中断，因此需将 IE 寄存器中的 ES、EA 位都置 1。

(2) 程序的源代码如下：

```c
#include <reg51.h>                          //包含51单片机寄存器定义的头文件
unsigned char led[10] = {0xc0,0xf9,0xa4,    //LED 数码管显示字模
0xb0,0x99,0x92,0x82,0xf8,0x80,0x90};
unsigned char nRxByte;                      //接收的数据
unsigned char new_data_flag = 0;            //新接收到一个数据
unsigned char key_value = 0;                //按键值
void display(void);                         //显示程序声明
void key_scan(void);                        //按键检测程序声明
void key_handle(void);                      //按键处理程序声明
void main()                                 //主函数
{
    SCON = 0x10;                            //设置串行口为方式0,REN = 1
    ES = 1;                                 //允许串行口中断
    EA = 1;                                 //全局中断允许
    P0 = 0xbf;                              //LED 数码管上电显示"-"
    while(1)                                //无条件循环
    {
        key_scan();                         //按键检测
        key_handle();                       //按键处理
    }
}
void Serial_Port() interrupt 4 using 0      //串行口中断服务函数
{
    P3_2 = 0;                               //74HC165 并行输入进锁存器
    P3_2 = 1;                               //为下一次读取数据做准备
    RI = 0;                                 //清除接收标志位
    nRxByte = SBUF;                         //接收新数据
    new_data_flag = 1;                      //标志位置1
}
void key_scan(void)                         //按键检测程序
{
    static unsigned char last_key = 0;      //记录读取的上一次按键
    unsigned char temp = 0;
    if(new_data_flag == 0) return;          //没有接收到新数据,直接退出程序
    new_data_flag = 0;                      //新接收到一个数据,判断是否有新的按键动作
    switch(nRxByte)
```

```
    {
        case 0xfe: temp = 1;break;      //读取的数据是 1111 1110
        case 0xfd: temp = 2;break;      //读取的数据是 1111 1101
        case 0xfb: temp = 3;break;      //读取的数据是 1111 1011
        case 0xf7: temp = 4;break;      //读取的数据是 1111 0111
        case 0xef: temp = 5;break;      //读取的数据是 1110 1111
        case 0xdf: temp = 6;break;      //读取的数据是 1101 1111
        case 0xbf: temp = 7;break;      //读取的数据是 1011 1111
        case 0x7f: temp = 8;break;      //读取的数据是 0111 1111
        default : temp = 0;last_key = 0;  //按键抬起
    }
    if((last_key == 0)&&(temp!= 0))      //按键按下读取的第一个数据
    {
        last_key = key_value = temp;
    }
}
void key_handle(void)                    //按键处理程序
{
    if(key_value!= 0)                    //显示新的按键值
        display();                       //调用 LED 数码管显示函数
    key_value = 0;
}
void display(void)                       //LED 数码管显示函数
{                                        //包含 51 单片机寄存器定义的头文件
    P0 = led[key_value];                 //LED 数码管显示字模
}
```

11.6.2 串行口工作方式 1 应用设计

串行口的工作方式 1 为双机通信方式。双机之间以 10 位长的数据帧为单位进行数据传输,TXD(P3.0)引脚用于发送数据,RXD(P3.1)引脚用于接收数据。数据传输的波特率由定时器 T1 控制。

1. 双机串行通信应用

例 11-4 如图 11-24 所示,甲乙两机以方式 1 进行异步串行通信,其中 U1 为甲机,发送数据,U2 为乙机,接收数据。双方晶振频率为 11.0592MHz,通信波特率为 2400bps。甲机循环发送数字 0~F,乙机接收后返回接收值。甲机判断若发送值与返回值相等,则继续发送下一数字,否则需重发当前数字。

(1) 串行口初始化配置如下:

① 配置串行口的工作方式。

设置 SCON 寄存器参数配置串行口的工作方式。甲乙两机的串行口在工作方式 1 下,均允许接收数据,应使 SCON 寄存器的 SM0、SM1=01;允许串行口接收数据,REN=1;将发送、接收中断标志位清零,TI=0,RI=0;而 SM2、RB8、TB8 都不起作用,均设置为 0。所以,SCON 寄存器应初始化为 0x50。

② 配置定时器 T1 设置串行口的通信波特率。

已知甲乙两单片机的晶振频率为 11.0592MHz,通信波特率为 2400bps。配置定时器

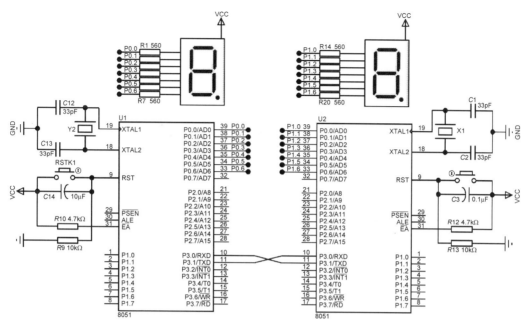

图 11-24　双机串行通信电路原理图

T1 为工作方式 2, 即自动重装模式; 根据表 11-3 查询得到计数初值为 0xF4, 且不需要波特率加倍。因此, TH1=0xF4, TL1=0xF4, SMOD=0。

③ 设置 IE 寄存器。

本程序设计不采用串行口中断, 因此不对 IE 寄存器进行配置。

④ 启动定时器 T1。

TR1=1 启动定时器 T1 开始工作, 为串行口提供波特率发生器。

(2) 程序的源代码如下:

甲机发送程序如下:

```
#include <reg51.h>                            //包含 51 单片机寄存器定义的头文件
#define uchar unsigned char                   //用户类型自定义
uchar code seg[] = {0xc0,0xf9,0xa4,0xb0,      //定义数组存储字符 0~F 的 LED 数码管的段码
0x99,0x92,0x82,0xf8,0x80,0x90,
0x88,0x83,0xc6,0xa1,0x86,0x8e};
uchar EN_send = 1;                            //允许发送标识位
uchar send_data = 0;
uchar receive_data = 0;
void delay(unsigned int j);
void initUart();
void send_byte();
void main()                                   //主函数
{
    delay(1);                                 //延时函数
    initUart();                               //串行口初始化
    while(1)                                  //无限循环函数
    {
```

```
            send_byte();                    //发送一个字节
            delay(500);                     //等待发送完成
        }
    }
    void send_byte()                        //字节发送函数
    {
        if(EN_send == 1)                    //允许发送
        {
            SBUF = send_data;               //向 SBUF 中写入发送数据,启动串行发送
            EN_send = 0;                    //允许发送标识位清零
        }
    }
    void Serial_Port() interrupt 4 using 0  //串行口通信中断函数
    {
        if(RI)                              //若接收中断请求标志为 1
        {
            receive_data = SBUF;            //接收数据
            P0 = seg[receive_data];         //显示接收到的数据
            if(receive_data == send_data)   //接收到的数据和发送的数据相等
            {
                EN_send = 1;                //允许发送
                send_data++;                //发送数据加一
                if(send_data > 15)
                    send_data = 0;
            }
        }
        RI = 0;                             //RI 清零
        TI = 0;                             //TI 清零
    }
    void delay(unsigned int j)              //延时函数
    {
        uchar i;
        for(;j>0;j--)                       //变量 j 由实际参数传入一个值,因此 j 不能赋初值
        for(i=0;i<239;i++) ;
    }
    void initUart()                         //串行口初始化函数
    {
        SCON = 0X50;                        //设置串行口为工作方式 1,允许接收数据
        PCON = 0X00;                        //波特率不加倍
        TMOD = 0X20;                        //设置计数器工作方式 2
        TH1 = 0xf4;                         //计数器初始值设置,波特率为 2400
        TL1 = 0xf4;
        TR1 = 1;                            //打开计数器
        ES = 1;                             //允许串行口中断
        EA = 1;                             //全局中断允许
    }
```

乙机接收程序如下:

```
# include < reg51.h >                       //包含 51 单片机寄存器定义的头文件
# define uchar unsigned char               //用户类型自定义
```

```
uchar code seg[] = {0xc0,0xf9,0xa4,0xb0,    //定义数组存储字符 0~F 的 LED 数码管的段码
0x99,0x92,0x82,0xf8,0x80,0x90,
0x88,0x83,0xc6,0xa1,0x86,0x8e};
void delay(unsigned int j)                  //延时函数
{
    uchar i;
    for(;j>0;j-- )                          //变量 j 由实际参数传入一个值,因此 j 不能赋初值
    for(i=0;i<239;i++) ;
}
void initUart()                             //串行口初始化函数
{
    SCON = 0X50;                            //设置串行口为工作方式 1,允许接收数据
    PCON = 0X00;                            //波特率不加倍
    TMOD = 0X20;                            //设置计数器工作方式 2
    TH1 = 0xf4;                             //计数器初始值设置,波特率为 2400
    TL1 = 0xf4;
    TR1 = 1;                                //打开计数器
}
void main()                                 //主函数
{
    uchar rec;                              //定义变量 rec 存储接收数据
    initUart();                             //串行口初始化函数
    while(1)                                //无限循环函数
    {
        while(RI == 0) ;                    //等待接收完成
        RI = 0;                             //RI 清零
        rec = SBUF;                         //从 SBUF 中读取接收值
        SBUF = rec;                         //将接收值重新发送
        while(TI == 0) ;                    //等待发送完成
        TI = 0;                             //TI 清零
        P0 = seg[rec];                      //LED 显示接收值
    }
}
```

2. 单片机与 PC 串行通信

工业现场测控系统中,常用单片机进行监测点的数据采集,然后单片机通过串行口与 PC 通信,把采集的数据串行传送到 PC 上,再在 PC 上进行数据处理。PC 配置的多数都是 USB 接口,利用 USB 总线的转接芯片 CH340,实现 USB 转串行口。

例 11-5　如图 11-25 所示,单片机与 PC 机之间进行串行通信,两者之间接口为 USB 接口,利用 CH340 实现 USB 转串行口。PC 通过串行口助手发送数据给单片机;单片机在工作方式 1 下,收到数据后,再将数据加 1 后发送给 PC 串行口助手显示。单片机的晶振频率为 11.0592MHz,与 PC 的通信波特率为 9600bps。

(1) 串行口初始化配置如下:

① 配置串行口的工作方式。

设置 SCON 寄存器参数配置串行口的工作方式。单片机串行口在工作方式 1 下,允许接收数据,SCON 寄存器应初始化为 0x50。

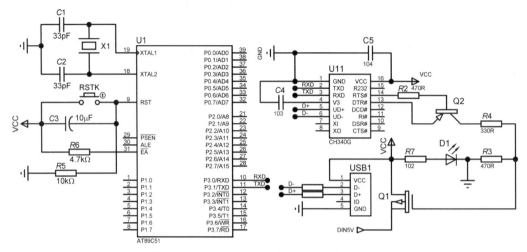

图 11-25 单片机与 PC 串行通信电路原理图

② 配置定时器 T1 设置串行口的通信波特率。

单片机的晶振频率为 11.0592MHz，与 PC 的通信波特率为 9600bps。配置定时器 T1 为工作方式 2，即自动重装模式；根据表 11-3 查询得到计数初值为 0xFA，且需要波特率加倍。因此，TH1＝0xFA，TL1＝0xFA，SMOD＝1。

③ 设置 IE 寄存器。

本程序设计采用串行口中断，因此 ES＝1，EA＝1。

④ 启动定时器 T1。

TR1＝1 启动定时器 T1 开始工作，为串行口提供波特率发生器。

(2) 程序的源代码如下：

```
# include "reg51.h"                //包含 51 单片机寄存器定义的头文件
typedef unsigned int u16;          //对系统默认数据类型进行重定义
typedef unsigned char u8;
u8 rec_data;                       //接收的数据
u8 new_data = 0;                   //接收到新数据标志位
void uart_init(u8 baud)            //串行口初始化函数
{
    TMOD| = 0X20;                  //设置计数器 T1 在工作方式 2
    SCON = 0X50;                   //设置串行口为工作方式 1,允许接收数据
    PCON = 0X80;                   //波特率加倍
    TH1 = baud;                    //计数器初始值设置
    TL1 = baud;
    ES = 1;                        //打开串行接收中断
    EA = 1;                        //打开总中断
    TR1 = 1;                       //打开计数器
}
void main()                        //主函数
{
    unsigned char i = 0;
    uart_init(0XFA);               //初始化串行口,设置波特率为 9600
    while(1)                       //无限循环函数
```

```
    {
        if(new_data == 1)                    //若接收到新数据,根据功能要求完成规定动作
        {
            new_data = 0;                    //接收到新数据标志位清零
            SBUF = rec_data + 1;             //将接收到的数据加1放入到发送寄存器
        }
    }                                        //串行口通信中断函数
}
void uart( ) interrupt 4
{
    if(RI)
    {

        rec_data = SBUF;                     //存储接收到的数据
        RI = 0;                              //清除接收中断标志位
        new_data = 1;                        //接收到新数据标志位置位
    }
    if(TI) TI = 0;                           //清除发送完成标志位
}
```

11.6.3　串行口工作方式 2 和工作方式 3 应用设计

工作方式 2 和工作方式 3 都是异步通信方式,一帧数据长度为 11 位,第 0 位为起始位,第 1~8 位为数据位,第 9 位是程序控制位,由用户设置的 TB8 位决定,第 10 位是停止位 1。由软件设置第 9 位 TB8 的数据,可作为在双机通信时的奇偶校验位。工作方式 2 和工作方式 3 相比,只有波特率不同,工作方式 2 的波特率固定为 $f_{osc}/64$ 或 $f_{osc}/32$,工作方式 3 的波特率是由定时器 T1 的溢出率决定的,其他都相同,所以下面介绍的工作方式 3 应用编程,也适用于工作方式 2。

1. 带奇偶校验的双机通信

例 11-6　如图 11-26 所示,甲乙两单片机使用工作方式 3 进行串行通信,并对传输数据进行奇偶校验。甲机把控制 8 个流水灯点亮的数据发送给乙机,乙机根据收到的数据控制

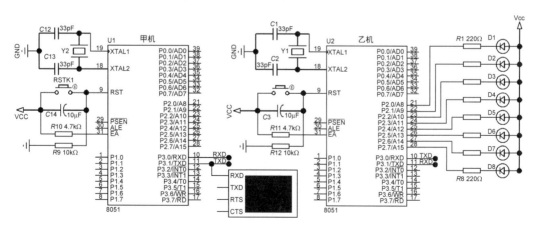

图 11-26　带奇偶校验的双机通信电路原理图

P2 口 8 个 LED 的状态。甲机使用工作方式 3 发送数据时,使用 1 个可编程位 TB8,该位一般作奇偶校验位。乙机接收到的 8 位二进制数据有可能出错,需对数据进行奇偶校验,其方法是将乙机的 RB8 和 PSW 的奇偶校验位 P 进行比较,如果相同,接收数据;否则拒绝接收。本例需要使用示波器来观察甲机串行口发出的数据。甲乙两机的晶振频率均为 11.0592MHz,两机的通信波特率为 9600bps。

(1) 串行口初始化配置如下:

① 配置串行口的工作方式。

单片机串行口在工作方式 3 下,甲机不允许接收数据,乙机允许接收数据。因此,甲机的 SCON 寄存器应初始化为 0xC0,乙机的 SCON 寄存器应初始化为 0xD0。

② 配置定时器 T1 设置串行口的通信波特率。

甲乙两机的晶振频率均为 11.0592MHz,两机的通信波特率为 9600bps。配置定时器 T1 为工作方式 2,即自动重装模式;根据表 11-3 查询得到计数初值为 0xFD,且需要波特率不加倍。因此,TH1=0xFD,TL1=0xFD,SMOD=0。

③ 设置 IE 寄存器。

本程序设计不使用串行口中断,因此不对 IE 寄存器进行配置。

④ 启动定时器 T1。

TR1=1 启动定时器 T1 开始工作,为串行口提供波特率发生器。

(2) 程序的源代码。

甲机发送程序如下:

```
# include < reg51.h >                 //包含 51 单片机寄存器定义的头文件
unsigned char Tab[8] = {0xfe,0xfd,0xfb,    //控制流水灯显示数据,数组被定义为全局变量
0xf7,0xef,0xdf,0xbf,0x7f};
void Send(unsigned char dat)          //发送 1 字节数据的函数
{
    ACC = dat;                        //将发送数据写入累加器
    TB8 = P;                          //PSW 寄存器第 0 位(即奇偶校验位 P)放入 TB8 中
    SBUF = dat;                       //将 dat 中的数据送入 SBUF 中,启动串行发送
    while(TI == 0)                    //检测发送标志位 TI,TI = 0 时,未发送完
        ;                             //空操作
    TI = 0;                           //1 字节发送完,TI 清零
}
void delay (void)                     //延时函数,大约 200ms
{
    unsigned char m,n;
    for(m = 0;m < 250;m++)
    for(n = 0;n < 250;n++) ;
}
void main(void)                       //主函数
{
    unsigned char i;
    SCON = 0xc0;                      //设置串行口为方式 3
    PCON = 0x00;                      //SMOD = 0,波特率不加倍
    TMOD = 0x20;                      //设置定时器 T1 为方式 2
    TH1 = 0xfd;                       //给定时器 T1 赋初值,波特率设置为 9600
```

```
    TL1 = 0xfd;                         //打开串行接收中断
    TR1 = 1;                            //启动计数器 T1
    while(1)                            //无限循环函数
    {
        for(i = 0;i < 8;i++)            //循环发送数组中的 8 个数据
        {
            Send(Tab[i]);               //调用发送函数,发送 1 字节数据
            delay();                    //延时函数
        }
    }
}
```

乙机接收程序如下：

```
# include < reg51.h>                   //包含 51 单片机寄存器定义的头文件
unsigned char receive(void)            //接收 1 字节数据的函数
{
    unsigned char dat;
    while(RI == 0)                     //若 RI = 0,则数据未接收完毕,循环等待
        ;
    RI = 0;                            //已接收一帧数据,将 RI 清零
    ACC = SBUF;                        //将接收缓冲器的数据存于 ACC
    if(RB8 == P)                       //若 RB8 与奇偶校验位 P(PSW^0)相等,则奇偶校验成功
    {
        dat = ACC;                     //将接收缓冲器的数据存于 dat
        return dat;                    //将接收的数据返回
    }
    else
        return 0xff;                   //奇偶校验不成功,返回 0xff
}
void main(void)                        //主函数
{
    SCON = 0xd0;                       //设置定时器 T1 为方式 2
    TMOD = 0x20;                       //设置串行口为方式 3,允许接收 REN = 1
    PCON = 0x00;                       //SMOD = 0,波特率不加倍
    TH1 = 0xfd;                        //给定时器 T1 赋初值,波特率为 9600
    TL1 = 0xfd;
    TR1 = 1;                           //启动定时器 T1
    while(1){                          //无限循环函数
        P2 = receive();                //将接收到的数据送 P2 口显示
    }
}
```

　　本章介绍通信的基本概念、80C51 单片机串行通信的基本概念、串行通信格式、串行口特殊功能寄存器。介绍串行口的功能结构、4 种工作方式及波特率的设定与计算。以实例介绍 80C51 单片机串行口的 4 种工作方式的应用,如：串行口并行输入/输出扩展、双机通信、单片机与 PC 行通信、带奇偶校验的双机通信的设计方法。本章应重点掌握串行口的功能结构、波特率计算选择、串行通信编程应用。

## 第 12 章

80C51 单片机的串行扩展

单片机的串行扩展技术在 IC 卡、智能仪器仪表以及分布式控制系统等领域得到广泛应用。串行接口器件与单片机连接时仅需 1~4 条 I/O 口线,简化了器件间的连接,提高了可靠性。串行接口器件体积小,因而占用电路板的空间小,仅为并行接口器件的 10%,明显减少电路板空间和成本。除上述优点外,还有工作电压宽、抗干扰能力强、功耗低、数据不易丢失等特点。常见的串行总线有 UART、SPI、I^2C 和单总线等,80C51 单片机内部只有 UART 接口,要实现单总线、SPI 和 I^2C 串行通信时就需要进行扩展。

12.1 单总线串行扩展

单总线也称为一线总线(1-Wire bus),它是由美国 DALLAS 公司推出的外围串行扩展总线。它只有一条数据输入/输出线 DQ,总线上的所有器件都挂在 DQ 上,这条线既可以传输时钟信号又可以传输数据,而且数据传输是双向的。这种总线线路简单,硬件开销少,成本低廉,便于总线扩展和维护。单总线适用于单主机系统,能控制一个或多个从机设备。

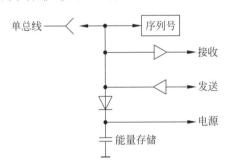

图 12-1 单总线芯片的内部结构示意图

每一个符合单总线协议的芯片都有一个唯一的 64 位编码(包括 8 位的家族代码、48 位的序列号和 8 位的 CRC 代码)。主芯片对各个从芯片的寻址依据这 64 位的内容来进行,片内还包含收发控制和电源存储电路,如图 12-1 所示。单总线器件主要有数字温度传感器(如 DS18B20)、A/D 转换器(如 DS2450)、单总线控制器(如 DS1WM)等。

下面以 80C51 单片机和 DS18B20 实现温度采集为例,介绍单片机的单总线串行扩展功能。

12.1.1 单总线温度传感器 DS18B20 简介

DS18B20 是 DALLAS 公司生产的,具有单总线协议的数字式温度传感器。温度测量范围为 −55~+128℃,在 −10~+85℃ 范围内,它的测量精度可达 ±0.5℃。DS18B20 具有体积小、功耗低、现场温度的测量直接通过"单总线"以数字方式传输等优点,这大大提高了系统的抗干扰性,因此非常适合于恶劣环境的现场温度测量,也可用于各种狭小空间内设备的测温,如环境控制、过程监测、测温类消费电子产品和多点温度测控系统等。由于

DS18B20 可直接将温度转化成数字信号传送给单片机处理,因而可省去传统的信号放大、A/D 转换等外围电路。DS18B20 的内部框图如图 12-2 所示。

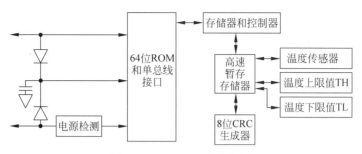

图 12-2　DS18B20 内部框图

(1) 内部 64 位的 ROM 中存储着独一无二的序列号,是出厂前被光刻好的,可以看作是该 DS18B20 的地址序列码,每个 DS18B20 的 64 位序列号均不相同。这样就可以实现在一根总线上挂接多个 DS18B20 的目的。该 64 位编码的低 8 位保存有 DS18B20 的分类编码(28H),中间的 48 位保存独一无二的序列号,最高 8 位保存前 56 位的循环冗余校验(CRC)值。64 位光刻 ROM 代码格式如图 12-3 所示。

8位CRC	48位自身序列号	8位分类编码(28H)

图 12-3　64 位光刻 ROM 代码格式

(2) 高速暂存存储器由 9 个字节组成,9 字节具体分布如表 12-1 所示。

表 12-1　高速暂存存储器 9 字节格式

字节地址	寄存器内容	字节地址	寄存器内容
00H	温度值低位(LSB)	05H	保留
01H	温度值高位(MSB)	06H	保留
02H	温度上限值(TH)*	07H	保留
03H	温度下限值(TL)*	08H	CRC 校验值*
04H	配置寄存器*		

注意:* 表示该值存放在 E^2PROM 中

当温度转换命令发布后,经转换所得的温度值以两字节补码形式存放在存储器的第 0 和第 1 字节。单片机可通过单总线接口读到该数据,读取时低位在前,高位在后。第 2、3 字节存放温度上下限报警值 TH 和 TL。第 4 字节为配置寄存器,通过配置寄存器可以更改 DS18B20 的测温分辨率。第 8 字节是前面所有 8 个字节的 CRC 码,检验通信时数据传送的正确性。片内还有 1 个 E^2PROM 存放着 TH、TL 和配置寄存器的映像。

配置寄存器有 8 位,各位的定义如图 12-4 所示。

TM	R1	R0	1	1	1	1	1

图 12-4　配置寄存器格式

其中,TM 是测试模式位,用于设置 DS18B20 是处于工作模式还是在测试模式,0 为工作模式,1 为测试模式。在 DS18B20 出厂时该位被设置为 0,用户不要去改动。R1 和 R0 用来设置分辨率(DS18B20 出厂时设置为 12 位分辨率),分辨率设置如表 12-2 所示。用户可以通过修改 R1、R0 位的编码,获得合适的分辨率。低 5 位都是 1。

表 12-2 R1、R0 分辨率设置

R1	R0	分辨率	最大转换时间(ms)	测温精度(℃)
0	0	9	93.75	0.5
0	1	10	187.5	0.25
1	0	11	375	0.125
1	1	12	750	0.0625

由表 12-2 可以看出,DS18B20 的转换时间与分辨率有关,当设定分辨率为 9 位时,转换时间为 93.75ms,……,当设定分辨率为 12 位时,转换时间为 750ms。

DS18B20 采取 12 位分辨率测出的温度用 16 位二进制补码表示,它与温度直接的关系如表 12-3 所示。

表 12-3 DS18B20 数值与温度关系

温　　度	数据输出(二进制)	数据输出(十六进制)
+125℃	0000 0111 1101 0000	07D0H
+85℃ *	0000 0101 0101 0000	0550H
+25.0625℃	0000 0001 1001 0001	0191H
+10.125℃	0000 0000 1010 0010	00A2H
+0.5℃	0000 0000 0000 1000	0008H
0℃	0000 0000 0000 0000	0000H
−0.5℃	1111 1111 1111 1000	FFF8H
−10.125℃	1111 1111 0101 1110	FF5EH
−25.0625℃	1111 1110 0110 1111	FE6FH
−55℃	1111 1100 1001 0000	FC90H

注意：＊温度寄存器上电复位值为+85℃

12.1.2 DS18B20 工作时序

DS18B20 对工作时序要求严格,延时时间需准确,否则容易出错。DS18B20 的工作时序包括初始化时序、写时序和读时序。

(1) 初始化时序。单片机将数据线 DQ 电平拉低 480~960μs 后释放,等待 15~60μs,单总线器件即可输出持续 60~240μs 的低电平,单片机收到此应答后即可进行操作。

(2) 写时序。当单片机将数据线 DQ 电平从高拉到低时,产生写时序,有写 0 和写 1 两种时序。写时序开始后,DS18B20 在 15~60μs 期间从数据线上采样。如果采样到低电平,则向 DS18B20 写的是 0;如果采样到高电平,则向 DS18B20 写的是 1。这两个独立的时序间隔至少需要拉高总线电平 1μs 的时间。

(3) 读时序。当单片机从 DS18B20 读取数据时,产生读时序。此时单片机将数据线 DQ 的电平从高拉到低,使读时序被初始化。如果在此后的 $15\mu s$ 内,单片机在数据线上采样到低电平,则从 DS18B20 读的是 0;如果在此后的 $15\mu s$ 内,单片机在数据线上采样到高电平,则从 DS18B20 读的是 1。

12.1.3 DS18B20 命令字

根据 DS18B20 的通信协议,单片机控制 DS18B20 完成温度转换必须经过三个步骤:

(1) 每一次读写之前都要对 DS18B20 进行复位操作,复位要求主 CPU 将数据线下拉 $500\mu s$,然后释放,DS18B20 收到信号后等待 $15\sim60\mu s$,然后再发出 $60\sim240\mu s$ 的应答低脉冲,主 CPU 收到此信号后表示复位成功。

(2) 复位成功后发送一条 ROM 指令,ROM 指令集如表 12-4 所示。

表 12-4 DS18B20 ROM 指令集

指令名称	指令代码	指 令 功 能
读 ROM	33H	读 DS18B20 的 ROM 中的编码(即读 64 位地址)
匹配 ROM	55H	发出此命令之后,接着发出 64 位 ROM 编码,访问总线上与该编码对应的 DS18B20,并使其做出响应,为下一步对其进行读写做准备(总线上有多个 DS18B20 时使用)
搜索 ROM	F0H	用于确定挂接在同一总线上 DS18B20 的个数和识别所有 DS18B20 的 64 位编码,为操作各器件作好准备
跳过 ROM	CCH	忽略 64 位 ROM 编码,直接向 DS18B20 发出温度变换命令,(总线上仅有 1 个 DS18B20 时使用)
警报搜索	ECH	该指令执行后,只有温度超过设定值上限或下限的 DS18B20 才做出响应

(3) 最后发送一条 RAM 指令,RAM 指令集如表 12-5 所示。

表 12-5 DS18B20 RAM 指令集

指令名称	指令代码	指 令 功 能
温度转换	44H	启动 DS18B20 进行温度转换,转换结果存入高速暂存存储器的第 0、1 字节中
读暂存器	BEH	读暂存器中的温度数据
写暂存器	4EH	将温度上下限数据写入高速暂存存储器的第 2、3 字节中(TH、TL)
复制暂存器	48H	将高速暂存存储器中的第 2、3 字节的数据复制到 E^2PROM 中
重调 E^2PROM	B8H	将 E^2PROM 中的内容恢复到高速暂存存储器的第 2、3 字节中
读电源模式	B4H	读供电方式,寄生供电时,DS18B20 发送 0;外部供电时,DS18B20 发送 1

每个 DS18B20 的内部均有一个 64 位序列号,在系统工作之前先将主机与 DS18B20 逐个挂接,分别读出其序列号(命令 33H)并存储在主机的 E^2PROM 中。当主机需要对众多在线的 DS18B20 中的某一个进行操作时,首先要发出匹配 ROM 命令(命令 55H),紧接着主机把从 E^2PROM 中取出存储的 64 位序列号发送到总线上,只有具有此序列号的

DS18B20 才接收主机的命令。

如果主机只对一个 DS18B20 进行操作,就不需要读取 ROM 编码和匹配 ROM 编码,只要用跳过 ROM(命令 CCH)命令,就可执行温度转换和读取命令。

12.1.4　80C51 单片机单总线扩展应用

例 12-1　DS18B20 应用举例。

本例是用 80C51 单片机和外部的数字温度传感器 DS18B20、LED 数码管连接,编程实现温度的测量与显示。仿真电路原理图如图 12-5 所示,其中 P0 端口用来控制数码管的段选信号,P2.2、P2.3、P2.4 控制数码管的位选信号,单片机的 P3.7 引脚与 DS18B20 的 DQ 线相连实现单总线扩展,要求将 DS18B20 检测到的温度值显示在数码显示管的低 4 位,保留小数点后 1 位数字。

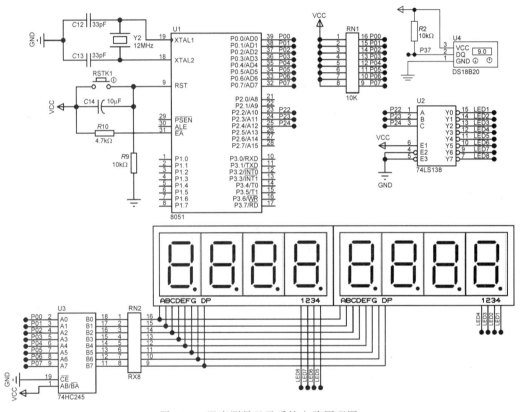

图 12-5　温度测量显示系统电路原理图

在 Proteus 环境下进行仿真时,可手动调整 DS18B20 的温度值,即用鼠标单击电路图中(见图 12-5 中右上角的元件 DS18B20)DS18B20 上的"⊕"或"⊖"来改变温度,注意手动调节温度的同时,LED 数码管上会显示出与 DS18B20 窗口相同的温度数值,以表示测量结果正确。

程序的核心功能流程图如图 12-6 所示,图(a)是主程序流程图,图(b)是温度检测功能流程图,图(c)是数码管显示功能流程图。

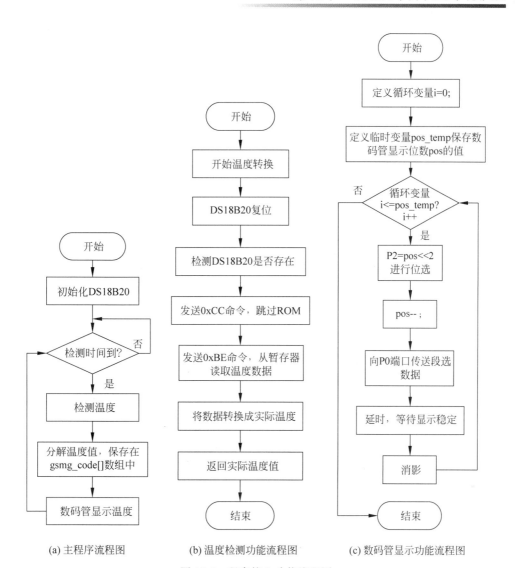

(a) 主程序流程图　　　(b) 温度检测功能流程图　　　(c) 数码管显示功能流程图

图 12-6　程序核心功能流程图

程序的源代码如下：

```
# include "reg51.h"
# include "intrins.h"
# define uint unsigned int
# define uchar unsigned char
# define SMG_A_DP_PORT P0                    //使用宏定义数码管段码口
sbit DS18B20_PORT = P3^7;                     //DS18B20 数据口定义
uchar gsmg_code[17] = {0x3f,0x06,0x5b,0x4f,0x66,  //共阴极数码管显示 0～F 的段码数据
0x6d,0x7d,0x07,0x7f,0x6f,0x77,
0x7c,0x39,0x5e,0x79,0x71};
void delay_10us(uint ten_us)                  ;
void smg_display(uchar dat[],uchar pos);
void ds18b20_reset(void);
uchar ds18b20_check(void);
```

```
uchar ds18b20_read_bit(void);
uchar ds18b20_read_byte(void);
void ds18b20_write_byte(uchar dat);
void ds18b20_start(void);
uchar ds18b20_init(void);
float ds18b20_read_temperture(void);
void main()                                        //主函数
{
    uchar i = 0;
    int temp_value;
    uchar temp_buf[5];
    ds18b20_init();                                //初始化 DS18B20
    while(1)
    {
        i++;
        if(i % 50 == 0)                            //间隔一段时间读取温度值
            temp_value = ds18b20_read_temperture() * 10;      //读温度
        if(temp_value < 0)                         //负温度
        {
            temp_value = - temp_value;
            temp_buf[0] = 0x40;                    //显示负号
        }
        else
            temp_buf[0] = 0x00;                                //不显示
        temp_buf[1] = gsmg_code[temp_value/1000];             //百位
        temp_buf[2] = gsmg_code[temp_value % 1000/100];       //十位
        temp_buf[3] = gsmg_code[temp_value % 1000 % 100/10]|0x80;  //个位和小数点
        temp_buf[4] = gsmg_code[temp_value % 1000 % 100 % 10];     //小数点后一位
        smg_display(temp_buf,4);                              //数码管显示
    }
}
void delay_10us(uint ten_us)                       // ten_us = 1 时,大约延时 10μs
{
    while(ten_us -- );
}
void smg_display(uchar dat[],uchar pos)            //数码管显示函数
{
    uchar i = 0;
    uchar pos_temp = pos;
    for(i = 0;i <= pos_temp; i++)
    {
        P2 = pos << 2;                             //位选
        pos -- ;
        SMG_A_DP_PORT = dat[i];                    //传送段选数据
        delay_10us(100);                           //延时,等待显示稳定
        SMG_A_DP_PORT = 0x00;                      //消影
    }
}
void ds18b20_reset(void)                           //复位 DS18B20
{
    DS18B20_PORT = 0;                              //拉低 DQ
```

```
        delay_10us(75);                              //拉低 750μs
        DS18B20_PORT = 1;                            //拉高 DQ
        delay_10us(2);                               //拉高 20μs
}
uchar ds18b20_check(void)                            //检测 DS18B20 是否存在
{
    uchar time_temp = 0;
    while(DS18B20_PORT&&time_temp < 20)              //等待 DQ 为低电平
    {
        time_temp++;
        delay_10us(1);
    }                                                //如果超时则强制返回 1
    if(time_temp > = 20)
        return 1;
    else
        time_temp = 0;
    while((!DS18B20_PORT)&&time_temp < 20)           //等待 DQ 为高电平
    {
        time_temp++;
        delay_10us(1);
    }
    if(time_temp > = 20)                             //如果超时则强制返回 1
        return 1;
    return 0;
}
uchar ds18b20_read_bit(void)                         //从 DS18B20 读取一位
{
    uchar dat = 0;
    DS18B20_PORT = 0;
    nop_();                                          //时间不能过长,必须在 15μs 内读出
    nop_();
    DS18B20_PORT = 1;
    nop_();
    nop_();
    if(DS18B20_PORT)                                 //如果总线上为 1,则数据 dat 为 1
        dat = 1;
    else
        dat = 0;
    delay_10us(5);
    return dat;
}
uchar ds18b20_read_byte(void)                        //从 DS18B20 读取一个字节
{
    uchar i = 0;
    uchar dat = 0;
    uchar temp = 0;
    for(i = 0;i < 8;i++)                             //循环 8 次,每次读取一位
    {
        temp = ds18b20_read_bit();                   //先读低位再读高位
        dat = (temp << 7)|(dat >> 1);
    }
```

```
        return dat;
    }
    void ds18b20_write_byte(uchar dat)              //写一个字节到 DS18B20
    {
        uchar i = 0;
        uchar temp = 0;
        for(i = 0;i < 8;i++)                        //循环 8 次,每次写一位
        {                                           //先写低位再写高位
            temp = dat&0x01;                        //选择低位准备写入
            dat >> = 1;                             //将次高位移到低位
            if(temp)
            {
                DS18B20_PORT = 0;
                _nop_();
                _nop_();
                DS18B20_PORT = 1;
                delay_10us(6);
            }
            else
            {
                DS18B20_PORT = 0;
                delay_10us(6);
                DS18B20_PORT = 1;
                _nop_();
                _nop_();
            }
        }
    }
    void ds18b20_start(void)                        //温度转换函数
    {
        ds18b20_reset();                            //复位
        ds18b20_check();                            //检查 DS18B20 是否存在
        ds18b20_write_byte(0xcc);                   //跳过 ROM
        ds18b20_write_byte(0x44);                   //转换命令
    }
    uchar ds18b20_init(void)                        //初始化 DS18B20 函数
    {
        ds18b20_reset();
        return ds18b20_check();
    }
    float ds18b20_read_temperture(void)             //从 DS18B20 获取温度函数
    {
        float temp;
        uchar dath = 0;
        uchar datl = 0;
        uint value = 0;
        ds18b20_start();                            //开始转换
        ds18b20_reset();                            //复位
        ds18b20_check();                            //检测 DS18B20 是否存在
        ds18b20_write_byte(0xcc);                   //跳过 ROM
        ds18b20_write_byte(0xbe);                   //读存储器
```

```
datl = ds18b20_read_byte();                //低字节
dath = ds18b20_read_byte();                //高字节
value = (dath << 8) + datl;                //合并为 16 位数据
if((value&0xf800) == 0xf800)               //判断符号位,负温度
{
        value = (~value) + 1;              //数据取反再加 1
        temp = value * ( - 0.0625);        //乘以精度
}
else                                       //正温度
{
        temp = value * 0.0625;
}
return temp;
}
```

12.2　SPI 总线串行扩展

　　SPI(Serial Periperal Interface)是 Motorola 公司推出的一种同步串行外设接口,它允许单片机与多厂家的带有标准 SPI 接口的外围设备直接连接。单片机串行口的方式 0,就是一个同步串行口。所谓同步,就是串行口每发送、接收数据都由一个同步时钟脉冲来控制。

　　SPI 外围串行扩展结构如图 12-7 所示。SPI 使用 4 条线:串行时钟 SCK、主器件输入/从器件输出数据线 MISO、主器件输出/从器件输入数据线 MOSI 和从器件选择线 $\overline{\text{CS}}$。

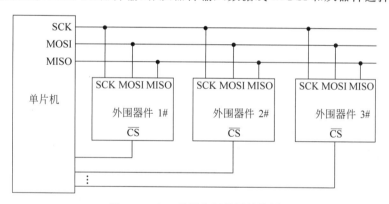

图 12-7　SPI 外围串行扩展结构图

　　典型的 SPI 系统是单主器件系统,从器件通常是外围接口器件,如存储器、I/O 接口、A/D、D/A、键盘、日历时钟和显示驱动等,单片机扩展多个外围器件时,SPI 无法通过数据线译码选择,故外围器件都有片选端 $\overline{\text{CS}}$。在扩展单个 SPI 器件时,外围器件的片选端 $\overline{\text{CS}}$ 可以接地或通过 I/O 口控制;在扩展多个 SPI 器件时,单片机应分别通过 I/O 口线来分时选通外围器件。在 SPI 串行扩展系统中,如果某从器件只作输入(如键盘)或只作输出(如显示器)时,则可省去一条数据输出(MISO)线或一条数据输入(MOSI)线,从而构成双线系统($\overline{\text{CS}}$ 接地)。

　　SPI 系统中单片机对从器件的选通需控制其 $\overline{\text{CS}}$ 端,由于省去传输时的地址字节,所以数据传送软件十分简单。但在扩展器件较多时,需要控制较多的从器件 $\overline{\text{CS}}$ 端,因此连线较

多。在 SPI 系统中,主器件单片机在启动一次传送时,便产生 8 个时钟,传送给接口芯片作为同步时钟,以控制数据的输入和输出。传送格式是高位(MSB)在前,低位(LSB)在后,如图 12-8 所示。数据线上输出数据的变化以及输入数据时的采样,都取决于 SCK,但对于不同的外围芯片,有的可能是 SCK 的上升沿起作用,有的可能是 SCK 的下降沿起作用。SPI 有较高的数据传输速度,最高可达 1.05Mbps。

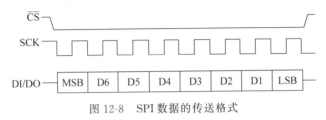

图 12-8　SPI 数据的传送格式

SPI 外围串行扩展系统的从器件要具有 SPI 接口,主器件是单片机。由于 80C51 单片机不带有 SPI 接口,因此可采用软件与 I/O 口结合来模拟 SPI 的接口时序。有关 SPI 总线的应用设计中,扩展串行 A/D 转换器和串行 D/A 转换器的应用较多,典型案例设计将在第 13 章中介绍。

12.3　I²C 总线串行扩展

I²C(Inter Interface Circuit)总线是 Philips 公司推出的使用广泛、很有发展前途的芯片间串行数据传输总线,采用两线制实现全双工同步数据传送。目前采用 I²C 总线技术的单片机和外围器件种类很多,I²C 总线技术已广泛用于各类电子产品、家用电器和通信设备中。

12.3.1　I²C 总线概述

I²C 总线只有两条信号线:一条是数据线 SDA,另一条是时钟线 SCL。SDA 和 SCL 是双向的,I²C 总线上各器件的数据线都接到 SDA 线上,各器件的时钟线均接到 SCL 线上。由于 I²C 只有一根数据线,因此其发送信息和接收信息不能同时进行,只能分时进行。

I²C 总线应用系统允许多主器件,但是在实际应用中,经常遇到的是以单一单片机为主器件,其他外围接口器件为从器件的情况,如图 12-9 所示,图中描述了一个 I²C 主器件上连接多个从机设备的应用场景。I²C 总线接口的单片机可以直接将具有 I²C 总线接口的器件

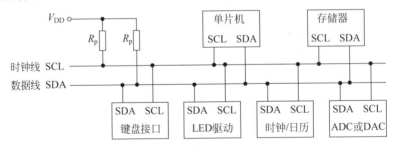

图 12-9　I²C 串行总线系统的基本结构图

连接到 I^2C 总线上或是从该总线上取下,而不会影响其他设备。

当 I^2C 总线空闲时,SDA 和 SCL 两条线均为高电平。由于连接到总线上器件的输出级必须是漏极或集电极开路的,因此只要有一个器件在任意时刻输出低电平,都将使总线上的信号变低,即各器件的 SDA 和 SCL 都是"线与"的关系。由于各器件输出端为漏极开路,故必须通过上拉电阻接正电源(图 12-9 中的两个电阻),以保证 SDA 和 SCL 在空闲时被上拉为高电平。SCL 线上的时钟信号对 SDA 线上的各器件间的数据传输起同步控制作用。SDA 线上的数据起始、终止和数据的有效性均要根据 SCL 线上的时钟信号来判断。

12.3.2 I^2C 总线协议

1. 数据位的有效性

I^2C 总线在进行数据传送时,每一数据位的传送都与时钟脉冲相对应。时钟脉冲为高电平期间,数据线上的数据必须保持稳定,在 I^2C 总线上,只有在时钟线为低电平期间,数据线上的电平状态才允许变化,如图 12-10 所示。

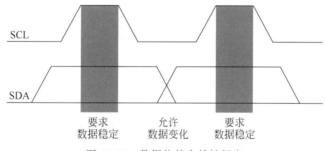

图 12-10 数据位的有效性规定

2. 起始信号和终止信号

I^2C 总线协议规定,总线上数据信号的传送由起始信号(S)开始、由终止信号(P)结束。起始信号和终止信号都由主器件发出,在起始信号产生后,总线就处于占用状态;在终止信号产生后,总线就处于空闲状态,如图 12-11 所示。

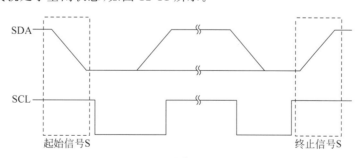

图 12-11 起始信号和终止信号

1) 起始信号(S)

在 SCL 线为高电平期间,SDA 线由高电平向低电平的变化表示起始信号,只有在起始信号以后,其他命令才有效。

2) 终止信号(P)

在 SCL 线为高电平期间,SDA 线由低电平向高电平的变化表示终止信号。随着终止信号的出现,所有外部操作都结束。

3. I²C 总线上数据传送的应答

在了解了起始条件和终止条件后,我们再来看看在这个过程中数据的传输是如何进行的。I²C 总线以字节为单位进行数据传送,传送的字节数没有限制,但是每字节长度必须为8 位,每一个被传送的字节后面都必须跟随 1 位应答位(即 1 帧共有 9 位),如图 12-12 所示。

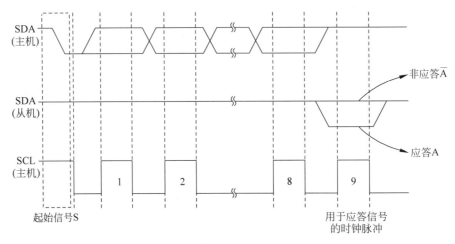

图 12-12   I²C 总线上的应答信号

主器件在 SCL 线上产生每个时钟脉冲的过程中将在 SDA 线上传输一个数据位,在传送每一个字节数据后都必须有应答信号 A。当一个字节按数据位从高位到低位的顺序传输完后,紧接着从器件将拉低 SDA 线,回传给主器件一个应答信号,此时才认为一个字节真正的被传输完成。应答信号在第 9 个时钟位上出现,与应答信号对应的时钟信号由主器件产生。这时主器件必须在这一时钟位上使 SDA 线处于高电平状态,以便从器件在这一位上送出低电平的应答信号 A。

由于某种原因,接收方不对主器件寻址信号应答时,例如,从器件正在进行其他处理而无法接收线上的数据时,必须释放总线,将数据线置为高电平,而由主器件产生一个终止信号以结束总线的数据传送。当主器件接收来自从器件的数据时,接收到最后一个数据字节后,必须给从器件发送一个非应答信号($\overline{A}$),使从器件释放数据总线,以便主器件发送一个终止信号,从而结束数据的传送。

4. I²C 总线上的数据帧格式

I²C 总线规定,在起始信号后必须传送一个从器件的地址(7 位),第 8 位是数据传送的方向位(R/$\overline{W}$),用 0 表示主器件发送数据($\overline{W}$),1 表示主器件接收数据(R)。每次数据传送总是由主器件产生的终止信号结束。若主器件希望继续占用总线进行新的数据传送,则可以不产生终止信号,而马上再次发出起始信号对另一从器件进行寻址。因此,在总线进行一次数据传送过程中,可以有以下几种组合方式。

(1) 主器件向从器件发送 n 字节的数据,数据传送方向在整个传送过程中不变,数据传送的格式如图 12-13 所示。

S	从器件地址	0	A	字节1	A	…	字节(n−1)	A	字节n	A/$\overline{A}$	P

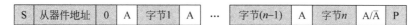

图 12-13　主器件向从器件发送数据的传送格式

其中，字节 1～n 为主器件写入从器件的 n 字节的数据。格式中阴影部分表示主器件向从器件发送数据，无阴影部分表示从器件向主器件发送，以下同。上述格式中的“从器件地址”为 7 位，紧接其后的 1 和 0 表示主器件的读/写方向，1 为读，0 为写。

(2) 主器件读出来自从器件的 n 字节。除从器件地址由主器件发出，其他 n 字节都由从器件发送，主器件接收，数据传送的格式如图 12-14 所示。

S	从器件地址	1	A	字节1	A	…	字节(n−1)	A	字节n	$\overline{A}$	P

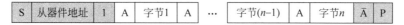

图 12-14　主器件向从器件读取数据的传送格式

其中，字节 1～n 为主器件从从器件中读取的 n 字节的数据。主器件发送终止信号前应发送非应答信号，向从器件表明读操作要结束。

(3) 主器件的读、写操作。在一次数据传送过程中，主器件先发送 1 字节数据，然后再接收 1 字节数据，此时起始信号和从器件地址都被重新产生一次，但两次读写的方向位正好相反。数据传送的格式如图 12-15 所示。

S	从器件地址	0	A	数据	A/$\overline{A}$	Sr	从器件地址r	1	A	数据	$\overline{A}$	P

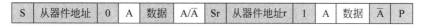

图 12-15　主器件读写数据的传送格式

Sr 表示重新产生的起始信号，从器件地址 r 表示重新产生的从器件地址。

由上可见，无论哪种方式，起始信号、终止信号和从器件地址均由主器件发送，数据字节的传送方向则由主器件发出的寻址字节中的方向位规定，每个字节的传送都必须有应答位（A 或 $\overline{A}$）。

5. 寻址字节

在上面介绍的数据帧格式中，均有 7 位从器件地址和紧跟其后的 1 位读/写方向位，即寻址字节。I^2C 总线的寻址采用软件寻址，主器件在发送完起始信号后，立即发送寻址字节来寻址被控的从器件，寻址字节格式如图 12-16 所示。

	器件地址				引脚地址			方向位
寻址字节	DA3	DA2	DA1	DA0	A2	A1	A0	R/$\overline{W}$

图 12-16　寻址字节格式

7 位从器件地址为 DA3、DA2、DA1、DA0 和 A2、A1、A0，其中 DA3、DA2、DA1、DA0 为器件地址，即器件固有的地址编码，器件出厂时就已经给定。A2、A1、A0 为引脚地址，由器件引脚 A2、A1、A0 在电路中接高电平或接地决定。

12.3.3　80C51 单片机的 I^2C 总线设计

目前，许多公司都推出了带有 I^2C 接口的单片机及各种外围扩展器件。但是 80C51 单片机没有内置 I^2C 接口，因此需要利用单片机的并行 I/O 口线模拟 I^2C 总线接口的时序。

1. 典型信号模拟

为了保证数据传送的可靠性,标准 I^2C 总线的数据传送有严格的时序要求。I^2C 总线的起始信号、终止信号、应答/数据 0 及非应答/数据 1 的模拟时序如图 12-17～图 12-20 所示。

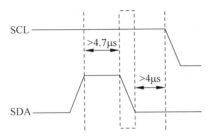

图 12-17　起始信号 S 的模拟时序图

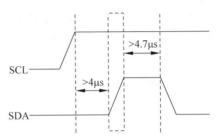

图 12-18　终止信号 P 的模拟时序图

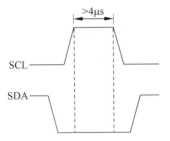

图 12-19　发送应答位的模拟时序图

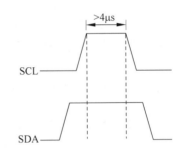

图 12-20　发送非应答位的模拟时序图

80C51 单片机在模拟 I^2C 总线通信时,需要编写以下 4 个函数。

(1)起始信号 S 函数。图 12-17 所示为起始信号 S 的时序波形,要求发送一个新的起始信号前总线的空闲时间大于 $4.7\mu s$,而对于一个重复的起始信号,要求建立时间也必须大于 $4.7\mu s$,如图 12-17 所示的起始信号的时序波形在 SCL 高电平期间 SDA 发生负跳变。起始信号 S 到第 1 个时钟脉冲负跳沿的时间间隔应大于 $4\mu s$。

起始信号 S 的函数如下:

```
void iic_start(void)
{
    IIC_SDA = 1;
    delay_10us(1);
    IIC_SCL = 1;
    delay_10us(1);
    IIC_SDA = 0;
    delay_10us(1);
    IIC_SCL = 0;
    delay_10us(1);
}
```

(2)终止信号 P 函数。图 12-18 所示为终止信号 P 的时序波形,在 SCL 高电平期间 SDA 的一个上升沿产生终止信号。

终止信号 P 函数如下:

```
void iic_stop(void)
{
    IIC_SDA = 0;
    delay_10us(1);
    IIC_SCL = 1;
    delay_10us(1);
    IIC_SDA = 1;
    delay_10us(1);
}
```

(3) 应答位/数据"0"函数。发送接收应答位与发送数据 0 相同,即在 SDA 低电平期间 SCL 发生一个正脉冲,产生如图 12-19 所示的模拟时序。

应答位/数据"0"函数如下:

```
void iic_ack(void)
{
    IIC_SCL = 0;
    IIC_SDA = 0;
    delay_10us(1);
    IIC_SCL = 1;
    delay_10us(1);
    IIC_SCL = 0;
}
```

(4) 非应答位/数据"1"函数。发送非接收应答位与发送数据 1 相同,即在 SDA 高电平期间 SCL 发生一个正脉冲,产生图 12-20 所示的模拟时序。

非应答位/数据"1"函数如下:

```
void iic_nack(void)
{
    IIC_SCL = 0;
    IIC_SDA = 1;
    delay_10us(1);
    IIC_SCL = 1;
    delay_10us(1);
    IIC_SCL = 0;
}
```

2. I^2C 总线模拟通用子程序

除上述的典型信号的模拟外,在 I^2C 总线的数据传送中,还需要有发送 1 字节、接收 1 字节等基本操作。

(1) 发送 1 字节数据。下面是模拟 I^2C 数据线 SDA 发送 1 字节数据的子程序。

```
void iic_write_byte(uchar dat)
{
```

```
uchar i = 0;
IIC_SCL = 0;
for(i = 0;i < 8;i++)
{
    if((dat&0x80)> 0)
            IIC_SDA = 1;
        else
            IIC_SDA = 0;
        dat << = 1;
        delay_10us(1);
        IIC_SCL = 1;
        delay_10us(1);
        IIC_SCL = 0;
        delay_10us(1);
    }
}
```

串行发送 1 字节时,需要把这个字节中的 8 位数据一位一位地发出去,"dat<<=1;"就是将 dat 中的内容左移 1 位,最高位将移入 Cy 位中,然后将 Cy 赋给 SDA,进而在 SCL 的控制下发送出去。

(2) 接收 1 字节数据。下面是模拟从 I^2C 的数据线 SDA 接收从器件传来的 1 字节数据的子程序。

```
uchar iic_read_byte(uchar ack)
{
    uchar i = 0, receive = 0;
    for(i = 0;i < 8;i++)
    {
            IIC_SCL = 0;
            delay_10us(1);
            IIC_SCL = 1;
            receive << = 1;
            if(IIC_SDA)receive++;
                delay_10us(1);
    }
    if (!ack)
            iic_nack();
    else
            iic_ack();
    return receive;
}
```

同理,串行接收 1 字节数据时,需要将 8 位数据一位一位地接收,然后再组合成 1 字节数据。

12.3.4 80C51单片机 I²C 总线扩展应用

1. AT24C02 芯片简介

AT24C02 是美国 Atmel 公司的低功耗 CMOS 型 E²PROM,其存储容量为 256B,工作电压为 2.5～5.5V,可擦写次数大于 10 000 次。具有写入速度快、抗干扰能力强、数据不易丢失、体积小等优点。AT24C02 是以 I²C 总线式进行串行数据读写操作,占用单片机的 I/O 端口资源少。

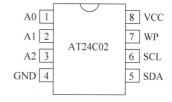

图 12-21 AT24C02 的 DIP 引脚图

(1) 封装与引脚。其封装形式有双列直插封装(DIP)8 脚式和贴片 8 脚式两种。无论何种封装形式,其引脚功能都一样。DIP 形式的 AT24C02 引脚图如图 12-21 所示。各引脚功能如表 12-6 所示。

表 12-6 AT24C02 的引脚功能

引　脚	名　称	功　能
1～3	A0、A1、A2	可编程地址输入端
4	GND	电源地
5	SDA	串行数据输入/输出端
6	SCL	串行时钟输入端
7	WP	硬件写保护控制引脚。WP＝0,正常进行读/写操作;WP＝1,对部分存储区域只能读,不能写(写保护)
8	VCC	＋5V 电源

(2) 存储单元的寻址。AT24C02 的存储容量为 256B,分为 32 页,每页 8B。对内部单元进行访问时,先对芯片进行寻址,然后再进行内部子地址寻址。

AT24C02 芯片地址固定为 1010,它是 I²C 总线接口器件的特征编码,其地址控制字节的格式为"1 0 1 0 A2 A1 A0 R/W"。A2、A1、A0 三个引脚接高、低电平后得到确定的 3 位编码,与 1010 形成 7 位编码,即为该器件的地址码。由于 A2、A1、A0 这 3 位编码共有 8 种组合,故系统最多可外接 8 个 AT24C02。R/W 是对芯片的读/写控制位。

在确定了 AT24C02 的 7 位地址码后,内部的存储空间可用 1 字节的地址码进行寻址,寻址范围为 00H～FFH,即可对内部的 256 个单元进行读/写操作。

(3) 写操作。AT24C02 的写操作有两种方式:字节写入方式和页写入方式。

采用字节写入方式时,单片机先发送启动信号和 1 字节的控制字,单片机收到 AT24C02 发出应答信号后,再发送 1 字节的存储单元子地址(AT24C02 内部单元的地址码)。此时如果 AT24C02 应答,单片机再发送 8 位数据和 1 位终止信号。

采用页写入方式时,单片机先发送启动信号和 1 字节的控制字,再发送 1 字节的存储器起始单元地址,上述几个字节都得到 AT24C02 的应答后,就可以发送最多 1 页的数据,并顺序存放在已指定的起始地址开始的相继单元中,最后以终止信号结束。

(4) 读操作。AT24C02 读操作有指定地址读方式和指定地址连续读方式两种。

采用指定地址读方式时,单片机发送启动信号后,先发送含芯片地址的写操作控制字,

AT24C02 应答后,单片机再发送 1 字节的指定单元地址。单片机收到 AT24C02 应答后,再发送 1 个含芯片地址的读操作控制字。此时如果 AT24C02 应答,则被访问单元的数据就会依据 SCL 信号同步出现在 SDA 线上,供单片机读取。

采用指定地址连续读方式是指单片机收到每个字节数据后要进行应答。AT24C02 检测到应答信号后,其内部的地址寄存器就会自动加 1 并指向下一个单元,按顺序将所指单元的数据送到 SDA 线上。当需要结束读操作时,单片机接收到数据后,在需要应答的时刻发送一个非应答信号,然后发送一个终止信号即可。

2. 应用举例

例 12-2 80C51 单片机和外部 E^2PROM 芯片 AT24C02 连接,以 I^2C 总线方式通信,通过按键控制实现对 AT24C02 的读/写操作。电路原理图如图 12-22 所示,数码管高 3 位用来显示从 E^2PROM 中读取出来的数据,数码管低 3 位用来显示当前的记录数据,默认记录数据为 0。每按一次 K1 键将当前记录数据写入到 E^2PROM 内保存,每按一次 K2 键读取 E^2PROM 内保存的数据并显示在数码管的高 3 位,每按一次 K3 键记录数据加 1 并显示在数码管的低 3 位,每按一次 K4 键记录数据清零,记录数据最大值为 255。

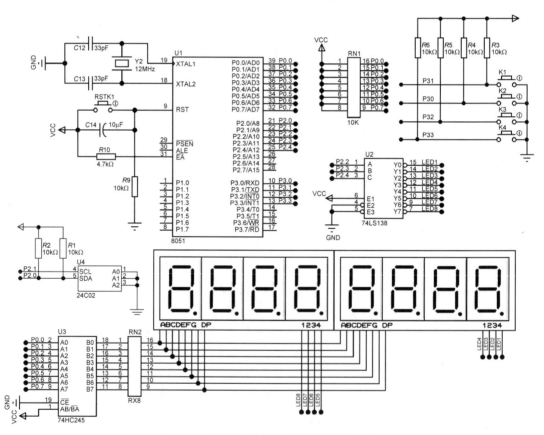

图 12-22 数据存储与显示系统电路原理图

程序的核心功能流程图如图 12-23 所示,图(a)是主程序流程图,图(b)是按键扫描功能流程图,图(c)是按键处理功能流程图,图(d)是数码管显示功能流程图。

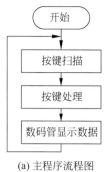

(a) 主程序流程图

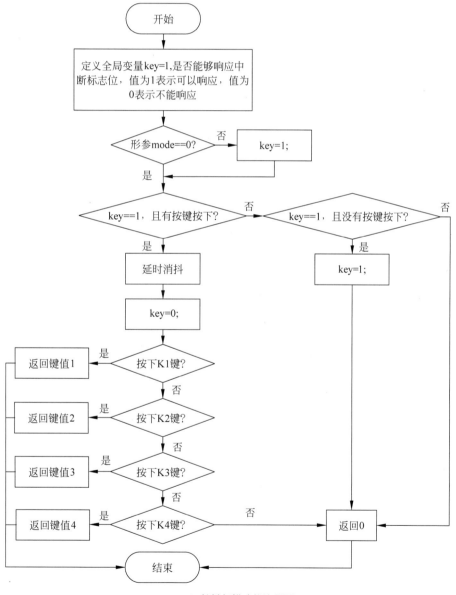

(b) 按键扫描功能流程图

图 12-23　程序核心功能流程图

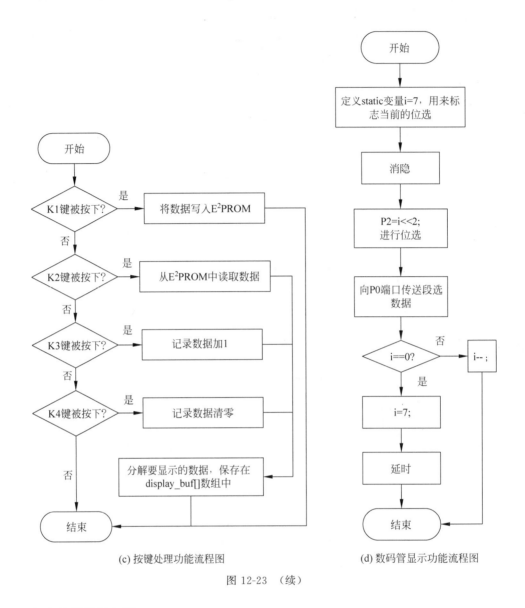

(c) 按键处理功能流程图   (d) 数码管显示功能流程图

图 12-23 (续)

程序的源代码如下：

```
# include < reg51.h >
# define uint unsigned int                    //对数据类型进行重定义
# define uchar unsigned char
# define EEPROM_ADDRESS   0                   //定义数据存入 E²PROM 的起始地址
# define KEY1_PRESS   1
# define KEY2_PRESS   2
# define KEY3_PRESS   3
# define KEY4_PRESS   4
# define KEY_UNPRESS   0
# define SMG_A_DP_PORT P0                     //使用宏定义数码管段码口
sbit IIC_SCL = P2^1;                          //SCL 时钟线
```

```
sbit IIC_SDA = P2^0;                         //SDA 数据线
sbit KEY1 = P3^1;                            //定义独立按键控制脚
sbit KEY2 = P3^0;
sbit KEY3 = P3^2;
sbit KEY4 = P3^3;
uchar gsmg_code[17] =                        //共阴极数码管显示 0~F 的段码数据
{0x3f,0x06,0x5b,0x4f,0x66,                    //0~5 的段码数据
 0x6d,0x7d,0x07,0x7f,0x6f,                    //6~9 的段码数据
 0x40                                         //- 的段码数据
};
uchar key_temp = 0;
uchar save_value = 0, read_value = 0;
uchar display_buf[8] = {0,0,0,10,10,0,0,0};
void delay_10us(uint ten_us);
void delay_ms(uint ms);
uchar key_scan(uchar mode);
void smg_display( );
void iic_start(void);
void iic_stop(void);
void iic_ack(void);
void iic_nack(void);
uchar iic_wait_ack(void);
void iic_write_byte(uchar dat);
uchar iic_read_byte(uchar ack);
void at24c02_write_one_byte(uchar addr,uchar dat);
uchar at24c02_read_one_byte(uchar addr);
void key_handle(void);
void datapros(void);
void main()                                  //主函数
{
    while(1)
    {
        key_temp = key_scan(0);              //扫描按键
        key_handle();                        //按键处理
        smg_display();                       //数码管显示
    }
}
void datapros(void)                          //显示数据处理函数
{
    display_buf[7] = read_value/100;
    display_buf[6] = read_value % 100/10;
    display_buf[5] = read_value % 100 % 10;
    display_buf[2] = save_value/100;
    display_buf[1] = save_value % 100/10;
    display_buf[0] = save_value % 100 % 10;
}
void smg_display( )                          //数码管显示函数
{
    static uchar i = 7;
    SMG_A_DP_PORT = 0x00;                     //消隐
    P2 = i << 2;                              //经过 74LS138 译码选通数码管
```

```
        SMG_A_DP_PORT = gsmg_code[display_buf[i]];
        if(i!= 0) i -- ;
        else i = 7;
        delay_10us(100);
    }
    void key_handle(void)                          //按键处理函数
    {
        if(key_temp == KEY1_PRESS)                 //按下 K1
        {
            at24c02_write_one_byte(EEPROM_ADDRESS,save_value);   //将数据写入 E²PROM
        }
        else if(key_temp == KEY2_PRESS)            //按下 K2
        {

            read_value = at24c02_read_one_byte(EEPROM_ADDRESS);   //从 E²PROM 读取数据
            datapros();                            //显示数据处理
        }
        else if(key_temp == KEY3_PRESS)            //按下 K3
        {
            if(save_value < 255)save_value++;      //数码管显示数据加 1
            datapros();                            //显示数据处理
        }
        else if(key_temp == KEY4_PRESS)            //按下 K4
        {
            save_value = 0;                        //数码管显示数据清零
            datapros();                            //显示数据处理
        }
    }
    void delay_10us(uint ten_us)                   // ten_us = 1 时,大约延时 10μs
    {
        while(ten_us -- );
    }
    void delay_ms(uint ms)                         // ms = 1 时,大约延时 1ms
    {
        uint i,j;
        for(i = ms;i > 0;i -- )
            for(j = 110;j > 0;j -- );
    }
    uchar key_scan(uchar mode)                     //按键扫描函数,返回按键键值
    {
        static uchar key = 1;                      //全局变量作为能否响应中断标志位
        if(mode)key = 1;                           // mode = 0:单次扫描按键
                                                   // mode = 1:连续扫描按键
        if(key == 1&&(KEY1 == 0||KEY2 == 0||KEY3 == 0||KEY4 == 0))    //任意按键按下
        {
            delay_10us(1000);                      //消抖
            key = 0;
            if(KEY1 == 0)                          //K1 按下
                return KEY1_PRESS;
            else if(KEY2 == 0)                     //K2 按下
```

```
                    return KEY2_PRESS;
                else if(KEY3 == 0)                    //K3 按下
                    return KEY3_PRESS;
                else if(KEY4 == 0)                    //K4 按下
                    return KEY4_PRESS;
        }
        else if(KEY1 == 1&&KEY2 == 1&&KEY3 == 1&&KEY4 == 1)  //无按键按下
        {
            key = 1;
        }
        return KEY_UNPRESS;                           //没有按键按下
}
void iic_start(void)                                 //产生 I²C 起始信号
{
    IIC_SDA = 1;
    delay_10us(1);
    IIC_SCL = 1;
    delay_10us(1);
    IIC_SDA = 0;                                      //当 SCL 为高电平时,SDA 由高变低
    delay_10us(1);
    IIC_SCL = 0;                                      //拉低 I²C 总线,准备发送或接收数据
    delay_10us(1);
}
void iic_stop(void)                                  //产生 I²C 停止信号
{
    IIC_SDA = 0;
    delay_10us(1);
    IIC_SCL = 1;
    delay_10us(1);
    IIC_SDA = 1;                                      //当 SCL 为高电平时,SDA 由低变高
    delay_10us(1);
}
void iic_ack(void)                                   //产生 ACK 应答
{
    IIC_SCL = 0;
    IIC_SDA = 0;                                      //SDA 为低电平
    delay_10us(1);
    IIC_SCL = 1;
    delay_10us(1);
    IIC_SCL = 0;
}
void iic_nack(void)                                  //产生 NACK 非应答
{
    IIC_SCL = 0;
    IIC_SDA = 1;                                      //SDA 为高电平
    delay_10us(1);
    IIC_SCL = 1;
    delay_10us(1);
    IIC_SCL = 0;
}
```

```
uchar iic_wait_ack(void)                        //等待应答信号到来
{
    uchar time_temp = 0;
    IIC_SCL = 1;
    delay_10us(1);
    while(IIC_SDA)                               //等待 SDA 为低电平
    {
        time_temp++;
        if(time_temp > 100)                     //超时则强制结束 I²C 通信
        {
            iic_stop();
            return 1;                           //接收应答失败
        }
    }
    IIC_SCL = 0;
    return 0;                                    //接收应答成功
}
void iic_write_byte(uchar dat)                   //I²C 发送一个字节
{
  uchar i = 0;
  IIC_SCL = 0;
  for(i = 0;i < 8;i++)                           //循环 8 次将一个字节传出
   {                                             //先传高位再传低位
            if((dat&0x80) > 0)
                IIC_SDA = 1;
            else
                IIC_SDA = 0;
            dat << = 1;
            delay_10us(1);
            IIC_SCL = 1;
            delay_10us(1);
            IIC_SCL = 0;
            delay_10us(1);
   }
}
uchar iic_read_byte(uchar ack)                   //I²C 读一个字节
{

    uchar i = 0, receive = 0;
    for(i = 0;i < 8;i++)                         //循环 8 次将一个字节读出
    {                                            //先读高位再传低位
        IIC_SCL = 0;
        delay_10us(1);
        IIC_SCL = 1;
        receive << = 1;
        if(IIC_SDA)receive++;
            delay_10us(1);
    }
    if (!ack)
      iic_nack();
```

```
    else
        iic_ack();
    return receive;
}
void at24c02_write_one_byte(uchar addr,uchar dat)    //在指定地址写入一个数据
{
    iic_start();
    iic_write_byte(0XA0);                            //发送写命令
    iic_wait_ack();
    iic_write_byte(addr);                            //发送写地址
    iic_wait_ack();
    iic_write_byte(dat);                             //发送字节
    iic_wait_ack();
    iic_stop();                                      //产生一个停止条件
    delay_ms(10);
}
uchar at24c02_read_one_byte(uchar addr)              //在指定地址读出一个数据
{

    uchar temp = 0;
    iic_start();
    iic_write_byte(0XA0);                            //发送写命令
    iic_wait_ack();
    iic_write_byte(addr);                            //发送写地址
    iic_wait_ack();
    iic_start();
    iic_write_byte(0XA1);                            //进入接收模式
    iic_wait_ack();
    temp = iic_read_byte(0);                         //读取字节
    iic_stop();                                      //产生一个停止条件
    return temp;                                     //返回读取的数据
}
```

现在很多单片机的内部已经集成有各种形式的串行接口,本书介绍的 80C51 单片机是一种入门级的芯片,其内部只有 UART 串行通信口。在一些小的应用中,如果选择了较低端的单片机芯片,往往还是需要通过串行扩展实现和外部电路的通信。

## 第 13 章

A/D 转换和 D/A 转换

在实际生产生活中的各种物理量,如温度、湿度、压力、长度、电流、电压等,都是连续变化的物理量,而计算机能够处理的是数字量,因此就需要先将这些模拟量转变为数字量然后再经过计算机进行处理。在单片机应用系统中,一般都是将各种物理量先变换为电压信号(模拟量),再经过 A/D 转换芯片将电压信号(模拟量)转换为数字信号。

13.1 A/D 转换

13.1.1 A/D 转换电路的硬件组成及工作原理

1. 什么是 A/D 转换

A/D 转换即模拟数字转换,其中 A(Analog signal)表示模拟信号,D(Digital signal)表示数字信号。在实际工作和生活中,我们能够感知的如温度、水位、高度等物理量,都是随着时间在连续变化的物理量,因此称之为模拟信号。模拟信号不易存储、计算和传输。数字信号是指用一组特殊状态来描述信号,目前最为常见的表示信号的数字就是二进制数。采用二进制数表示信号的原因是在计算机中用电路的通和断代表二进制的 0 和 1 两种状态。数字信号易于存储和计算,并且在传输过程中的抗干扰能力、保密性、信号传输质量等方面都远远优于模拟信号,能更加节约信号传输通道资源。

实现 A/D 转换有专门的集成电路芯片,很多功能强大的单片机内部大部分也都集成了A/D 转换电路。分辨率、精度和转换速度是 A/D 转换电路的重要指标。A/D 转换功能在单片机测控领域应用非常广泛。

2. A/D 转换的工作原理

A/D 转换器(ADC)将模拟量转换为数字量通常要经过 4 个步骤:采样、保持、量化和编码。所谓采样,即是将一个时间上连续变化的模拟量转换为离散变化的模拟量。将采样结果存储起来,直到下次采样,这个过程称为保持。一般采样器和保持电路一起总称为采样保持电路。将采样电平归化为与之接近的离散数字电平,这个过程称为量化。将量化后的结果按照一定数制形式表示就是编码。

将采样电平(模拟值)转换为数字值时,主要有两类方法:直接比较型与间接比较型。

直接比较型:就是将输入模拟信号直接与标准的参考电压比较,从而得到数字量。常见的有并行 ADC 和逐次逼近型 ADC。

间接比较型:输入模拟量不是直接与参考电压比较,而是将二者变为中间的某种物理量再进行比较,然后将比较所得的结果进行数字编码。常见的有双积分型 ADC。

下面就通过常用的逐次逼近型 ADC 和双积分型 ADC 介绍其工作原理。

1) 逐次逼近型 ADC

逐次逼近型 ADC 由比较器、DAC、缓冲寄存器和控制逻辑电路组成,如图 13-1 所示。

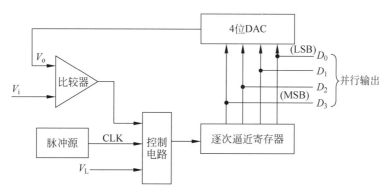

图 13-1　逐次逼近型 ADC

逐次逼近型 ADC 的操作过程是在一个控制电路的控制下进行的,其基本原理是从高位到低位逐次比较,就像用天平秤物体,从重到轻逐级增减砝码进行试探。逐次逼近型 ADC 的转换过程是:先将逐次逼近寄存器各位清零,再将逐次逼近寄存器最高位置 1,送入 DAC,经 D/A 转换后生成的模拟量送入比较器,称为 V_o,与送入比较器的待转换的模拟量 V_i 进行比较,若 $V_o < V_i$,最高位被保留,否则被清除。然后再将逐次逼近寄存器次高位置 1,将寄存器中新的数字量送入 DAC,输出的 V_o 再与 V_i 比较,若 $V_o < V_i$,则次高位 1 被保留,否则被清除。重复此过程,直至再次逼近寄存器最低位。转换结束后,将逐次逼近寄存器中的数字量送入缓冲寄存器,得到数字量的输出。

2) 双积分型 ADC

双积分型 ADC 属于间接 A/D 转换器,由电子开关、积分器、比较器和控制逻辑电路组成,如图 13-2 所示。

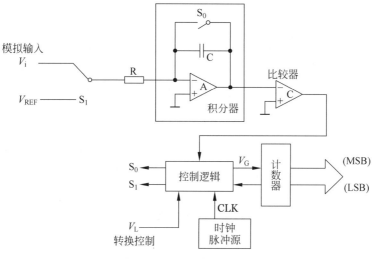

图 13-2　双积分型 ADC

其基本原理为：将输入的模拟电压信号转换成与其平均值成正比的时间宽度信号，然后在这个时间宽度里对固定频率的时钟脉冲计数，计数的结果就是正比于输入模拟电压的数字信号。双积分型 ADC 的转换过程是：先将开关接通待转换的模拟量 V_i，V_i 采样输入到积分器，积分器从零开始进行固定时间 T 的正向积分，时间 T 到后，开关再接通与 V_i 极性相反的基准电压 V_{REF}，将 V_{REF} 输入到积分器，进行反向积分，直到输出为 0V 时停止积分。V_i 越大，积分器输出电压越大，反向积分时间也越长。计数器在反向积分时间内所计的数值，就是输入模拟电压 V_i 所对应的数字量，实现了 A/D 转换。

13.1.2　A/D 转换器的性能指标

A/D 转换器的性能指标主要有分辨率、转换时间、转换误差、转换精度等技术参数。在实际应用中，应从 A/D 转换位数、精度要求、输入模拟信号的范围以及输入信号极性等方面综合考虑，选用满足要求的 A/D 转换器。以下是 A/D 转换器的常用性能指标。

1. 分辨率

A/D 转换器的分辨率是指使输入数字量变化一个相邻数码所需输入模拟电压的变化量，以输出二进制数的位数来表示。分辨率经常用位(bit)作为单位，且这些离散值的个数是 2 的幂指数。

分辨率说明 A/D 转换器对输入信号的分辨能力。n 位输出的 A/D 转换器能区分 2^n 个不同等级的输入模拟电压，区分输入电压的最小值为满量程输入的 $1/2^n$。当最大输入电压一定时，输出位数越多，分辨率越高。

例如，12 位 ADC 的分辨率就是 12 位，或者说分辨率为满刻度的 $1/(2^{12})$。一个 10V 满刻度的 12 位 ADC 能分辨的输入电压变化最小值是

$$10V \times 1/(2^{12}) = 2.4mV$$

2. 转换误差

转换误差通常是以输出误差的最大值形式给出。它表示 A/D 转换器实际输出的数字量和理论上的输出数字量之间的差别。常用最低有效位的倍数表示。例如，给出相对误差 $\leqslant \pm(LSB/2)$，这就表明实际输出的数字量和理论上应得到的输出数字量之间的误差小于最低位的半个字。

3. 偏移误差

偏移误差是指输入信号为零时，输出信号不为零的值，所以有时又称为零值误差。

4. 满刻度误差

满刻度误差又称为增益误差。A/D 转换的满刻度误差是指满刻度输出数码所对应的实际输入电压与理想输入电压之差。

5. 总误差

总误差是指实际测量值与理论值之间的最大误差。偏移误差、满刻度误差、积分线性误差和微分线性误差等组合起来构成了总误差。

6. 转换精度

转换精度包括绝对精度和相对精度。其中，绝对精度是在一定的量程下，A/D 或 D/A 转换的实际输出值与理论值的差，一般用 LSB 表示；相对精度是在整个量程范围内，任意一点实际输出与理论值的差相对于满量程的百分比。

7. 转换速率

A/D转换器的转换速率是能够重复进行数据转换的速度,即每秒转换的次数。A/D转换器的转换速度主要取决于转换电路的类型,不同类型A/D转换器的转换速度相差很大。完成一次A/D转换所需的时间(包括稳定时间),是转换速率的倒数。

8. 转换时间

转换时间是指A/D转换器从转换控制信号到来开始,到输出端得到稳定的数字信号所经过的时间。A/D转换器的转换时间与转换电路的类型有关。不同类型的转换器转换速度相差甚远,如双积分A/D转换器比逐次逼近型A/D转换器的转换时间要长很多。

13.1.3　XPT2046 芯片介绍

XPT2046是一款4线制电阻式触摸屏控制器,内部包含一个逐步逼近型A/D转换器,有效分辨率12位、转换速率为125千次/秒,支持差分输入和单端输入两种输入方式。XPT2046支持1.5～5.25V的低电压I/O接口。XPT2046能通过执行两次A/D转换查出被按的屏幕位置,除此之外,还可以测量加在触摸屏上的压力。内部自带2.5V参考电压,可以作为辅助输入、温度测量和电池监测之用,电池监测的电压范围为0～6V。XPT2046片内集成有一个温度传感器,在2.7V的典型工作状态下,关闭参考电压,功耗可小于0.75mW。它与ADS7846、TSC2046、AK4182A兼容。

1. 主要特性

(1) 工作电压范围为1.5～5.25V。

(2) 支持1.5～5.25V的数字I/O口。

(3) 内建2.5V参考电压源。

(4) 电源电压测量(0～6V)。

(5) 内建结温测量功能。

(6) 触摸压力测量。

(7) 采用3线制SPI通信接口。

(8) 具有自动省电功能。

2. 芯片引脚说明

XPT2046的QFN封装和TSSOP封装的引脚结构图如图13-3和图13-4所示。

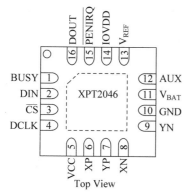

图13-3　XPT2046 QFN封装引脚结构图

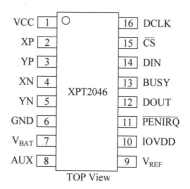

图13-4　XPT2046 TSSOP封装引脚结构图

表 13-1　XPT2046 引脚功能表

QFN 引脚号	TSSOP 引脚号	VFBGA 引脚号	名称	说　明
1	13	A5	BUSY	忙时信号线。当 $\overline{CS}$ 为高电平时为高阻状态
2	14	A4	DIN	串行数据输入端。当 $\overline{CS}$ 为低电平时,数据在 DCLK 上升沿锁存进来
3	15	A3	$\overline{CS}$	片选信号。控制转换时序和使能串行输入输出寄存器,高电平时 ADC 掉电
4	16	A2	DCLK	外部时钟信号输入
5	1	B1 和 C1	VCC	电源输入端
6	2	D1	XP	XP 位置输入端
7	3	E1	YP	YP 位置输入端
8	4	G2	XN	XN 位置输入端
9	5	G3	YN	YN 位置输入端
10	6	G4 和 G5	GND	接地
11	7	G6	VBAI	电池监视输入端
12	8	E7	AUX	ADC 辅助输入通道
13	9	D7	VREF	参考电压输入/输出
14	10	C7	IOVDD	数字电源输入端
15	11	B7	$\overline{PENIRO}$	笔接触中断引脚
16	12	A6	DOUT	串行数据输出端。数据在 DCLK 的下降沿移出,当 $\overline{CS}$ 高电平时为高阻状态

XPT2046 中的 A/D 转换器是一种典型的逐次逼近型模数转换器(SAR ADC),包含了采样/保持、模数转换、串口数据输出等功能。同时芯片集成有一个 2.5V 的内部参考电压源、温度检测电路,工作时使用外部时钟。XPT2046 可以单电源供电,电源电压范围为 2.7~5.5V。X、Y、Z、VBAT、Temp 和 AUX 模拟信号经过片内的控制寄存器选择后进入 ADC,ADC 可以配置为单端模式或差分模式。选择 VBAT、Temp 和 AUX 时应该配置为单端模式;作为触摸屏应用时,应该配置为差分模式。单端和差分模式输入配置如表 13-2 和表 13-3 所示。

表 13-2　单端模式输入配置表(SER $\sqrt{\text{DFR}}=1$)

A2	A1	A0	VBAT	AUXIN	TEMP	YN	XP	YP	Y-位置	X-位置	Z1-位置	Z2-位置	X-驱动	Y-驱动
0	0	0			+IN (TEMP0)								Off	Off
0	0	1					+IN		测量				Off	On
0	1	0	+IN										Off	Off
0	1	1					+IN				测量		XN,On	YP,On
1	0	0				+IN						测量	XN,On	YP,On

续表

A2	A1	A0	VBAT	AUXIN	TEMP	YN	XP	YP	Y-位置	X-位置	Z1-位置	Z2-位置	X-驱动	Y-驱动
1	0	1						+IN		测量			On	Off
1	1	0		+IN									Off	Off
1	1	1			+IN (TEMP1)								Off	Off

表13-3　差分模式输入配置表（SER$\sqrt{\mathrm{DFR}}=0$）

A2	A1	A0	+REF	-REF	YN	XP	YP	Y-位置	X-位置	Z1-位置	Z2-位置	驱动
0	0	1	YP	YN		+IN		测量				YP,YN
0	1	1	YP	XN		+IN				测量		YP,XN
1	0	0	YP	XN	+IN						测量	YP,XN
1	0	1	XP	XN			+IN		测量			XP,XN

XPT2046数据接口是串行接口,其典型工作时序如图13-5所示,图中展示的信号来自带有基本串行接口的单片机或数据信号处理器。处理器和转换器之间的通信需要8个时钟周期,可采用SPI、SSI和Microwire等同步串行接口。一次完整的转换需要24个串行同步时钟(DCLK)来完成。

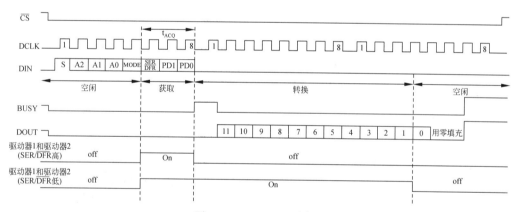

图13-5　XPT2046时序图

前8个时钟用来通过DIN引脚输入控制字节。当转换器获取到下一次转换的足够信息后,接着根据获得的信息设置输入多路选择器和参考源输入,并进入采样模式,如果需要,将启动触摸面板驱动器。3个多时钟周期后,控制字节设置完成,转换器进入转换状态。这时,输入采样-保持器进入保持状态,触摸面板驱动器停止工作(单端工作模式)。接着的12个时钟周期将完成真正的模数转换。如果是度量比率转换方式(SER/DFR＝0),驱动器在转换过程中将一直工作,在第13个时钟周期将输出转换结果的最后一位。剩下的3个多时钟周期将用来完成被转换器忽略的最后字节(DOUT将为低电平)。

对XPT2046进行控制时,控制字节由DIN输入的控制字命令格式如表13-4所示,控制字节的各位描述如表13-5所示,掉电和内部参考电压选择如表13-6所示。

表 13-4 控制字的控制位命令

位 7(MSB)	位 6	位 5	位 4	位 3	位 2	位 1	位 0(LSB)
S	A2	A1	A0	MODE	SER/$\overline{DFR}$	PD1	PD0

表 13-5 控制字节各位描述

位	名称	功 能 描 述
7	S	开始位。1 表示一个新的控制字节到来,为 0 则忽略 PIN 引脚上的数据
6~4	A2~A0	通道选择位
3	MODE	12 位/8 位转换分辨率选择位。1 表示选择 8 位转换分辨率,0 表示选择 12 位分辨率
2	SER/$\overline{DFR}$	单端输入方式/差分输入方式选择位。1 表示单端输入方式,0 表示差分输入方式
1~0	PD1~PD0	低功率模式选择位。11 表示器件总处于供电状态;00 表示器件在变换之间处于低功率模式

注意:差分模式仅用于 X 坐标、Y 坐标和触摸压力的测量,其他测量要采用单端模式。

表 13-6 掉电和内部参考电压选择

PD1	PD0	$\overline{PENIRQ}$	功 能 说 明
0	0	使能	在两次 A/D 转换之间掉电,下次转换一开始,芯片立即进入完全上电状态,而无额外的延时。在这种模式下,YN 开关一直处于 ON 状态
0	1	禁止	参考电压关闭,ADC 打开
1	0	使能	参考电压打开,ADC 关闭
1	1	禁止	芯片处于上电状态,参考电压和 ADC 总是打开

13.1.4 A/D 转换器的应用设计

A/D 转换涉及到的寄存器较多,从寄存器初始化到最后得到转化结果,需要对所涉及的寄存器按照一定的顺序进行设置,步骤如下:

(1) 把 A/D 转换器模式寄存器(ADM)的第 0 位(ADCE)置 1,启动比较器的操作;

(2) 设置端口功能寄存器 2(PF2),将作为模拟输入引脚的对应位设置为 0;

(3) 设置端口模式寄存器 2(PM2),将作为模拟输入引脚的对应位设置 1(输入模式);

(4) 设置 A/D 端口配置寄存器(ADPC0),使电路中的模拟输入引脚定义为模拟输入模式;

(5) 根据 ADM 的位 FR2~FR0、LV1 和 LV0,设置 A/D 转换时间;

(6) 通过模拟输入通道选择寄存器(ADS)选择一个进行 A/D 转换的通道;

(7) 设置 ADM 的第 7 位(ADCS)为 1,启动转换操作(要保证从步骤(1)~(6)的执行时间不少于 $1\mu s$);

(8) 当一次 A/D 转换完成后将产生 A/D 转换结束中断请求(INTAD);

(9) 从 A/D 转换结果寄存器(ADCR 或 ADCRH)中读取 A/D 转换后的数据;

(10) 根据模拟输入通道选择寄存器(ADS)的位 2~位 0(ADS2~ADS0)改变通道,启动 A/D 转换操作;

(11) 当 A/D 转换结束,产生一个中断请求信号(INTAD);

（12）从 A/D 转换结果寄存器(ADCR 或 ADCRH)中读取 A/D 转换后的数据；

（13）A/D 转换结束；

（14）将 ADM 寄存器的 ADCS 位清零；

（15）将 ADM 寄存器的 ADCE 清零。

例 13-1　在数码管上显示 A/D 转换电路采集电位器的电压值。

XPT2046 芯片的 4 个通信端口分别接单片机的 P3.4、P3.5、P3.6、P3.7 口,其 ADC 输入转换通道分别接入 AD1 电位器,NTC1 热敏电阻传感器、GR1 光敏电阻传感器详细原理图如图 13-6 所示。下面是使用 XPT2046 芯片测量电位器分压输出电压,并用数码管显示电压值的程序。

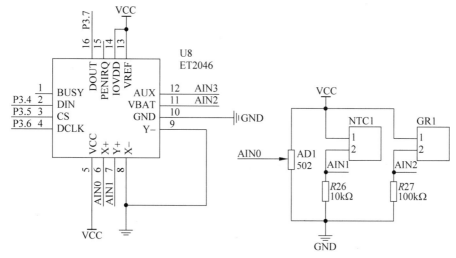

图 13-6　A/D 转换电路图

程序源代码如下：

```c
# include "xpt2046.h"
# include "intrins.h"
# include "public.h"
# include "smg.h"
void xpt2046_wirte_data(u8 dat)
 {
u8 i;
CLK = 0;
_nop_();
for(i = 0;i < 8;i++)         //循环 8 次,每次传输一位,共一个字节
 {                            //先传高位再传低位
   DIN = dat >> 7;           //将低位移到高位
   dat << = 1;
   CLK = 1;                  //CLK 由低到高产生一个上升沿,从而写入数据
   _nop_();
   CLK = 0;
   _nop_();
 }
}
```

```
    u16 xpt2046_read_data(void)
     {
u8 i;
u16 dat = 0;
CLK = 0;
_nop_();
for(i = 0; i < 12; i++)          //循环12次,每次读取一位,大于一个字节数,所以返回值类型是u16
 {
   dat <<= 1;
   CLK = 1;
   _nop_();
   CLK = 0;                       //CLK由高到低产生一个下降沿,从而读取数据
   _nop_();                       //先读取高位,再读取低位
   dat |= DOUT;
   }
return dat;
   }
u16 xpt2046_read_adc_value(u8 cmd)
{
u8 i;
u16 adc_value = 0;               //先拉低时钟
CLK = 0;                         //使能XPT2046
CS = 0;                          //发送命令字
xpt2046_wirte_data(cmd);         //延时等待转换结果 CLK = 0;
for(i = 6; i > 0; i--);
_nop_();                         //发送一个时钟,清除BUSY
CLK = 1;
_nop_();
adc_value = xpt2046_read_data(); //关闭XPT2046
CS = 1;
return adc_value;
}
void main()
{                                //ADC电压值
u16 adc_value = 0;
float adc_vol;
u8 adc_buf[3];
while(1)
 {                                             //测量电位器
   adc_value = xpt2046_read_adc_value(0x94);   //将读取的AD值转换为电压
   adc_vol = 5.0 * adc_value/4096;             //放大10倍,即保留小数点后一位
   adc_value = adc_vol * 10;
   adc_buf[0] = gsmg_code[adc_value/10]|0x80;  //显示单位V
   adc_buf[1] = gsmg_code[adc_value % 10]; adc_buf[2] = 0x3e;
   smg_display(adc_buf,6);
   }
}
```

13.2 D/A 转换

13.2.1 D/A 转换的硬件组成及工作原理

D/A 转换即数字模拟转换。D/A 转换器通常简写为 DAC,它可以将数字信号转换为

模拟信号。在常见的数字信号系统中,大部分传感器信号被转化成电压信号,而 ADC 把电压模拟信号转换成易于计算机存储、处理的数字编码,由计算机处理完成后,再由 DAC 输出电压模拟信号,该电压模拟信号常用来驱动执行器件,如音频信号的采集和还原。

下面以 T 形电阻网络 DAC 为例来介绍 DAC 的工作原理。其内部结构图如图 13-7 所示。

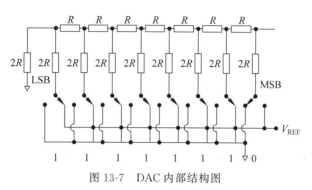

图 13-7　DAC 内部结构图

DAC 输出电压计算公式:

$$V_o = V_{REF} \times z/256$$

公式中的 z 表示数字量信号,V_{REF} 为参考电压,数值 256 表示 DAC 精度为 8 位。

DAC 主要由数字寄存器、模拟电子开关、求和运算放大器和基准电压源(或恒流源)组成。用数字量的各位数码,分别控制对应位的模拟电子开关,使数码为 1 的位在位权网络上产生与其位权成正比的电流值,再由运算放大器对各电流值求和,并转换成电压值。

上述的模拟电子开关都分别接着一个分压的器件,比如电阻。模拟开关的个数取决于 DAC 的精度。N 个电子开关就把基准电压分为 N 份,而这些开关根据输入的二进制每一位数据对应开启或者关闭,把分压器件上的电压引入输出电路中。

13.2.2　D/A 转换的性能指标

1. 分辨率

DAC 的分辨率是输入数字量的最低有效位(LSB)发生变化时,所对应的输出模拟量(电压或电流)的变化量,它反映了输出模拟量的最小变化值。分辨率与输入数字量的位数有确定的关系,可以表示成 $FS/(2^n)$。FS 表示满量程输入值,n 为二进制位数。对于 5V 的满量程,采用 8 位的 DAC 时,分辨率为 5V/256=19.5mV;当采用 12 位的 DAC 时,分辨率则为 5V/4096=1.22mV。显然,位数越多分辨率就越高。

2. 线性度

线性度(也称非线性误差)是实际转换特性曲线与理想直线特性之间的最大偏差,常以相对于满量程的百分数表示。如±1%是指实际输出值与理论值之差在满刻度的±1%以内。

3. 绝对精度和相对精度

绝对精度(简称精度)是指在整个刻度范围内,任一输入数码所对应的模拟量实际输出值与理论值之间的最大误差。绝对精度是由 DAC 的增益误差(当输入数码为全 1 时,实际输出值与理想输出值之差)、零点误差(当输入数码为全 0 时,DAC 的非零输出值)、非线性误差和噪声等引起的。绝对精度(即最大误差)应小于 1 个 LSB。相对精度与绝对精度表示同一含义,用最大误差相对于满刻度的百分比表示。

4. 建立时间

建立时间是指输入的数字量发生满刻度变化时,输出模拟信号达到满刻度值的±1/2LSB所需的时间。是描述 D/A 转换速率的一个动态指标。根据建立时间的长短,可以将 DAC 分成超高速($<1\mu s$)、高速($10\sim1\mu s$)、中速($100\sim10\mu s$)、低速($\geq100\mu s$)几挡。

13.2.3 DAC0832 的内部结构

DAC0832 是 8 位的 D/A 转换集成芯片,在单片机应用系统中有广泛的应用。它由 8 位输入锁存器、8 位 DAC 寄存器、8 位 D/A 转换电路及控制电路组成如图 13-8 所示。

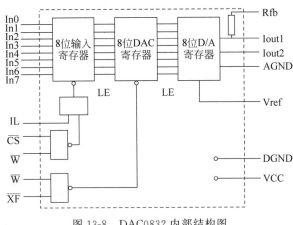

图 13-8 DAC0832 内部结构图

1. DAC0832 的引脚特性

DAC0832 芯片的引脚图如图 13-9 所示,各引脚定义如下:

DI7 ~ DI0——8 位数据输入端,TTL 电平。

I_{LE}——输入寄存器锁存允许信号。

$\overline{CS}$——芯片选择信号。

$\overline{WRI}$——输入寄存器写信号。

$\overline{XFER}$——数据传送信号。

$\overline{WR2}$——DAC 寄存器写信号。

V_{REF}——基准电压,$-10\sim+10V$。

R_{fb}——反馈信号输入端。

I_{OUT1}——电流输出 1 端。

I_{OUT2}——电流输出 2 端。

V_{CC}——电源。

AGND——模拟信号地。

DGND——数字信号地。

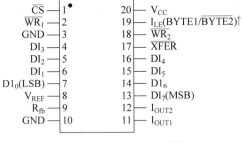

图 13-9 DAC0832 引脚图

2. DAC0832 的工作方式

DAC0832 由输入寄存器和 DAC 寄存器构成两级数据输入锁存。根据控制方式不同,

DAC0832分为单缓冲、双缓冲、直通3种工作方式。

（1）单缓冲方式是使输入寄存器和DAC寄存器中的一个处于直通状态,另一个处于受控锁存状态,或者使两个寄存器同时选通锁存。在单缓冲方式下,只需对DAC0832执行一次写操作,数据写入输入寄存器后就直接经过DAC寄存器进入D/A转换器进行转换。此方式适用于只有一路模拟量输出或几路模拟量非同步输出的情况。

（2）双缓冲方式是输入寄存器和DAC寄存器分别处于可控状态。双缓冲方式下的数据写入要分两次进行。第一次将待转换的数据写入输入寄存器,第二次再对DAC寄存器进行一次写操作,这一次的写操作是"虚拟写",仅是为了使 $\overline{WR}$ 信号再次有效,从而使DAC寄存器写选通有效,把第一次写入输入寄存器的数据锁存到DAC寄存器中,并送入D/A转换器进行转换。

双缓冲方式适用于以下情况:

① D/A转换的同时接收下一个转换数据,从而提高转换速度。

② 多路同步转换。方法是先分别对各路DAC0832写入待转换数据,并锁存到各自的输入寄存器中,然后再对各路DAC0832的DAC寄存器同时发送选通信号,使各路输入寄存器中的数据同时送入DAC寄存器,实现多路D/A同步转换输出。

（3）直通方式。在直通方式下,输入寄存器和DAC寄存器一直处于选通状态,输入的数据直接送到D/A转换器进行转换。此方式适用于连续反馈控制电路中。

13.2.4　DAC0832与80C51单片机接口

DAC0832与80C51单片机可以直接连接,扩展方便,但其内部无参考电压,必须外接参考电压电路。DAC0832为电流输出型D/A转换器,要获得电压输出时,需要外加转换电路。

DAC0832与80C51单片机的单缓冲接口电路图如图13-10所示。在单缓冲方式下,ILE接高电平,$\overline{CS}$选择线直接与P2.0口连接,$\overline{WR1}$输入寄存器写信号直接与P2.1口直接

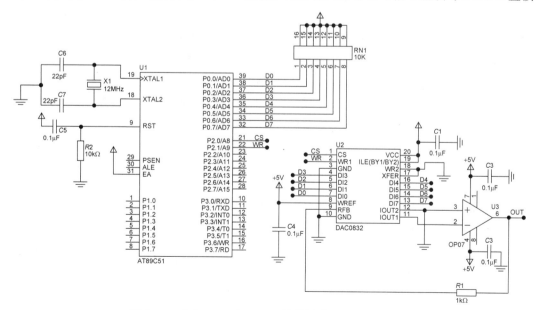

图 13-10　DAC0832与80C51的单缓冲器方式接口电路

相连,$\overline{WR2}$ 与 $\overline{XFER}$ 接地。$\overline{CS}$ 选通 DAC0832 后,随即输出 $\overline{WR}$ 信号,DAC0832 就能一步完成输入量的锁存和 D/A 转换输出。

利用上述电路,可通过 D/A 转换输出一个锯齿波,程序源代码如下:

```c
# include "reg51.h"
# define cs P2_0
# define wr P2_1
void delay()
{
    unsigned int i = 300;
    while(i--);
}
main()
{
    unsigned char OUT_DATA = 0;
    while(1)
        {
            P0 = OUT_DATA;          //输出数据送到 P0 口
            cs = 0;                 //片选信号有效
            wr = 0;                 //输入寄存器写信号
            wr = 1;
            cs = 1;
            delay();                //延时
            OUT_DATA++;             //输出数据自动加 1,最大 255
        }
}
```

13.2.5　PWM 输出实现 D/A 转换

PWM(Pulse Width Modulation)即脉冲宽度调制,简称脉宽调制。PWM 是利用微处理器的数字输出来对模拟电路进行控制的一种非常有效的技术,其因控制简单、灵活和动态响应好等优点而成为电力电子技术中应用最广泛的控制方式。PWM 的应用领域包括测量、通信、功率控制与变换、电动机控制、伺服控制、调光、开关电源等。

PWM 是一种对模拟信号电平进行数字编码的方法。通过高分辨率计数器的使用,方波的占空比被调制用来对一个具体模拟信号的电平进行编码。PWM 信号仍然是数字的,因为在给定的任何时刻,满幅值的直流供电只有完全有(ON)和完全无(OFF)两种。PWM 采用调整脉冲占空比达到调整电压、电流和功率的方法。

PWM 对应模拟信号的等效图,如图 13-11 所示。图的上半部分是一个正弦波(模拟信号),图的下半部分是一个数字脉冲波形(数字信号)。PWM 就是指在一定的时间内用高低电平所占的比例不

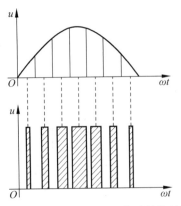

图 13-11　PWM 对应模拟信号的等效图

同来控制一个对象，比如一个 LED 灯。

例 13-2　DAC(PWM)模块上的指示灯 DA1 呈呼吸灯效果，由暗变亮再由亮变暗。

（1）电路设计。

如图 13-12 所示，PWM 输出控制引脚接在单片机 P2.1 引脚上，通过 $51\text{k}\Omega$ 电阻 $R2$ 和 $0.1\mu\text{F}$ 电容 C4 组成阻容滤波电路后，得到与占空比成正比关系的直流电压，该电压接运算放大器 OPA2171 的同相输入端，OPA2171 是轨到轨通用运算放大器，在电路中做电压跟随器使用。OPA2171 输出端电压 DAC1 正比 PWM 输出信号占空比，输出电压范围是 $0\sim 5\text{V}$，将其连接一个 LED，这样可以通过指示灯的状态直观地反映出 PWM 输出电压值的变化。

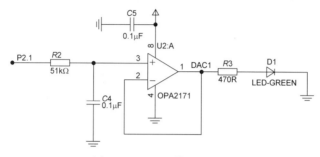

图 13-12　DAC 模块电路图

程序源代码如下：

```
#include "reg52.h"
typedef unsigned int u16;                  //对系统默认数据类型进行重定义
typedef unsigned char u8;
typedef unsigned long u32;

sbit PWM = P2^1;                           //引脚定义
extern u8 gtim_scale;                      //变量声明

u8 gtim_h = 0;                             //保存定时器初值高 8 位
u8 gtim_l = 0;                             //保存定时器初值低 8 位
u8 gduty = 0;                              //保存 PWM 占空比
u8 gtim_scale = 0;                         //保存 PWM 周期 = 定时器初值 * tim_scale
void delay_10us(u16 ten_us)               //延时函数
 {
     while(ten_us -- );
}
void delay_ms(u16 ms)
{
     u16 i,j;
     for(i = ms;i > 0;i -- )
             for(j = 110;j > 0;j -- );
}
void pwm_init(u8 tim_h,u8 tim_l,u16 tim_scale,u8 duty)
{
     gtim_h = tim_h;
```

```
        gtim_l = tim_l;                           //将传入的初值保存在全局变量中,方便中断函数继续调用
        gduty = duty;
        gtim_scale = tim_scale;

        TMOD| = 0X01;                             //选择为定时器 0 模式,工作方式 1
        TH0 = gtim_h;                             //定时初值设置
        TL0 = gtim_l;
        ET0 = 1;                                  //打开定时器 0 中断允许
        EA = 1;                                   //打开总中断
        TR0 = 1;                                  //打开定时器
    }
    void pwm_set_duty_cycle(u8 duty)
    {
        gduty = duty;
    }


    void pwm(void) interrupt 1                    //定时器 0 中断函数
    {
        static u16 time = 0;

        TH0  = gtim_h;                            //定时初值设置
        TL0  = gtim_l;
            time++;
        if(time > = gtim_scale)                   //PWM 周期 = 定时器初值 * gtim_scale,重新开始计数
time = 0;                                         //占空比
        if(time < = gduty)
            PWM = 1;
        else
            PWM = 0;
    }
    void main()
    {
        u8 dir = 0;
        u8 duty = 0;                              //默认为 0

        pwm_init(0XFF,0XF6,100,0);
        while(1)                                  //定时时间为 0.01ms,PWM 周期是 100 * 0.01ms = 1ms,占空比为 0 %
        {
            if(dir == 0) {                        //当 dir 为递增方向
            duty++;                               //占空比递增
if(duty == 70)dir = 1;                            //当到达一定值切换方向,占空比最大能到 100,但到达 70 左右再递增
        }
            else
            {
            duty -- ;
            if(duty == 0)dir = 0; }               //当到达一定值切换方向
            pwm_set_duty_cycle(duty);             //设置占空比
delay_ms(1);                                      //短暂延时,让呼吸灯的效果更流畅
        }
    }
```

上述代码主要是基于定时器实现 PWM 输出,PWM 初始化实际上为定时器 0 初始化,pwm_init 函数有 4 个入口参数:tim_h 和 tim_l 为定时器定时初值,即进入中断时间;tim_scale 参数为 PWM 的周期倍数,使用该值乘以定时器初值可得出 PWM 的周期;duty 参数为 PWM 占空比,即一个周期内高电平所占的时间比例。在 PWM 初始化函数内,将函数入口参数通过全局变量保存,方便在后续中断函数内使用。

pwm_set_duty_cycle 函数是占空比设置函数,该函数有一个入口参数,用于设置 PWM 占空比,注意,该值不能超过初始化中的 PWM 的周期倍数值。在中断内定义了一个静态变量用于统计进入中断的次数时间,当进入中断次数时间大于等于 gtim_scale 周期倍数时重新开始计数,PWM 周期为定时器初值 * gtim_scale;然后当计数次数时间小于或等于设置的占空比次数时间时,使对应 I/O 输出高电平,否则输出低电平。

主函数首先调用外设驱动头文件,然后进入主函数初始化 PWM,将定时器设置为 0.01ms,初值为 0XFFF6,即每隔 0.01ms 进入一次中断。PWM 周期倍数设置为 100,即 PWM 周期为 1ms,占空比设置为 0。最后进入 while 循环,通过切换 dir 方向实现 duty 值的自增和自减来调节占空比,将该值传入到占空比调节函数 pwm_set_duty_cycl。为了使呼吸灯的效果更流畅,每次调节占空比之后需要短暂延时。

## 第 14 章

80C51 单片机的电机控制

电机是获取动力的来源之一,常用的电机有直流电机、步进电机、伺服电机等,在单片机智能控制的应用系统中使用非常广泛。

14.1 单片机控制直流电机的应用

14.1.1 认识直流电机

直流电机是指能将直流电能转换成机械能(直流电机)或将机械能转换成直流电能(直流发电机)的旋转电机,是实现直流电能和机械能互相转换的电机,直流电机的实物图如图 14-1 所示。

图 14-1 直流电机实物图

直流电机的结构由定子和转子两大部分组成。直流电机运行时静止不动的部分称为定子,定子的主要作用是产生磁场,由机座、主磁极、换向极、端盖、轴承和电刷装置等组成。电机运行时转动的部分称为转子,其主要作用是产生电磁转矩和感应电动势,是直流电机进行能量转换的枢纽,由转轴、电枢铁芯、电枢绕组、换向器和风扇等组成。

直流电机的两个直流输入端没有正负之分,在其一端连接正极另一端连接负极就可转动,交换两个接线端的连接后,电机的转动方向会反转。使用直流电机时需要了解直流电机的额定电压和额定功率,注意不要让电机超负荷运转。

14.1.2 ULN2003 驱动芯片介绍

因为 51 单片机的输出电流较小,不能驱动电机等功率较大的元器件或设备,所以需要使用驱动电路进行功率放大。常用的驱动芯片有 ULN2003、MC1413P、KA2667、

ULN2803、KID65004、MC1416、TD62003 和 M5466P 等，它们都是 16 引脚的反相驱动集成电路。本书以最常用的驱动芯片 ULN2003 为例进行说明。该芯片不仅可以用来驱动直流电机，还可驱动五线四相步进电机等。

1. ULN2003 芯片简介

ULN2003 是一个单片高电压、高电流的达林顿晶体管阵列集成电路，由 7 对 NPN 达林顿管组成，其内部电路如图 14-2 所示。

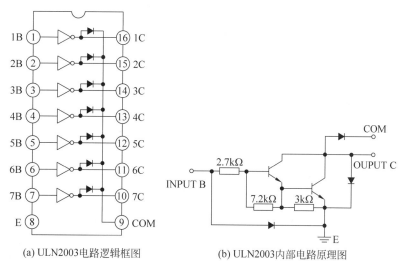

(a) ULN2003电路逻辑框图　　(b) ULN2003内部电路原理图

图 14-2　ULN2003 芯片内部电路图

此电路主要应用于继电器驱动器、灯驱动器、显示驱动器、线路驱动器和逻辑缓冲器。ULN2003 的每对达林顿管都串联一个 2.7kΩ 电阻。COM 端是内部 7 个二级管负级的公共端，各二极管的正极分别接各达林顿管的集电极。ULN2003 芯片的各引脚功能说明如表 14-1 所示。

表 14-1　ULN2003 引脚功能

引脚	功能	说　　明	引脚	功能	说　　明
1	1B	CPU 脉冲输入端 1	9	COM	公共端
2	2B	CPU 脉冲输入端 1	10	7C	脉冲信号输出端 7
3	3B	CPU 脉冲输入端 1	11	6C	脉冲信号输出端 6
4	4B	CPU 脉冲输入端 1	12	5C	脉冲信号输出端 5
5	5B	CPU 脉冲输入端 1	13	4C	脉冲信号输出端 4
6	6B	CPU 脉冲输入端 1	14	3C	脉冲信号输出端 3
7	7B	CPU 脉冲输入端 1	15	2C	脉冲信号输出端 2
8	E	接地	16	1C	脉冲信号输出端 1

ULN2003 内部相当于非门电路，即输入高电平，输出为低电平；输入为低电平，输出是高电平。由于 ULN2003 的输出是集电极开路，需要输出高电平时，必须在输出口外接上拉电阻。注意不能直接将 ULN2003 的 2 个输出口接电机线，而必须一根线接电源，另一根接 ULN2003 输出口。

若使用该芯片驱动直流电机,则只可实现单方向控制,电机一端接电源正极,另一端接芯片的输出口。若想控制五线四相步进电机,则可将四路输出接到步进电机的四相上,电机另一条线接电源正极。

14.1.3 单片机控制直流电机的应用举例

例 14-1 控制直流电机工作约 10s 后停止。

(1)直流电机简介。

开发板配置的直流电机为 5V 直流电机,其主要参数如表 14-2 所示。

表 14-2 直流电机主要参数

电机	轴长	轴径	电压	参考电流	转 速
直流电机	8mm	2mm	1～6V	0.35～0.4A	17 000～18 000 转/分钟

(2)电路设计。

从图 14-3 可知,ULN2003 的输入口与单片机的 P1.0～P1.3 连接,对应输出则是 OUT1～OUT4,而 J47 则是提供给外部连接电机的接口,可以与直流电机或五线四相步进电机 28BYJ-48 连接。本实验使用的是直流电机,电机的一根线连接在 VCC 上,另一根连接在 OUT1 上,因此可通过单片机 P1.0 口输出高电平来控制电机转动,输出低电平控制电机停止。注意:单片机 P1.0 输出低电平时,ULN2003 的 OUT1 并不会输出高电平导致停止,而是因为集电极开路,导致电机无电流流入致使停止。

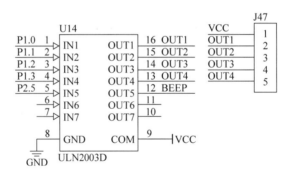

图 14-3 直流电机原理图

(3)程序设计。

```
# include "reg52.h"
# define DC_MOTOR P1_0
# define DC_MOTOR_RUN_TIME 10 000        //定义直流电机运行时间为 10000ms
void delay_ms(u16 ms)                     //ms 延时函数,ms = 1 时,大约延时 1ms
{
  u16 i,j; for(i = ms;i > 0;i --)
  for(j = 110;j > 0;j --);
}
void main()
{
  DC_Motor = 1;                           //开启电机
```

```
        delay_ms(DC_MOTOR_RUN_TIME);
        DC_Motor = 0;                              //关闭电机
        while(1)
        {
        }
}
```

14.2　步进电机实验

14.2.1　认识步进电机

步进电机是一种用电脉冲控制运转的电动机,每输入一个电脉冲,电机就会旋转一定的角度,因此步进电机又称为脉冲电机,是现代数字程序控制系统中的主要执行器件,常用于精确定位与精确定速。步进电机可以控制电机转子的转动角度,实现精密控制,在非超载的情况下,电机的转速、停止的位置只取决于脉冲信号的频率和脉冲数,而不受负载变化的影响。当步进驱动器接收到一个脉冲信号,它的旋转是以固定的角度一步一步运行的,可以通过控制脉冲个数来控制角位移量,从而达到准确定位的目的;同时可以通过控制脉冲频率来控制电机转动的速度和加速度,从而达到调速的目的。步进电机的转速与脉冲频率成正比,脉冲频率越高,单位时间内输入电机的脉冲个数越多,旋转角度越大,即转速越快。步进电机必须在由双环形脉冲信号、功率驱动电路等组成的控制系统控制下方可使用。

通常步进电机的转子为永磁体,当电流流过定子绕组时,定子绕组产生一矢量磁场。磁场会带动转子旋转一定的角度,使得转子的一对磁场方向与定子的磁场方向一致。当定子的矢量磁场旋转一个角度,转子也随着该磁场转步距角。如图 14-4 即为步进电机内部结构图。

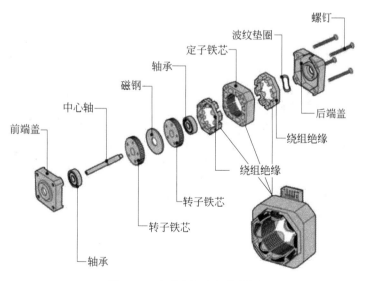

图 14-4　步进电机内部结构图

14.2.2 步进电机工作原理

步进电机每输入一个电脉冲,电机转动一个角度前进一步。它输出的角位移与输入的脉冲数成正比、转速与脉冲频率成正比。改变绕组通电的顺序,电机就会反转。所以可以通过控制脉冲数量、频率及电机各相绕组的通电顺序来控制步进电机的转动。

按照电机的极性区分,步进电机又分为单极性的步进电机和双极性的步进电机,如图 14-5 所示是单极性步进电机与双极性步进电机的比较。

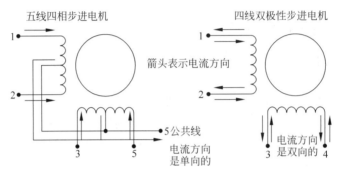

图 14-5 单极性步进电机与双极性步进电机的比较

极性是指一个步进电机里面有几种电流的流向,左侧的五线四相步进电机就是单极性的步进电机,图 14-5 中的箭头为电流的走向,4 根线的电流走向汇总到公共线,所以称之为单极性电机;右侧图中四线双极性步进电机有两个电流的回路,也称为双极性电机。单极性步进电机使用的是单极性绕组。其一个电极上有两个绕组,这种连接方式为当一个绕组通电时,产生一个北极磁场;另一个绕组通电,则产生一个南极磁场。因为从驱动器到线圈的电流不会反向,所以可称其为单极绕组。双极性步进电机使用的是双极性绕组。每相用一个绕组,通过将绕组中电流反向,电磁极性被反向。

步进电机的内部结构示意图如图 14-6 所示。电机定子上的齿槽和线圈,叫作相,按照某个顺序给定子上的绕组加电就可以让转子转动。电机的转子上有 6 个凸齿,定子上有 8 个凸齿,定子线圈的连接方式是在对称齿上的两个线圈进行反相连接,8 个齿构成 4 对,所以称为四相步进电机。

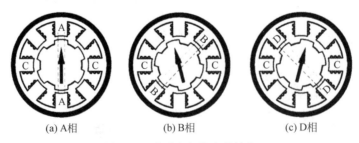

(a) A相　　　　　　(b) B相　　　　　　(c) D相

图 14-6 步进电机的内部结构

14.2.3 步距角的计算方法

电动机步距角(步长)是步进电动机的主要性能指标之一。不同的应用场合对步距角大小的要求不同,步距角越小,步进电动机的转动控制就越精确。改变步进电动机的相数或转子的极数可以改变步距角的大小。它们之间的相互关系可由下式计算:

$$步距角 = 360 \div (相数 \times 极数)$$

以如图 14-6 中所示的步进电动机为例,相数为 4、极数为 6,经计算步距角为 15°,电动机转动一圈需要 24 步。

14.2.4 步进电机技术指标

1. 静态技术指标

相数:步进电机相数是指电机内部的线圈组数,目前常用的有二相、三相、四相、五相步进电机。其中两相步进电机步距角为 1.8°,三相的步进电机步距角为 1.5°,相数越多的步进电机,其步距角就越小,精度越高。

拍数:完成一个磁场周期性变化所需脉冲数或导电状态用 n 表示,或指电机转过一个齿距角所需脉冲数,以四相电机为例,有四相四拍运行方式即 AB-BC-CD-DA-AB,四相八拍运行方式即 A-AB-B-BC-C-CD-D-DA-A。

步距角:一个脉冲信号所对应电机转动的角度,一般 42 步进电机的步距角为 1.8°。

定位转矩:电机在不通电状态下,电机转子自身的锁定力矩。

静转矩:电机在额定静态电压作用下,电机不做旋转运动时,电机转轴的锁定力矩。

2. 动态技术指标

步距角精度:步进电机转动一个步距角度的理论值与实际值的误差。用百分比表示:误差/步距角×100%。

失步:电机运转时运转的步数,不等于理论上的步数。也可以叫作丢步,一般都是因负载太大或者是频率过快。

失调角:转子齿轴线偏移定子齿轴线的角度,电机运转必存在失调角,由失调角产生的误差,采用细分驱动是不能解决的。

最大空载起动频率:在不加负载的情况下,能够直接起动的最大频率。

最大空载运行频率:电机不带负载的最高转速频率。

运行转矩特性:电机的动态力矩取决于电机运行时的平均电流(而非静态电流),平均电流越大,电机输出力矩越大,即电机的频率特性越硬。

14.2.5 单片机控制步进电机的应用举例

例 14-2 用按键控制步进电机的方向和速度。通过 ULN2003 驱动模块控制 28BYJ48 步进电机运行方向及速度,当按下 KEY1 键时可调节电机旋转方向;当按下 KEY2 键时,电机加速;当按下 KEY3 键时,电机减速。

(1) 28BYJ-48 步进电机简介。

28BYJ48 型步进电机是四相五线步进电机,自带减速器,直径为 28mm,工作电压为 DC 5~12V,电机内部配置有减速机构,减速比为 1:64,其实物如图 14-7 所示。

28BYJ48 型步进电机内部结构等效图如图 14-8 所示。

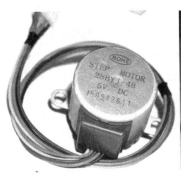

图 14-7　28BYJ48 型步进电机

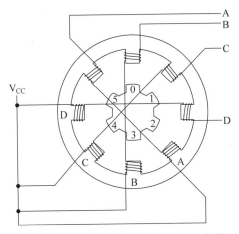

图 14-8　28BYJ48 型步进电机内部结构等效图

　　28BYJ48 型步进电机共有四相线圈,每个线圈的一个端点连在一起作为公共端用红色线引出,另一个端点分别用橙、黄、粉、蓝四色线引出。要驱动步进电机转动,需要将红色线接＋5V 电源,再将步进电动机的橙、黄、粉、蓝线依次置为低电平,步进电机就会逆时针旋转(输出轴面对自己);反之,如果将步进电机的蓝、粉、黄、橙依次置为低电平,步进电机就会顺时针旋转(输出轴面对自己)。改变两次驱动之间的时间间隔,就可以改变电机的转速。在 28BYJ48 步进电机的主要参数中(见表 14-3)可以看到减速比为 1∶64,步进角为 5.625/64 度,如果需要转动一圈,那么需要 360/5.625×64＝4096 个脉冲信号。28BYJ48 型步进电机的主要参数如表 14-3 所示。

表 14-3　28BYJ48 型步进电机的主要参数

电机型号	电压/V	步进角度	减速比	启动频率/PPS
28BYJ48	5	4	1∶64	≥500

　　(2) 电路设计。
　　此处电路设计在前面直流电机中已进行说明,可以查阅例 14-1 中图 14-3 直流电机原理图。

（3）程序设计。

系统工作流程图如图 14-9 所示，根据流程图写出的程序代码如下。

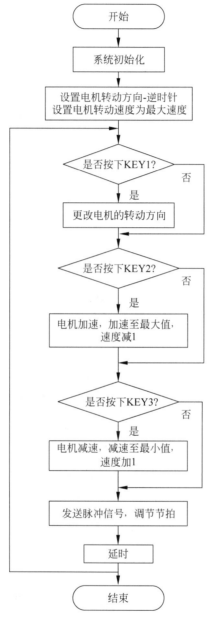

图 14-9 步进电机系统工作流程图

```
# include "reg52.h"
typedef unsigned int u16;              //对系统默认数据类型进行重定义
typedef unsigned char u8;

sbit IN1_A = P1^0;                     //定义 ULN2003 控制步进电机引脚
sbit IN2_B = P1^1;
sbit IN3_C = P1^2;
```

```
sbit IN4_D = P1^3;
sbit KEY1 = P3^1;                          //定义独立按键控制脚
sbit KEY2 = P3^0;
sbit KEY3 = P3^2;
sbit KEY4 = P3^3;
#define KEY1_PRESS 1                        //使用宏定义独立按键按下的键值
#define KEY2_PRESS 2
#define KEY3_PRESS 3
#define KEY4_PRESS 4
#define KEY_UNPRESS 0
#define STEPMOTOR_MAXSPEED 1               // 定义步进电机速度,值越小,速度越快,最小不能小于1
#define STEPMOTOR_MINSPEED 5
void delay_10us(u16 ten_us)                //延时函数,ten_us = 1 时,
{                                          //大约延时 10μs
  while(ten_us -- );
}
void delay_ms(u16 ms)                      //ms 延时函数,ms = 1 时,大约延时 1ms
{
  u16 i,j; for(i = ms; i > 0; i -- )
  for(j = 110; j > 0; j -- );
}
void step_motor_28BYJ48_send_pulse(u8 step, u8 dir)
{
  u8 temp = step;
  if(dir == 0)
  temp = 7 - step;                         //如果为逆时针旋转
  switch(temp)                             //调换节拍信号
  {                                        //8 个节拍控制(参见表 14 - 4)
    case 0: IN1_A = 1; IN2_B = 0; IN3_C = 0; IN4_D = 0; break; //A -> AB -> B -> BC -> C -> CD -> D -> DA
    case 1: IN1_A = 1; IN2_B = 1; IN3_C = 0; IN4_D = 0; break;
    case 2: IN1_A = 0; IN2_B = 1; IN3_C = 0; IN4_D = 0; break;
    case 3: IN1_A = 0; IN2_B = 1; IN3_C = 1; IN4_D = 0; break;
    case 4: IN1_A = 0; IN2_B = 0; IN3_C = 1; IN4_D = 0; break;
    case 5: IN1_A = 0; IN2_B = 0; IN3_C = 1; IN4_D = 1; break;
    case 6: IN1_A = 0; IN2_B = 0; IN3_C = 0; IN4_D = 1; break;
    case 7: IN1_A = 1; IN2_B = 0; IN3_C = 0; IN4_D = 1; break;
  }
}


u8 key_scan(u8 mode)                       //检测独立按键是否按下,按下则返回对应键值
{
  static u8 key = 1;
  if(mode)key = 1;                         //连续扫描按键
  if(key == 1&&(KEY1 == 0 || KEY2 == 0 || KEY3 == 0 || KEY4 == 0))
  {                                        //任意按键按下
    delay_10us(1000);                      //消抖
    key = 0;
    if(KEY1 == 0)
      return KEY1_PRESS;
```

```
            else if(KEY2 == 0)
                return KEY2_PRESS;
            else if(KEY3 == 0)
                return KEY3_PRESS;
            else if(KEY4 == 0)
                return KEY4_PRESS;
        }
        else if(KEY1 == 1&&KEY2 == 1&&KEY3 == 1&&KEY4 == 1){    //无按键按下
            key = 1;
        }
        return KEY_UNPRESS;
    }
    void main()
    {
        u8 key = 0;
        u8 dir = 0;                                     //默认逆时针方向
        u8 speed = STEPMOTOR_MAXSPEED;                  //默认最大速度旋转
        u8 step = 0;
        while(1)
        {
            key = key_scan(0);
            if(key == KEY1_PRESS)
            {                                           //换向
                dir = !dir;
            }
            else if(key == KEY2_PRESS)                  //加速
            {
                if(speed > STEPMOTOR_MAXSPEED)
                    Speed -= 1;
            }
            else if(key == KEY3_PRESS)                  //减速
            {
                if(speed < STEPMOTOR_MINSPEED)
                    speed += 1;
            }
            step_motor_28BYJ48_send_pulse(step++,dir);
            if(step == 8)step = 0;
            delay_ms(speed);
        }
    }
```

表 14-4　28BYJ48 步进电机旋转驱动方式

导线	第一步	第二步	第三步	第四步	第五步	第六步	第七步	第八步
V_{CC}(红)	5V	5V	5V	5V	5V	5V	5V	5V
D(橙)	GND	GND						GND
C(黄)		GND	GND	GND				
B(粉)				GND	GND	GND		
A(蓝)						GND	GND	GND

　　主函数首先设置电机初始转动方向为逆时针,设置电机初始转动速度为最高速。然后检测是否有按键按下,当 KEY1 被按下时,切换步进电机转动方向;当 KEY2 被按下时,电机加速,如已到最大值,速度减 1;当 KEY3 被按下时,电机减速,如已到最小值,速度加 1。

　　程序中的 step_motor_28BYJ48_send_pulse 函数的功能是给步进电机发送一个脉冲信号。它有两个形参:第一个为 step,表示步进序号,可选值为 0～7,代表步进电机控制信号的 8 个节拍;第二个形参是 dir,表示电机的旋转方向,1 为顺时针,0 为逆时针。

## 第 15 章

综合案例
——电子万年历设计

电子万年历是一种应用非常广泛的日常计时工具,特别适合在家庭居室、办公室、大厅、会议室、车站和广场等使用。以 STC89C51 单片机为核心,使用 DS1302 时钟芯片实现精确时间计时,使用 DS18B20 单总线协议的数字式温度传感器实现温度的测量,使用 LC1602 液晶屏显示时间及温度等信息,通过 4 个独立式按键实现设置日期、时间和闹钟,LED 小灯用来指示设置或取消了闹钟,蜂鸣器作为闹钟时间到提醒。电子万年历系统结构框图如图 15-1 所示。DS18B20 数字温度传感器和 LCD1602 液晶显示器的使用在第 8 章已经做过详细介绍,此处不再赘述。

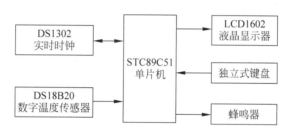

图 15-1　电子万年历系统结构框图

15.1　DS1302 时钟芯片介绍

15.1.1　DS1302 基础

DS1302 是 DALLAS 公司推出的时钟芯片(引脚如图 15-2 所示,引脚功能如表 15-1 所示),其内部有一个实时时钟/日历电路和 31 个字节的静态 RAM 组成。实时时钟/日历电路能够提供实时的年、月、日、周、时、分、秒信息,可自动调整月的天数和年(平年/闰年)的天数,通过对其内部寄存器的设置可变换 24/12 小时计时制,可设置闹钟。它广泛应用于电话、传真、便携式仪器以及电池供电的仪器仪表等产品中。

DS1302 芯片的主要性能指标如下:

(1) 能计算 2100 年之前的时间日期。

(2) 有 31 个 8 位暂存数据存储 RAM。

(3) 3 线串行 I/O 口方式。

(4) 宽范围工作电压 2.0～5.5V。

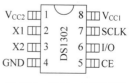

图 15-2　DS1302 引脚图

（5）低功耗设计，工作在 2.0V 时，电流小于 300nA。

（6）使用 1 字节和多字节字符组两种传送方式读/写时钟和 RAM。

（7）与 TTL 电平兼容，$V_{CC2}=5V$。

（8）工业级温度范围 $-40 \sim +85℃$。

表 15-1 DS1320 引脚功能表

引　　脚	名　　称	功　　能
1	V_{CC2}	主电源引脚
2	X1	外部晶振引脚，通常需外接 32.768kHz 晶振
3	X2	
4	GND	电源地
5	CE	使能引脚，也是复位引脚（新版本功能有变化）
6	I/O	串行数据引脚，数据输出或者输入
7	SCLK	串行时钟引脚
8	V_{CC1}	备用电源

15.1.2　DS1302 使用

操作 DS1302 时，先将设定值写入 DS1302 的寄存器，设置时间格式等相关内容，然后 DS1302 开始计时，DS1302 时钟会按照设置情况工作。

1. 控制字寄存器

DS1302 有 1 个控制寄存器、12 个日历和时钟寄存器以及 31 个 RAM。控制寄存器用于存放 DS1302 的控制命令字，DS1302 的 RST 引脚回到高电平后写入的第一个字节是控制命令。它用于对 DS1302 读写过程进行控制，格式如图 15-3 所示。

7	6	5	4	3	2	1	0
	RAM/CK						RD/WR

图 15-3　DS1302 的控制字寄存器

（1）第 7 位置 1；

（2）第 6 位置 1 表示 RAM，寻址内部存储器地址；置 0 表示 $\overline{CK}$，寻址内部寄存器；

（3）第 5 到第 1 位，表示 RAM 或者寄存器的地址；

（4）最低位，高电平表示 RD，即下一步操作为"读"操作；低电平表示 $\overline{WR}$，即下一步操作为"写"操作。

表 15-2　DS1302 寄存器地址/定义

寄存器名称	D7	D6 (RAM/$\overline{CK}$)	D5(A4)	D4(A3)	D3(A2)	D2(A1)	D1(A0)	D0($\overline{W}$/R)
秒寄存器	1	0	0	0	0	0	0	0/1
分寄存器	1	0	0	0	0	0	1	0/1
小时寄存器	1	0	0	0	0	1	O	0/1
日寄存器	1	0	0	0	0	1	1	0/1

寄存器名称	D7	D6 (RAM/$\overline{CK}$)	D5(A4)	D4(A3)	D3(A2)	D2(A1)	D1(A0)	D0($\overline{W}$/R)
月寄存器	1	0	0	0	1	0	0	0/1
星期寄存器	1	0	0	0	1	0	1	0/1
年寄存器	1	0	0	0	1	1	0	0/1
写保护寄存器	1	0	0	0	1	1	1	0/1
慢充电寄存器	1	0	0	1	0	0	0	0/1
时钟突发模式	1	0	1	1	1	1	1	0/1
RAM0	1	1	0	0	0	0	0	0/1
…	1	1	…	…	…	…	…	0/1
RAM30	1	1	1	1	1	1	0	0/1
RAM 突发模式	1	1	1	1	1	1	1	0/1

比如要读秒寄存器，则其命令为：1000 0001，秒寄存器写命令为：1000 0000。

2. 日历/时钟寄存器

DS1302 共有 12 个寄存器，其中有 7 个与日历、时钟相关，存放的数据为 BCD 码形式。格式如表 15-3 所示。

表 15-3　DS1302 寄存器数据格式表

寄存器名称	取值范围	D7	D6	D5	D4	D3	D2	D1	D0
秒寄存器	00~59	CH	秒的十位			秒的个位			
分寄存器	00~59	0	分的十位			分的个位			
小时寄存器	01~12 或者 00~23	12/24	0	A/P	HR	小时的个位			
日寄存器	01~31	0	0	日的十位		日的个位			
月寄存器	01~12	0	0	0	0/1	月的个位			
星期寄存器	01~07	0	0	0	0	星期几			
年寄存器	01~99	年的十位				年的个位			
写保护寄存器		WP	0	0	0	0	0	0	0
慢充电寄存器		TCS	TCS	TCS	TCS	DS	DS	DS	DS

下面对几个寄存器做具体说明：

秒寄存器：低 4 位为秒的个位，D6~D4 为秒的十位。最高位 CH 为 DS1302 的运行标志位，当 CH＝0 时，DS1302 内部时钟运行；当 CH＝1 时，DS1302 内部时钟停止。

小时寄存器：最高位为 12/24 小时的格式选择位，该位为 1 时表示 12 小时格式。当设置为 12 小时显示格式时，第 5 位的高电平表示下午(PM)；而当设置为 24 小时格式时，第 5 位是具体的时间数据。

写保护寄存器：当该寄存器最高位 WP 为 1 时，DS1302 只读不写，所以要在往 DS1302 写数据之前确保 WP 为 0。

慢充电寄存器(涓细电流充电)寄存器：当 DS1302 掉电时，可以马上调用外部电源保护时间数据。该寄存器就是配置备用电源的充电选项的。其中高 4 位(4 个 TCS)只有在 1010 的情况下才能使用充电选项；低 4 位的情况与 DS1302 内部电路有关，具体内容可以查看 DS1302 数据手册。

3. DS1302 的读写时序

在控制指令字输入后的下一个 SCLK 时钟的上升沿时,数据被写入 DS1302,数据输入从低位(位 0)开始。同样,在紧跟 8 位的控制指令字后的下一个 SCLK 脉冲的下降沿读出 DS1302 的数据,读出数据时从低位 0 位到高位 7。

DS1302 的 3 个时序分别为:复位时序、单字节写时序、单字节读时序,如图 15-4 所示。

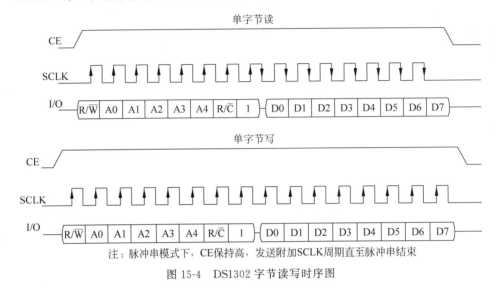

图 15-4   DS1302 字节读写时序图

CE(RST):复位时序,即在 RST 引脚产生一个正脉冲,在整个读写期间,RST 要保持高电平,一次字节读写完毕之后,RST 引脚返回低电平准备下次读写周期;

单字节读时序:字节读之前要先对寄存器进行写命令,指令和数据都从最低位开始;写数据是在 SCLK 的上升沿实现,而读数据在 SCLK 的下降沿实现。在单字节读时序中,写命令的第 8 个上升沿结束后紧接着的第 8 个下降沿就将要读寄存器的第 1 位数据读到数据线上。

单字节写时序:两个字节的数据配合 16 个上升沿将数据写入即可。

操作注意事项:

(1) 操作 DS1302 之前需要关闭写保护;

(2) 用延时来降低单片机的速度以配合器件时序;

(3) DS1302 读出的数据是 BCD 码形式,需要转换成二进制;

(4) 读取字节之前,将 I/O 设置为输入,读取完之后,将 I/O 设置为输出;

(5) 在写程序的时候,可以开辟数组(内存空间)来集中放置 DS1302 的一系列数据,方便输入。

关于 DS1302 时钟芯片更详细的资料,可以参考 DS1302 数据手册。

15.2   硬件设计

电子万年历使用字符型 LCD1602 液晶显示器来显示时间和温度等信息,其 8 位并行数据通信口接单片机的 P0 口,RS、R/W、E 三个控制端口分别接单片机的 P2.6 口、P2.5 口、

P2.7 口。实时时钟芯片 DS1302 串行通信线 RST、SCLK、I/O 分别接单片机的 P3.5 口、P3.6 口、P3.7 口。数字温度传感器 DS18B20 单总线通信口接单片机的 P3.7 口。4 位独立按键分别接单片机的 P3.0 口、P3.1 口、P3.2 口、P3.3 口。蜂鸣器通过 PNP 三极管 8550 驱动接单片机的 P1.5 口。详细电路原理图如图 15-5 所示。

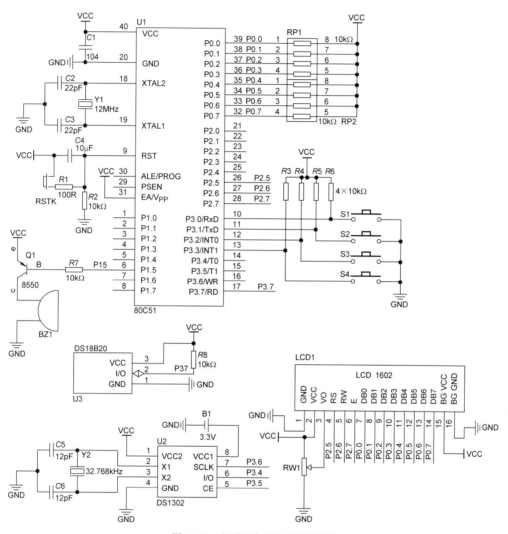

图 15-5　电子万年历电路原理图

15.3　软件设计

电子万年历系统上电后,分别对实时时钟芯片 DS1302、数字温度传感器芯片 DS18B20、液晶显示器 LCD1602 和定时器进行初始化设置。定时器初始化产生 10ms 中断,并设置中断函数每 50 次(0.5s)读取一次实时时钟和温度数据。系统上电默认显示初始化日历时间和实际温度值,当监测到有按键时进行按键程序处理,然后依次显示时间和温度信息。每一次循环与报警时间进行比对,到报警时间就启动报警并持续一分钟,系统工作流程图如图 15-6 所示。

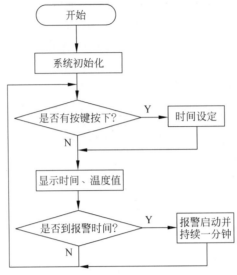

图 15-6　电子万年历系统主流程图

电子万年历系统使用 4 个独立式按键实现系统信息的调整,4 个按键分别定义为 K1、K2、K3 和 K4。4 个按键相互配合实现信息的设定。

(1) 当第 1 次按下 K1 键时,进入日期和时间设定模式,此时光标会在要调整的时间位置闪烁;当第 2 次按下 K1 键时,进入闹钟设置模式(时-分),此时光标同样在所要调整的时间位置闪烁;当第 3 次按下 K1 键时,回到日期和时间设定模式,如此循环。

(2) 按 K2 键切换设定位置。

(3) 按 K3 键实现数据加 1。

(4) 按 K4 键保存设定信息。

根据结构化程序设计思想,把不同功能的函数放在不同的.c 文件中。方便后期进行程序移植。根据流程图写出的程序代码如下:

```
头文件 time.h
=================================================================
#ifndef __TIME_H
#define __TIME_H
#include "public.h"
void time0_init(void);
#endif
定时器初始化程序 time.c
=================================================================
  #include "time.h"
  void time0_init(void)
  {

      TMOD | = 0X01                    //设定定时器 T0 工作在方式 1
      TH0 = 0xDC
      TL0 = 0x00                       //定时 10ms
```

```
        ET0 = 1                                   //允许定时器 T0 中断
        EA = 1                                    //允许中断
        TR0 = 1                                   //启动定时器
}
```

头文件 beep.h

```
===============================================================
# ifndef _beep_H
# define _beep_H
# include "public.h"
sbit BEEP = P1^5;                    //引脚定义
void beep_alarm(u16 time,u16 fre);   //函数声明
# endif
```

蜂鸣器驱动程序 beep.c

```
===============================================================
# include "beep.h"
/ *********************************************************************
* 函 数 名  : beep_alarm
* 函数功能  : 蜂鸣器报警函数
* 输   入   : time:报警持续时间
*              fre:报警频率
* 输   出   : 无
********************************************************************** /
void beep_alarm(u16 time,u16 fre)
{
    while(time -- )
    {
        BEEP = ! BEEP;
        delay_10us(fre);
    }
    BEEP = 0;
}
```

头文件 key.h

```
===============================================================
# ifndef _key_H
# define _key_H
# include "public.h"
sbit KEY1 = P3^1;                              //定义独立按键控制脚
sbit KEY2 = P3^0;
sbit KEY3 = P3^2;
sbit KEY4 = P3^3;
//使用宏定义独立按键按下的键值
# define KEY1_PRESS1
# define KEY2_PRESS2
# define KEY3_PRESS3
# define KEY4_PRESS4
# define KEY_UNPRESS0
```

```
u8 key_scan(u8 mode);
# endif
```

按键检测程序 key.c

```
=====================================================================
# include "key.h"
/ ****************************************************************************
* 函 数 名   : key_scan
* 函数功能   : 检测独立按键是否按下,若按下则返回对应键值
* 输    入   : mode = 0:单次扫描按键
               mode = 1:连续扫描按键
* 输    出   : KEY1_PRESS:K1 按下
               KEY2_PRESS:K2 按下
               KEY3_PRESS:K3 按下
               KEY4_PRESS:K4 按下
               KEY_UNPRESS:无按键按下
**************************************************************************** /
u8 key_scan(u8 mode)
{
    static u8 key = 1;
    if(mode)key = 1;                                      //连续扫描按键
    if(key == 1&&(KEY1 == 0||KEY2 == 0||KEY3 == 0||KEY4 == 0))  //按下任意按键
    {
        delay_10us(1000);                                 //按键消抖
        key = 0;
        if(KEY1 == 0) return KEY1_PRESS;
        else if(KEY2 == 0)return KEY2_PRESS;
        else if(KEY3 == 0) return KEY3_PRESS;
        else if(KEY4 == 0) return KEY4_PRESS;
    }
    else if(KEY1 == 1&&KEY2 == 1&&KEY3 == 1&&KEY4 == 1)   //无按键按下
    {
        key = 1;
    }
    return KEY_UNPRESS;
}
```

头文件 public.h

```
=============================================================
# ifndef _public_H
# define _public_H
# include "reg52.h"
typedef unsigned int u16;                    //对系统默认数据类型进行重定义
typedef unsigned char u8;
void delay_10us(u16 ten_us);
void delay_ms(u16 ms);
# endif
```

公共延时程序 public.c

```
=================================================================
# include "public.h"
/ ******************************************************************
*  函 数 名   : delay_10us
*  函数功能  : 延时函数,ten_us = 1 时,大约延时 10us
*  输   入   : ten_us
*  输   出   : 无
****************************************************************** /
void delay_10us(u16 ten_us)
{
    while(ten_us -- );
}
/ ******************************************************************
*  函 数 名   : delay_ms
*  函数功能  : ms 延时函数,ms = 1 时,大约延时 1ms
*  输   入   : ms:ms 延时时间
*  输   出   : 无
****************************************************************** /
void delay_ms(u16 ms)
{
    u16 i,j;
    for(i = ms;i > 0;i -- )
        for(j = 110;j > 0;j -- );
}
```

头文件 ds1302.h

```
=================================================================
# ifndef _ds1302_H
# define _ds1302_H
# include "public.h"
//管脚定义
sbit DS1302_RST = P3^5;            //复位引脚
sbit DS1302_CLK = P3^6;            //时钟引脚
sbit DS1302_IO = P3^4;             //数据引脚
//变量声明
extern u8 gDS1302_TIME[7];         //存储时间
//函数声明
void ds1302_init(void);
void ds1302_read_time(void);
# endif
```

实时时钟芯片驱动程 ds1302.c

```
=================================================================
# include "ds1302.h"
# include "intrins.h"
// --- DS1302 写入和读取时分秒的地址命令 --- //
// --- 秒分时日月周年 最低位读写位; ------- //
u8 gREAD_RTC_ADDR[7]  = {0x81, 0x83, 0x85, 0x87, 0x89, 0x8b, 0x8d};
u8 gWRITE_RTC_ADDR[7] = {0x80, 0x82, 0x84, 0x86, 0x88, 0x8a, 0x8c};
// --- DS1302 时钟初始化 2021 年 5 月 20 日星期四 13 点 51 分 47 秒. --- //
```

```
//--- 存储顺序是秒分时日月周年,存储格式是用BCD码 ---//
u8 gDS1302_TIME[7] = {0x47, 0x51, 0x13, 0x20, 0x04, 0x05, 0x21};
/***************************************************************
* 函 数 名  : ds1302_write_byte
* 函数功能  : DS1302写单字节
* 输   入   : addr:地址/命令
              dat:数据
* 输   出   : 无
*************************************************************** /
void ds1302_write_byte(u8 addr,u8 dat)
{
    u8 i = 0;
    DS1302_RST = 0;
    _nop_();
    DS1302_CLK = 0;                    //CLK低电平
    _nop_();
    DS1302_RST = 1;                    //RST由低到高变化
    _nop_();
    for(i = 0;i < 8;i++)               //循环8次,每次写1位,先写低位再写高位
    {
        DS1302_IO = addr&0x01;
        addr >> = 1;
        DS1302_CLK = 1;
        _nop_();
        DS1302_CLK = 0;                //CLK由低到高产生一个上升沿,从而写入数据
        _nop_();
    }
    for(i = 0;i < 8;i++)               //循环8次,每次写1位,先写低位再写高位
    {
        DS1302_IO = dat&0x01;
        dat >> = 1;
        DS1302_CLK = 1;
        _nop_();
        DS1302_CLK = 0;
        _nop_();
    }
    DS1302_RST = 0;                    //RST拉低
    _nop_();
}

/***************************************************************
* 函 数 名  : ds1302_read_byte
* 函数功能  : DS1302读单字节
* 输   入   : addr:地址/命令
* 输   出   : 读取的数据
*************************************************************** /
u8 ds1302_read_byte(u8 addr)
{
    u8 i = 0;
    u8 temp = 0;
    u8 value = 0;
```

```
        DS1302_RST = 0;
        _nop_();
        DS1302_CLK = 0;                      //CLK 低电平
        _nop_();
        DS1302_RST = 1;                      //RST 由低到高变化
        _nop_();
        for(i = 0;i < 8;i++)                 //循环 8 次,每次写 1 位,先写低位再写高位
        {
            DS1302_IO = addr&0x01;
            addr >> = 1;
            DS1302_CLK = 1;
            _nop_();
            DS1302_CLK = 0;                  //CLK 由低到高产生一个上升沿,从而写入数据
            _nop_();
        }
        for(i = 0;i < 8;i++)                 //循环 8 次,每次读 1 位,先读低位再读高位
        {
            temp = DS1302_IO;
            value = (temp << 7)|(value >> 1); //先将 value 右移 1 位,然后 temp 左移 7 位后进行或运算
            DS1302_CLK = 1;
            _nop_();
            DS1302_CLK = 0;
            _nop_();
        }
        _nop_();
        DS1302_CLK = 1;                      //对于实物中,P3.4 口没有外接上拉电阻的情况,此处代
                                             //码需要添加使数据口产生一个上升沿脉冲
        _nop_();
        DS1302_IO = 0;
        _nop_();
        DS1302_IO = 1;
        _nop_();
        return value;
}
/ ******************************************************************
 * 函 数 名 : ds1302_init
 * 函数功能 : DS1302 初始化时间
 * 输   入  : 无
 * 输   出  : 无
 ****************************************************************** /
void ds1302_init(void)
{
    u8 i = 0;
    ds1302_write_byte(0x8E,0X00);
    for(i = 0;i < 7;i++)
    {
        ds1302_write_byte(gWRITE_RTC_ADDR[i],gDS1302_TIME[i]);
    }
    ds1302_write_byte(0x8E,0X80);
}
/ ******************************************************************
```

```
*  函 数 名    : ds1302_read_time
*  函数功能    : DS1302 读取时间
*  输  入      : 无
*  输  出      : 无
******************************************************************** /
void ds1302_read_time(void)
{
    u8 i = 0;
    for(i = 0;i < 7;i++)
    {
        gDS1302_TIME[i] = ds1302_read_byte(gREAD_RTC_ADDR[i]);
    }
}
```

头文件 calendar. h

```
=============================================================
# ifndef __CALENDAR_H
# define __CALENDAR_H
# include "public. h"
typedef struct
{
    u8 sec;
    u8 min;
    u8 hour;
    u8 day;
    u8 month;
    u8 year;
    u8 week;
    u8 mode;            //1:时钟设置模式;2:闹钟设置模式;
    u8 time_choice;     //进入模式设置时,用于确定年月日时分秒哪个需要设置
    u8 add;             //进入模式设置时,用于加操作
    u8 setok;           //设置完成标志
    u8 alarm;           //闹钟开关
    u8 alarm_time[2];   //闹钟时间
    float temperture;
}_calendar;
extern _calendar g_calendar;
void calendar_test(void);
# endif
```

电子万年历主程序 calendar. c

```
=============================================================
# include "public. h"
# include "calendar. h"
# include "ds1302. h"
# include "ds18b20. h"
# include "lcd1602. h"
# include "key. h"
# include "beep. h"
# include "time. h"
```

```
code u8 alarm_switch_str[ ] = "Alarm: OFF";
code u8 alarm_on_str[ ] = "ON ";
code u8 alarm_off_str[ ] = "OFF";
_calendar g_calendar;
u8 g_keyvalue = 0;                              //定时器 T0 中断服务程序,10ms 中断
void time0( ) interrupt 1
{
    static u8 cnt = 0;
    static u8 oneflag = 1;
    TH0 = 0xDC;
    TL0 = 0x00;
    cnt++;
    if(cnt == 50)
    {
        cnt = 0;
        if(g_calendar.mode == 0) ds1302_read_time();
        if(oneflag == 1)
        {
        oneflag = 0;
        g_calendar.alarm_time[0] = g_calendar.min;
        g_calendar.alarm_time[1] = g_calendar.hour;        //记录初始闹钟时间
    }
        g_calendar.temperture = ds18b20_read_temperture();
    }
}


void calendar_datapros(u8  * datebuf,u8  * timebuf)
{
    datebuf[0] = '2';
    datebuf[1] = '0';
    datebuf[2] = g_calendar.year/16 + 0x30;
    datebuf[3] = g_calendar.year % 16 + 0x30;
    datebuf[4] = ' - ';
    datebuf[5] = g_calendar.month/16 + 0x30;
    datebuf[6] = g_calendar.month % 16 + 0x30;
    datebuf[7] = ' - ';
    datebuf[8] = g_calendar.day/16 + 0x30;
    datebuf[9] = g_calendar.day % 16 + 0x30;
    datebuf[10] = ' ';
    datebuf[11] = 'D';
    datebuf[12] = 'a';
    datebuf[13] = 'y';
    datebuf[14] = g_calendar.week % 16 + 0x30;
    datebuf[15] = '\0';
    timebuf[0] = g_calendar.hour/16 + 0x30;
    timebuf[1] = g_calendar.hour % 16 + 0x30;
    timebuf[2] = ':';
    timebuf[3] = g_calendar.min/16 + 0x30;
    timebuf[4] = g_calendar.min % 16 + 0x30;
    timebuf[5] = ':';
    timebuf[6] = g_calendar.sec/16 + 0x30;
```

```
        timebuf[7] = g_calendar.sec % 16 + 0x30;
        timebuf[8] = '\0';
}


void temperture_datapros(u8 * tempbuf)
{
        int temp_value;
        temp_value = g_calendar.temperture * 10;
        if(temp_value < 0)
        {
                temp_value = - temp_value;
                tempbuf[0] = '-';
        }
        elsetempbuf[0] = ' ';
        if(temp_value > = 1000) tempbuf[1] = temp_value/1000 + 0x30;
        else                    tempbuf[1] = ' ';
        tempbuf[2] = temp_value % 1000/100 + 0x30;
        tempbuf[3] = temp_value % 1000 % 100/10 + 0x30;
        tempbuf[4] = '.';
        tempbuf[5] = temp_value % 1000 % 100 % 10 + 0x30;
        tempbuf[6] = 'C';
        tempbuf[7] = '\0';
}


void alarm_datapros(u8 * alarmbuf)
{
        alarmbuf[0] = g_calendar.alarm_time[1]/16 + 0x30;
        alarmbuf[1] = g_calendar.alarm_time[1] % 16 + 0x30;
        alarmbuf[2] = '-';
        alarmbuf[3] = g_calendar.alarm_time[0]/16 + 0x30;
        alarmbuf[4] = g_calendar.alarm_time[0] % 16 + 0x30;
        alarmbuf[5] = '\0';
}


void calendar_save_set_time(void)
{
        gDS1302_TIME[0] = g_calendar.sec;
        gDS1302_TIME[1] = g_calendar.min;
        gDS1302_TIME[2] = g_calendar.hour;
        gDS1302_TIME[3] = g_calendar.day;
        gDS1302_TIME[4] = g_calendar.month;
        gDS1302_TIME[5] = g_calendar.week;
        gDS1302_TIME[6] = g_calendar.year;
        ds1302_init();
}
void calendar_set_time(void)                    //时钟设置模式
{
        if(g_calendar.mode == 1)                //时钟设置
        {
                if(g_calendar.add == 1)
                {
```

```
                    g_calendar.add = 0;
                    switch(g_calendar.time_choice)
                    {
                        case 0: g_calendar.sec++;
                            if((g_calendar.sec&0x0f)>9)g_calendar.sec += 6;
                            if(g_calendar.sec >= 0x60)g_calendar.sec = 0;
                            break;
                        case 1: g_calendar.min++;
                            if((g_calendar.min&0x0f)>9)g_calendar.min += 6;
                            if(g_calendar.min >= 0x60)g_calendar.min = 0;
                            break;
                        case 2: g_calendar.hour++;
                            if((g_calendar.hour&0x0f)>9)g_calendar.hour += 6;
                            if(g_calendar.hour >= 0x24)g_calendar.hour = 0;
                            break;
                        case 3: g_calendar.week++;
                            if((g_calendar.week&0x0f)>9)g_calendar.week += 6;
                            if(g_calendar.week >= 0x08)g_calendar.week = 1;
                            break;
                        case 4: g_calendar.day++;
                            if((g_calendar.day&0x0f)>9)g_calendar.day += 6;
                            if(g_calendar.day >= 0x32)g_calendar.day = 1;
                            break;
                        case 5: g_calendar.month++;
                          if((g_calendar.month&0x0f)>9) g_calendar.month += 6;
                        if(g_calendar.month >= 0x13) g_calendar.month = 1;
                            break;
                        case 6: g_calendar.year++;
                            if((g_calendar.year&0x0f)>9)g_calendar.year += 6;
                            if(g_calendar.year >= 0x99)g_calendar.year = 0;
                            break;
                    }
                }
            }
        }
}


void calendar_set_alarm(void)                   //闹钟设置模式
{
 if(g_calendar.mode == 2)                        //闹钟设置
 {
   if(g_calendar.add == 1)
     {
            g_calendar.add = 0;
            switch(g_calendar.time_choice)
            {
              case 0: g_calendar.alarm_time[0]++;
                      if((g_calendar.alarm_time[0]&0x0f)>9)g_calendar.alarm_time[0] += 6;
                      if(g_calendar.alarm_time[0]>= 0x60)g_calendar.alarm_time[0] = 0;
                        break;
              case 1: g_calendar.alarm_time[1]++;
                      if((g_calendar.alarm_time[1]&0x0f)>9)g_calendar.alarm_time[1] += 6;
```

```
                            if(g_calendar.alarm_time[1]>= 0x24)g_calendar.alarm_time[1] = 0;
                    break;
                case 2: g_calendar.alarm = !g_calendar.alarm;
                    break;
                case 3: g_calendar.time_choice = 0;
                    break;
            }
        }
    }
}

void calendar_show(void)                        //时钟显示
{
    u8 date_buf[16];
    u8 time_buf[9];
    u8 temp_buf[8];
    if(g_calendar.mode == 0)                    //正常模式显示
    {
        g_calendar.sec = gDS1302_TIME[0];
        g_calendar.min = gDS1302_TIME[1];
        g_calendar.hour = gDS1302_TIME[2];
        g_calendar.day = gDS1302_TIME[3];
        g_calendar.month = gDS1302_TIME[4];
        g_calendar.week = gDS1302_TIME[5];
        g_calendar.year = gDS1302_TIME[6];
        calendar_datapros(date_buf,time_buf);
        temperture_datapros(temp_buf);
        lcd1602_show_string(0,0,date_buf);
        lcd1602_show_string(0,1,time_buf);
        lcd1602_show_string(9,1,temp_buf);
    }
    else if(g_calendar.mode == 1)               //时钟设置模式显示
    {
        calendar_datapros(date_buf,time_buf);
        temperture_datapros(temp_buf);
        lcd1602_show_string(0,0,date_buf);
        lcd1602_show_string(0,1,time_buf);
        lcd1602_show_string(9,1,temp_buf);
    }
    else if(g_calendar.mode == 2)               //闹钟设置模式显示
    {
        alarm_datapros(time_buf);
        lcd1602_show_string(0,1,time_buf);
        if(g_calendar.alarm)
            lcd1602_show_string(7,0,alarm_on_str);
        else
            lcd1602_show_string(7,0,alarm_off_str);
    }
}

void alarm_compareproc(void)
```

```
{
    if(g_calendar.alarm&&g_calendar.setok)
    {
        if(g_calendar.alarm_time[1] == g_calendar.hour)
        {                                           //对比闹钟设置时间和当前时间,相同则响铃
            if(g_calendar.alarm_time[0] == g_calendar.min) beep_alarm(100,10);
        }
    }
}
void main(void)
{
    u8 key_temp = 0;
    lcd1602_init();
    ds1302_init();
    ds18b20_init();
    time0_init();                           //定时器 10ms
    while(1)
    {
        key_temp = key_scan(0);
        if(key_temp == KEY1_PRESS)          //模式设置
        {
            g_calendar.mode++;
            if(g_calendar.mode == 3)
                g_calendar.mode = 1;
            g_calendar.setok = 0;
            g_calendar.time_choice = 0;
            if(g_calendar.mode == 2)
            {
                lcd1602_clear();
                lcd1602_show_string(0,0,alarm_switch_str);
            }
            beep_alarm(100,10);
        }
        else if(key_temp == KEY2_PRESS)         //进入设置模式时,对应位选择设置
        {
            g_calendar.time_choice++;
            if(g_calendar.time_choice == 7)g_calendar.time_choice = 0;
            beep_alarm(100,10);

        }
        else if(key_temp == KEY3_PRESS)         //进入设置模式时,进行数据加操作
        {
            g_calendar.add = 1;
            beep_alarm(100,10);
        }
        else if(key_temp == KEY4_PRESS)         //设置完成,恢复正常显示模式
        {
            g_calendar.setok = 1;
            g_calendar.time_choice = 0;
            g_calendar.mode = 0;
            calendar_save_set_time();
```

```
            beep_alarm(100,10);
        }
        if(g_calendar.mode == 1)                //模拟光标闪烁
        {
            if(g_calendar.time_choice < 3)
                lcd1602_show_string(7 - g_calendar.time_choice * 3,1," ");
            else if(g_calendar.time_choice >= 3&&g_calendar.time_choice < 4)
                lcd1602_show_string(14,0," ");
            else if(g_calendar.time_choice >= 4&&g_calendar.time_choice < 7)
                lcd1602_show_string(21 - g_calendar.time_choice * 3,0," ");
        }
        else if(g_calendar.mode == 2)            //模拟光标闪烁
        {
            if(g_calendar.time_choice < 2)
                lcd1602_show_string(4 - g_calendar.time_choice * 3,1," ");
            else if(g_calendar.time_choice == 2)
                lcd1602_show_string(9,0," ");
            else if(g_calendar.time_choice == 3)
                lcd1602_show_string(4,1," ");
        }
        calendar_set_time();
        calendar_set_alarm();
        calendar_show();
        alarm_compareproc();
    }
}
```

液晶显示器 LCD1602 和数字温度传感器 DS18B20 驱动程序在前面章节已经进行了详细介绍,故在这里省略。

第 16 章

CHAPTER 16

单片机应用项目的设计
与开发过程

了解单片机应用系统的设计及开发过程对于学习单片机非常重要。本章仅针对小型单片机应用项目的设计与开发过程进行讨论。

16.1 单片机应用项目的设计开发过程

要完成一个单片机应用项目,需要做需求分析、方案论证、总体设计、器件选择、硬件设计、软件设计、系统调试与性能测试、文档编制等工作。我们把这些工作划分为 4 个阶段。

第一阶段:需求分析和拟定设计方案。

分析了解项目整体需求,综合考虑系统使用环境、可靠性要求、可维护性和产品成本等因素,确定可行的性能指标,并制定设计方案,包括单片机芯片的选型和各功能模块选型等。

需求分析是要明确项目所要完成的任务和功能,这是非常重要的一步,它是顺利完成项目设计与开发的基础,也是能否正确完成方案设计的保证。需求分析的一个主要任务是明确与监控对象有关的所有信息,包括数据的形式(电量、非电量、模拟量、数字量等)、数据的范围、性能指标、系统功能、工作环境、显示、报警、打印要求等。在拟定设计方案的时候,要使所设计的系统具有一定的功能扩展性,但是也要避免简单问题复杂化。

第二阶段:硬件设计和软件设计阶段。

根据设计方案,设计相应的硬件和软件。软、硬件设计都要保证满足系统功能和性能要求,如电路的可靠性、实时响应等。在硬件设计时应尽量选择现有的、成熟的电路来实现单元电路的功能,以提高电可靠性。单片机系统由软件和硬件两部分组成。在应用系统中,有些功能既可由硬件来实现,也可以用软件来完成。硬件的使用可以提高系统的实时性和可靠性;使用软件实现,可以降低系统成本,简化硬件结构。因此在总体考虑时,必须综合分析以上因素,合理地制定硬件和软件任务的比例,以使系统具有最佳的性价比。

硬件电路设计包括电路原理图设计、PCB 设计、电路板制板、焊装、测试等工序。有了设计方案后,根据选用的单片机芯片及单片机引脚的分配情况,可以在设计硬件电路的同时进行软件设计。根据硬件电路,先绘制出软件的流程图。该环节十分重要,流程图的绘制往往不能一次成功,通常需要进行多次修改。流程图的绘制可按照由简到繁的方式逐步细化,先绘制系统大体上需要执行的程序模块,然后将这些模块按照要求组合在一起,在大方向没有问题后,再将每个模块进行细化,最后形成软件流程图。这样程序的编写速度就会很快,同时程序流程图还会为以后的调试工作带来很多方便,如程序调试中某个模块不正常,就可以通过流程图来查找问题的原因。软件设计者一定要克服不绘制流程图直接在计算机上编写程序的习惯。

第三阶段：硬件与软件联合调试阶段。

电路焊接完成后需要进行软硬件联合调试,使用硬件仿真开发工具(在线仿真器)与用户样机连接进行实际调试。对硬件的每个分支模块进行调试,确保每个分支模块都是正常的,才能进行集成的整体调试。

所有的软件和硬件电路全部调试通过,并不意味着单片机系统的设计已成功,还需要通过实际运行来调整系统的运行状态,如系统中的 A/D 转换结果是否正确,如果不正确,是否要调零和调整基准电压等。

第四阶段：资料与文件整理编制阶段。

当系统全部调试通过后,就进入资料与文件整理编制阶段。资料与文件包括任务描述、设计的指导思想及设计方案论证、性能测定及现场试用报告与说明、使用指南、软件资料(流程图、子程序使用说明、地址分配、程序清单)、硬件资料(电路原理图、器件布置图及接线图、接插件引脚图、线路板图、注意事项)。文件不仅是设计工作的结果,而且是以后使用、维修以及进一步再设计的依据。因此,一定要精心编写,描述清楚,使数据及资料齐全。

单片机应用系统的开发过程如图 16-1 所示。

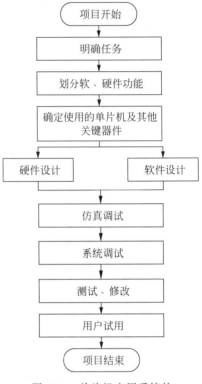

图 16-1　单片机应用系统的
开发过程图

16.2　单片机应用系统设计

本节介绍如何进行单片机应用系统的设计,主要从硬件设计和软件设计两个方面考虑。

16.2.1　硬件设计应考虑的问题

在硬件设计时,首先应重点考虑以下几个问题。

1. 尽可能采用高集成度、功能强的芯片

在项目需求已经明确的情况下,选择单片机的原则：主要从指令结构、运行速度、RAM大小、Flash 大小、程序存储方式和功能等几方面选择单片机。选择原则依次是：

(1) 公司技术积累,尽量选择公司以前使用过的单片机类型。如果使用的单片机类型无法满足要求,尽量选择同一厂家其他单片机型号。实在没有满足要求的或者因其他无法抗拒的因素,才考虑其他厂家的单片机。

(2) 单片机的基本参数,如运行速度、RAM、Flash 和 E^2PROM 的容量、I/O 引脚数量等。

(3) 单片机内外围功能电路,如 PWM、A/D、SPI、CAN、LIN、UART、USB、中断等。

（4）编程方式，如选用 Flash 或者 OTP（单次可编程）。

（5）使用要求，如工作温度、湿度等。

（6）工作电压范围、单片机运行模式和单片机功耗。不同单片机工作的电压不尽相同，根据系统使用电压范围进行选择；对于单片机运行模式，不同的单片机包含不同运行模式，有正常模式，低功耗模式；对于单片机功耗，要了解各个 I/O 提供的电流，是否满足整个系统对功耗的要求。

（7）价格和供货渠道，在满足各方面的要求时，是不是价格越低越好呢？当然不是，应该根据行业使用量等方面进行考虑，最好是出货量大且价格便宜。还有供货渠道也要认真考虑。

（8）其他，仿真器和开发环境也必须考虑。

2. 以软件设计代替硬件设计

原则上，只要软件能做到且能满足性能要求，就不要用硬件。硬件多了不但增加成本，而且系统故障率也会提高。以软件代替硬件的实质，就是以时间换空间。软件执行过程需要消耗时间，因此这种替代带来的问题是实时性下降。在实时性满足要求的场合，以软代硬是合算的。

3. 工艺设计

工艺设计包括机箱、面板、配线、接插件等，因此必须考虑安装、调试、维修的方便。另外，硬件抗干扰措施（将在第 17 章介绍）也必须在硬件设计时一并考虑进去。

16.2.2 典型的单片机应用系统

典型的单片机应用系统框图如图 16-2 所示。

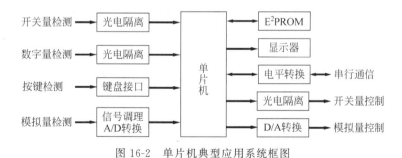

图 16-2 单片机典型应用系统框图

典型的单片机应用系统主要由单片机基本部分、输入部分和输出部分组成。

1. 单片机基本部分

基本部分由单片机及其扩展的外设及芯片，如键盘、显示器、打印机、数据存储器、程序存储器以及数字 I/O 等组成。

2. 输入部分

这是"测"的部分，被"测"的信号类型有数字量、模拟量和开关量。模拟量输入检测部分主要包括信号调理电路和 A/D 转换器。A/D 转换器中集成了包括多路切换、采样保持、A/D 转换等电路，有的 A/D 转换器直接集成在单片机片内部。

连接传感器与 A/D 转换器之间的桥梁是信号调理电路，传感器输出的模拟信号要经过信号调理电路对信号进行放大、滤波、隔离、量程调整等,转换成适合 A/D 转换的电压信号。

3. 输出部分

这部分是应用系统"控"的部分,包括数字量、开关量控制信号的输出和模拟量控制信号(常用于伺服控制)的输出。

16.2.3 软件设计考虑的问题

在进行应用系统的总体设计时,软件设计和硬件设计应统一考虑,相互结合进行。当系统的硬件电路设计定型后,软件的任务也就明确了。

一般来说,软件的功能分为两大类:一类是执行软件,它能完成各种可执行的功能,如测量、计算、显示、打印、输出控制等;另一类是监控软件,它是专门用来协调各执行模块和操作者的关系,在系统软件中充当组织、调度的角色。设计人员在进行程序设计时应从以下几个方面加以考虑。

(1)根据软件功能要求,将系统软件分成若干相对独立的部分,设计出合理的软件总体结构,使其清晰、简洁,流程合理。

(2)各功能程序实行模块化、子程序化,这样既便于调试、链接,又便于移植、修改。

(3)在编写应用软件之前,应绘制出程序流程图。多花一些时间来设计程序流程图,就可以极大地节省源程序的编辑和调试时间。

16.2.4 单片机应用系统的软件调试

软件调试主要利用仿真系统以及计算机提供的调试程序进行,如果采用实时多任务操作系统,一般是逐个任务进行调试。在调试某一个任务时,同时也调试相关的子程序、中断服务程序和一些操作系统的程序。若采用模块化程序设计技术,则逐个调试。

1. 操作系统环境下的应用程序调试

各个模块调好以后,再连成一个大的程序进行系统调试。下面简要说明软件调试的基本方法。

在实时多任务操作系统环境下,应用程序由若干个任务程序组成,逐个任务调试好以后再使各个任务同时运行。如果操作系统没有错误,一般情况下系统能正常运转。

具体调试方法是:在调试某一个任务时,将系统初始化修改成只激活该任务,即只允许与该任务有关的中断。这样,系统中只有一个任务运行,对发生的错误就容易定位和排除。然后,可在程序中设置断点,并用断点方式运行程序,以便找出程序中的问题所在。其他的任务也采用同样的方法调试,直至排除所有的错误为止。

2. 串行口通信程序调试

串行口通信程序是实时多处理程序,只能用全速断点或连续全速运行方式调试,若用单拍方式调试就会丢失数据,不能实现正常的输入/输出操作。

为了方便用户的串行通信程序的调试,通常将串口作为调试接口,将开发板的调试信息打印到计算机的串口助手工具,可极大地方便调试工作。开机时设置串行口波特率和计算机串口助手的波特率相一致。以全速断点运行方式(断点设在串行口中断入口或中断处理程序中)或连续方式运行,若程序没有错误,则程序输出到串行口上的数据会在计算机串口助手上显示出来,而通过串口助手输入的数据会被系统收到,用这种方法可模拟目标系统和其他设备的通信。采用这种方式,逐个进行通信命令调试,当各个命令和数据的处理都正确后,串行通信的程序调试成功。

如果目标系统需要多机通信,则用上述方法分别调通主机和从机的串行口通信程序,然后相连便能正常通信。

3. I/O 处理程序调试

由于 I/O 处理程序通常也是实时处理程序,因此也必须用全速断点方式或连续运行方式进行调试,具体方法同上。

4. 综合调试

在完成了各个模块程序的调试工作之后,接着便进行系统综合调试,即可通过主程序将各个模块程序链接起来,进行整体调试。综合调试一般采取全速断点方式进行,这个阶段的主要工作是排除系统中遗留的错误,提高系统的动态性能和精度。调试完成后,即可将程序固化到 Flash 中,目标系统便可独立运行了。

16.2.5　单片机应用系统的仿真开发与调试

当一个单片机应用系统(用户样机)完成了硬件和软件设计,全部元器件安装完毕后,在用户样机的程序存储器中已放入编写好的应用程序,系统即可运行。但应用程序运行一次性成功几乎是不可能的,多少会存在一些软件、硬件上的错误,这就需要借助单片机的仿真开发工具(在线仿真器)进行调试,发现错误并加以改正。一般单片机只是一个芯片,也无法进行软件的开发(如编辑、汇编、调试程序等),因此必须借助仿真开发工具所提供的开发手段进行。一般来说,仿真开发工具应具有如下最基本的功能。

(1) 用户样机程序的输入与修改。

(2) 程序的运行、调试(单步运行、设置断点运行)、排错、状态查询等。

(3) 用户样机硬件电路的诊断与检查。

(4) 有较全的开发软件。用户可用汇编语言或 C 语言编制应用程序;由开发系统编译连接生成目标文件、可执行文件。配有反汇编软件,能将目标程序转换成汇编语言程序;有丰富的子程序可供用户选择调用。

(5) 将调试正确的程序写入到程序存储器中。

下面首先介绍常用的仿真开发工具。

1. 仿真开发系统简介

在线仿真器(In-Circuit Emulator,ICE)是调试嵌入式系统软件的硬件设备。嵌入式系统开发者要面对一般软件开发者所没有的特殊问题,因为嵌入式系统往往不像商业计算机那样具有键盘、显示屏、磁盘机和其他各种有效的用户界面和存储设备。在线仿真器通过处理器的额外辅助功能,使系统在不失去其功能的情况下提供调试功能。过去,由于处理器能力有限,通常将其处理器临时更换成一个硬件仿真器。硬件仿真器是普通处理器的特制版本,内部设有多种额外的调试信号,以便提供处理器内部状态的信息。

而现今,在线仿真器也可以指在处理器上直接进行调试的硬件设备。由于 JTAG 等新技术的出现,人们可以直接在标准的量产型处理器上直接进行调试,而不需要特制的处理器,从而消除了开发环境与运行环境的区别,也促进了这项技术的低成本化与普及化。在这种情况下,由于实际上并没有任何的"仿真","在线仿真器"是个名不副实的误称,有时会造成一些误解。当仿真器被插入到待开发芯片的某个部分的时候,在线仿真也被称作硬件仿真。这样的在线仿真器,可以在系统运行实时数据的情况下,提供相对很好的调试能力。

通用机仿真开发系统是目前设计者使用最多的一类开发装置,它由在线仿真器与PC运行的集成开发环境软件两部分组成。这是一种通过PC的USB口,外加在线仿真器的在线仿真开发系统,如图16-3所示。

图16-3 PC与在线仿真器连接图

当按照图16-3将仿真开发系统与PC联机后,用户可利用PC上的集成开发环境(IDE)软件,在PC上可以完成编辑、编译、连接、调试、仿真等整个开发流程,开发人员可用IDE本身或其他编辑器编辑C或汇编源文件。然后分别由C51及C51编译器编译生成目标文件(.obj)。目标文件可由LIB51创建生成库文件,也可以与库文件一起经L51连接定位生成绝对目标文件(.abs)。abs文件由OH51转换成标准的.hex文件,也可由仿真器使用直接对目标板进行调试,也可以直接写入程序存储器中。

2. 软件仿真开发工具 Proteus

Proteus软件是英国Lab Center Electronics公司开发的EDA工具软件。它不仅具有其他EDA工具软件的仿真功能,还能仿真单片机及外围器件。它是比较好的仿真单片机及外围器件的工具。用户使用软件虚拟仿真开发工具Proteus进行单片机系统的设计与仿真,不需要在线仿真器,也不需要用户样机,而是直接在PC上进行。调试完毕的软件可将其机器代码写入到片内Flash程序存储器中,一般能直接投入运行。

3. 用户样机程序调试

下面介绍如何使用仿真开发工具进行C51源程序编写、编译、运行调试,以及与用户样机硬件联调工作,调试流程如图16-4所示,可通过以下4个步骤完成。

(1)输入用户源程序。用户使用集成开发环境(IDE),按照编程语言源程序(C51源程序)要求的格式、语法规定,把源程序输入到PC中,并保存在磁盘上。

(2)在PC上,利用集成开发环境(IDE)对用户源程序进行编译,直至语法错误全部纠正为止。如无语法错误,则进入下一个步骤。

(3)动态在线调试。这一步是对用户的源程序进行调试。上述的步骤(1)、步骤(2)是一个纯粹在软件环境下操作的过程,而这一步必须要有在线仿真器配合,才能对用户源程序进行调试。用户程序中分为与用户样机硬件无关的程序和与用户样机紧密相关的程序。

① 对于与用户样机硬件无关的程序,如计算程序,虽然已经没有语法错误,但可能存在逻辑错误,使计算结果不正确,此时必须借助于在线仿真器的动态在线调试手段,如单步运行、设置断点等,发现逻辑错误,然后返回到步骤(1)修改,直至逻辑错误全部被纠正为止。

② 对于与用户样机硬件紧密相关的程序(如接口驱动程序),一定要先把在线仿真器的

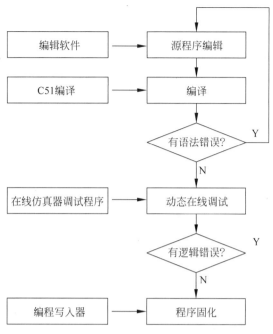

图 16-4　在线调试流程图

仿真插头插入用户样机的单片机插座中(见图 16-4),进行在线仿真调试,利用仿真开发系统提供单步、设置断点等调试手段,来进行系统的调试。

若与用户样机硬件紧密相关的部分程序段运行不正常,可能是软件逻辑上的问题,也可能是硬件有故障,必须先通过在线仿真调试程序提供的调试手段把硬件故障排除以后,再与硬件配合对用户程序进行动态在线调试。对于软件的逻辑错误,则返回到步骤(1)进行修改,直至逻辑错误完全消除为止。在调试这类程序时,硬件调试与软件调试是不能完全分开的。许多硬件错误是通过软件的调试被发现和纠正的。

(4) 将调试完毕的用户程序烧写在单片机中。

## 第 17 章

低功耗设计

低功耗设计也称低耗能设计,已经成为嵌入式系统设计最受关注的重点问题之一,不仅受到嵌入式系统应用设计人员的关注,同时受到集成电路设计人员和系统算法研究人员的关注。现在嵌入式系统应用越来越深入到国防、工业、民用等国民经济各个领域,涉及航天、航空、陆上、海上等广大范围,其中的手持和移动设备越来越多,这些使用电池的设备都希望低耗能,以延长使用时间、减少充电次数和时间。低耗能的另一个作用是保护环境,大量的废旧电池对环境的污染所造成的影响是巨大而持久的,目前仍无有效的方法处理废旧电池。因此,低功耗设计受到相关多行业的重视是必然的。

低功耗设计实际上是个系统工程,需要多方面的知识和技术,需要在应用中对已有知识不断深化,更需要对这些知识和技术的综合运用。

17.1 低功耗设计的硬件基础

17.1.1 选用低功耗的单片机

要实现低功耗设计首先应考虑选用低功耗的单片机芯片。既要关注芯片休眠时的功耗,也要考察其工作时的功耗。在很多应用中更应该多关注其休眠功耗。例如,高山顶上的无人值守气象站,总是处于间歇式工作状态,只有在测量和发送数据时处于工作状态,其余时间都可以处于休眠状态。而测量和发送数据的持续时间和休眠时间相比是非常短暂的,休眠时的耗能占总体耗能的大部分,因此休眠时的功耗必须作为重点考虑。

列举一个更为具体的例子,如某温度测量装置,休眠时系统功耗是 $3.5\mu A$,温度测量时功耗是 $0.5mA$,温度测量计算程序每次耗时 $20ms$,每小时测量一次,一年中休眠耗电 $31mAh$(近似计算:$3.5\mu A/1000 \times 365$ 天 $\times 24$ 小时 $\approx 31mAh$),而温度测量计算耗电 $0.0243mAh$(近似计算:$0.5mA \times 365$ 天 $\times 24$ 小时 $\times 20/1000/60/60 \approx 0.0243mAh$)。由此可见,休眠电流虽小,因持续时间长,休眠耗能占总耗能的 99.9%,即使换个测量系统,即使工作时电流增大 10 倍达到 $50mA$,系统休眠耗能仍然占总耗能的 99.2%,大大超出一般人的直接想象。因此,选用低功耗的单片机是系统硬件设计首先必须做的重要工作,不可掉以轻心。单片机选择得合适,所有的工作就有了好的基础平台。

17.1.2 选用多振荡源、多工作频率可在线改变的单片机

我们往往希望事情越简单越省事越好,但我们也应该知道一分耕耘,一分收获。正确、合理的努力才更能带来格外的收获和喜悦。

多振荡源、多工作频率可在线改变的单片机可以方便自如地减少系统功耗,这种类型的单片机应该成为低功耗系统设计的首选。

很多结构和功能比较简单的单片机,内部往往只有一个石英晶体振荡时钟源,本书选用的51单片机就是这样的单片机,所以没有通过选择时钟进行速度切换的功能。对于有些高端的单片机,如瑞萨公司的μPD78F0485及当下流行的ARM Cortex内核单片机等,一般内部都有多个时钟源,且芯片内部还可以由软件控制改变分频,实现更多的不同工作频率。并且可以在芯片工作期间随时根据需要由软件控制改变工作频率,从而调整芯片的工作速度,达到减少能源消耗的目的。甚至可以根据需要停止某个暂不需要使用的振荡源,以进一步降低耗能。操作也很方便、简单,具体使用可以参看这些芯片的数据手册。

17.1.3　选用低功耗外围器件

外围器件功耗的高低直接影响嵌入式系统的整体功耗,甚至危及系统安全。因此在设计中一定要尽可能地选择功耗更低的器件。下面就以两个常用器件——继电器和发光二极管为例进行说明。

继电器是我们常用的器件之一,尤其涉及功率器件时使用更为普遍,既包括低压,也包括高压环境下的使用。根据物理电学原理,继电器线圈通电,继电器触点吸合,线圈断电则触点断开,从而达到线路通断控制的目的。为了使继电器保持触点吸合而持续耗能似乎是符合科学原理的,然而实际情况未必如此。现在的自保继电器,也称作双线圈继电器,如G6EK-134P(日本Omron等多家公司都有产品),通电使它的触点吸合后,就可以切断其线圈的供电以减少耗电,但是继电器仍然维持触点接通状态。在需要断开触点时,只需要在另外一个继电器引脚上加1个脉冲信号,继电器触点就断开了。这种继电器在比较重视节能和环保的日本已经被普遍使用。使用自保继电器,既降低了功耗,同时也降低了系统发热量。

LED作为指示灯使用非常广泛,价格也较低。但是同种直径、同样颜色、价格相差也很小的器件,发光效率却可能相差很大。如3mm直径的红色发光二极管,高亮的发光二极管每只约人民币几分钱,普通亮度的管子比高亮的管子也仅便宜大约1分钱。可是要达到同样亮度,高亮的LED只需3mA电流,而普通亮度的LED却要十几毫安电流,功耗有几倍之差。

发光二极管选择不当有时也会带来重大事故隐患。如一个电源插座内电线被烧焦的案例,这个被认为质量还很不错的多孔电源接线插座,使用时间不久出现故障后发现插座内部电线被烧焦,周围塑料也被烧黑,如果不是阻燃塑料很可能酿成火灾。经查实原因很简单,是元器件采购人员盲目降低成本,购置了低效率的发光二极管。而生产人员发现灯亮度不够,就降低了与LED串联的电阻阻值。这种情况通过短时间测试很难发现问题和隐患,但在实际使用中插座几乎都是长时间通电使用的,由于降低电阻值导致电流增大,超过了电阻的标称功率,使得限流电阻过度发热,最后就导致了电线和塑料烧糊、LED灯也不亮了。

17.1.4　选用漏电流低的外围驱动器件

理想情况下,元器件在关断或不使用状态时漏电流应该为零,但是相当数量的元器件不可避免地会有漏电流。由于漏电流的不同,完成同样功能的器件,功耗相差几倍、几十倍,甚至几百倍的情况都并不罕见。因此,对于如三极管、MOS管、二极管、存储器等器件的选择,需要考虑其不工作或关断状态时的功耗。以二极管为例,相同的工作电压,有的型号反向漏电流为 $1000\mu A$,有的却只有 $5\mu A$。选择漏电流小的器件就会比选择电流大的器件降低耗电 99.5%。

17.1.5 上拉电阻的重要作用

对上拉电阻大家并不陌生,但真正了解和能正确使用上拉电阻的人并不多。不少人认为,只要不影响使用功能,上拉电阻可用可不用,在贪图硬件上节省电路板面积,在软件上为省事而省略了设置上拉电阻的语句,这在低功耗系统设计中是完全不可取的。以 $\mu PD78F0485$ 单片机为例,待机电流 $2.5\mu A$,如果未使用的引脚设置为输入状态,但没有使用上拉电阻,则待机电流可能会增大几到十几微安。这主要是因为单片机引脚输入阻抗高(这是我们希望的),空间电磁场的干扰造成的,使用上拉电阻后,则可以消除干扰影响。当然,也可以将未使用的引脚设置为输出状态,但这样不如设置为输入状态更安全,设置为输入状态不会因引脚误接高电平或低电平而损坏单片机。

$\mu PD78F0485$ 单片机引脚内部都配备有上拉电阻,不需要外接电阻,内部上拉电阻可以由软件控制使用或不使用,且每个引脚的上拉电阻都可以单独控制。

17.2 低功耗设计的软件基础

1. 能用整数运算时不要使用浮点数运算

很多时候我们是为了减少出错的可能性,也有时候是为贪图省事,在涉及计算时总是习惯于使用浮点数据和浮点运算。浮点运算已经成为 C 语言的一部分,似乎更使浮点数据和浮点运算成为了用于计算的默认习惯和规则。然而,浮点运算时常不一定是必需的,而且浮点运算会消耗过多的时间和由此增加的过多能耗。因此能够使用定点运算解决问题的情况应尽量不要使用浮点运算,这样可以明显地降低系统耗能。

以用铂电阻 PT1000 进行温度测量应用中的数据处理为例,原来在程序中全部使用了浮点数计算,程序执行时间为81ms。后将数据修改为整型数据,程序执行耗时仅为7ms,程序执行时间相差十多倍,当然耗能也会相差十多倍。使用同样的电池供电,原来系统能够工作1年,现在则可以工作5年,甚至10年。设计开发人员的有限努力,带来的社会效益和经济效益是显而易见的:节约能源、减少污染、降低使用成本、方便使用者。

2. 在软件设计时,减少条件循环的使用

在软件设计时,条件循环的情况司空见惯,但从低功耗设计要求来讲未必合理,很多情况下可以借助其他方法去解决问题而尽量不使用这种循环。

3. 减少软件循环延时程序,使用硬件定时器

程序中需要延时的地方,要尽可能多地使用硬件定时器功能,而尽量少使用软件延时。单片机芯片内部硬件定时器的可靠性是毋庸置疑的,而且芯片内部集成的定时器也越来越多,使用起来也就越来越方便。过去有些人使用硬件定时器出现问题的原因绝大多数不是硬件,而是用机器码或汇编语言编写程序时,现场保护不完整,或者程序不断修改后数据存储发生冲突等所造成,破坏了相关数据,导致了故障的发生,并非硬件定时器有问题。现在

单片机中的定时器数量比过去明显增多,也说明硬件定时器可靠性值得信赖。

4. 减少复杂运算公式,表格与计算相结合

如果程序存储空间余量较多,可以将部分复杂的计算公式通过查表的方法实现,或者查表与简单插值计算相结合的方法。查表的方法可以将很多复杂的运算在单片机之外计算好,以表格的方式存入单片机的程序存储器中,使得单片机的计算量减到最低,查表相对于复杂运算要节省很多时间,因而单片机可以有更长的时间处于休眠状态,这样更有利于进一步减少耗能。

5. 避免不必要的持续状态灯显示

很多嵌入式系统为了方便使用者,都装有不同颜色的状态指示灯,但发光器件往往能耗都比较大。我们如何既方便使用者,又能够明显降低能耗呢?有效的办法之一是避免不必要的持续状态灯显示,改为断续显示。例如,某款智能手机,工作状态指示灯每隔5s亮一次,亮灯的持续时间为100ms,由于人眼的视觉滞留作用,100ms的亮灯时间丝毫不会影响观察,但其耗电却仅为常亮方式的2%,节省了98%的能耗。

17.3　低功耗设计的算法基础

1. 低功耗设计须注意算法选择

低功耗也必须注意算法的选择。算法是否合理,直接影响CPU计算的工作量,当然也就影响了系统的耗能。

2. 低功耗设计应该注意算法中的离线计算

将可以离线计算的参数、系数等事先计算好,然后固化在程序中,尽量减少单片机的计算工作量,也就降低了单片机功耗。

前述的表格与计算相结合的方法也可以认为是部分离线计算。

3. 低功耗设计应该注意算法中的特殊性

在很多时候,是否选定了算法事情就大功告成了?从功能上说是这样,但从低功耗性能来讲却未必如此。例如,流量计算中用到的迭代运算,我们一般是判断相邻两次迭代运算的结果,如果它们的差小到设定的数值,则迭代结束。需要的迭代次数可能很少也可能很多,从数学上讲,好像是必须的,但实际上我们可以明显减少迭代次数,甚至可以做到经过很少几次的迭代就使所有合法数据都可以达到结果要求。其中的道理并不太复杂,如在该流量计算中包含了开平方运算,那么就在开平方运算之前先对指数字节做除以2的预处理计算,就开平方运算而言,经过预处理后的迭代初值就明显接近迭代结果,因此大幅度减少了迭代次数。计算量的大幅度减少,也必然大幅度降低单片机的能耗。

参 考 文 献

[1] 袁涛,李月香,杨胜利.单片机原理及应用[M].北京:清华大学出版社,2012.

[2] 李全利.单片机原理及应用[M].2版.北京:清华大学出版社,2014.

[3] 陈中,朱代忠.基于STC89C52单片机的控制系统设计[M].北京:清华大学出版社,2016.

[4] 丁有军,段中兴,何波,等.单片机原理及应用教程(C语言)[M].北京:人民邮电出版社,2018.

[5] 胡玲艳.单片机原理及应用[M].北京:清华大学出版社,2020.

[6] 肖伸平.单片机原理及应用[M].北京:清华大学出版社,2016.

[7] 刘志君,姚颖.单片机原理及应用[M].北京:清华大学出版社,2016.

[8] 黄勤.单片机原理及应用——嵌入式技术基础[M].2版.北京:清华大学出版社,2018.

[9] 李传娣,赵常松.单片机原理、应用及Proteus仿真[M].北京:清华大学出版社,2019.

[10] 张迎新.单片机原理及应用[M].3版.北京:电子工业出版社,2017.

[11] 李精华.51单片机原理及应用(第2版)——C语言版[M].北京:电子工业出版社,2021.

[12] 邓胡滨,陈梅,周洁,等.单片机原理及应用技术——基于Keil C和Proteus仿真[M].北京:人民邮电出版社,2021.

[13] 刘大铭,白娜,车进,等.单片机原理与实践——基于STC89C52与Proteus的嵌入式开发技术[M].北京:清华大学出版社,2021.

[14] 张毅刚.单片机原理及接口技术(微课版)[M].3版.北京:人民邮电出版社,2022.

[15] 宏晶科技.STC89C51RC/RD+系列单片机器件手册.http://www.stcmcu.com.